湟水流域下游面源污染特征及治理对策

陶　伟　赵培强◎著

吉林人民出版社

图书在版编目（CIP）数据

湟水流域下游面源污染特征及治理对策 / 陶伟，赵

培强著 . — 长春：吉林人民出版社，2023.8

ISBN 978-7-206-20357-2

Ⅰ.①湟… Ⅱ.①陶… ②赵… Ⅲ.①流域—面源污

染—污染防治—甘肃 ②流域—面源污染—污染防治—青海

Ⅳ.① X501

中国国家版本馆 CIP 数据核字（2023）第 177248 号

责任编辑：王　斌

封面设计：刘　畅

湟水流域下游面源污染特征及治理对策
HUANGSHUI LIUYU XIAYOU MIANYUAN WURAN TEZHENG JI ZHILI DUICE

著　　者：陶　伟　赵培强

出版发行：吉林人民出版社（长春市人民大街 7548 号　　邮政编码：130022）

咨询电话：0431-85378007

印　　刷：北京联合互通彩色印刷有限公司

开　　本：710mm×1000mm　　1/16

印　　张：24　　　字　　数：344 千字　　　图　　片：112 幅

标准书号：ISBN 978-7-206-20357-2

版　　次：2024 年 1 月第 1 版　　印　　次：2024 年 1 月第 1 次印刷

定　　价：98.00 元

如发现印装质量问题，影响阅读，请与出版社联系调换。

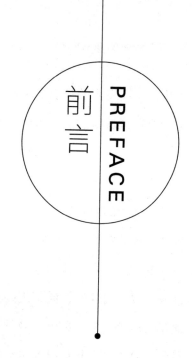

前言 PREFACE

湟水是黄河上游重要的一级支流，连通青藏高原与黄土高原，将清冽丰沛的祁连之水源源不断地输向黄河。自古以来，多民族沿湟水傍河而居，耕牧交融、繁衍生息，谱写着民族融合的独特乐章，创造了灿烂的河湟文化，构成了黄河文明的重要分支。

湟水连通了我国内地与青藏高原地区，位于我国地形第一阶梯与第二阶梯的交汇处、黄土高原与青藏高原过渡地带，不仅政治、经济、文化等战略地位十分重要，更具有黄河上游水源补给、防治水土流失等重要生态功能，同时湟水还具有流域内农业灌溉、生产生活用水的供给功能，对支撑流域社会经济发展、人居生活稳定起到了积极作用。更重要的是，作为汇入黄河干流的重要支流，湟水下游地区对消减和阻拦上游泥沙和污染、保障黄河干流水安全有着极重要的缓冲作用，是黄河干流安全的屏障和缓冲区。本书聚焦湟水流域下游地区，围绕流域尺度的面源污染相关情况开展叙述。

随着西部大开发、共建"一带一路"等区域战略的深入推进，湟水流域下游经济社会发展步入快车道，随之而来的是工业、农业及生活污染物的排放不断增加，对湟水流域水生态环境产生了较大的影响。党的十八大以来，在习近平生态文明思想的指引下，湟水流域下游环境治理工作取得了长足进步，传统工业及重点城镇的点源污染得到了有效遏制，由于区域内城镇分布较多，人居密度较大，农业种植面积较广，而且农业人口生产生活方式相对比较粗放，加之不完善的污染物治理模式及不健全的管理体系，使湟水流域下游面源污染对流域水环境的影响依然突出，湟水流域下游生态环境综合治理压力依然存在，制约了区域保护与发展协同共进的总体水平，威胁着区域的可持续发展。

2019年，黄河流域生态保护和高质量发展上升为国家重大战略。湟水流域迎来了保护与发展协同并进的历史机遇，协调好保护与发展的关系，走绿色高质量发展道路成为破解区域发展难题、实现可持续发展的必然选择。本着这一目的，笔者在多年从事湟水流域下游面源污染治理工作的同时，一直在思考，从笔者的视角和保护观，立足区域当前的自然地理和经济社会现状，总结出湟水流域下游涉及面源污染的有关情况及未来的治理思路，为今后湟水流域下游的生态保护和高质量发展给出科学的建议。按照国家及甘肃省以五年计划为一个周期的发展模式，当前已进入"十四五"中期阶段，考虑到各项规划政策在该阶段的统计评估结果及后续工作计划尚未明确，同时近几年湟水流域下游范围内的经济社会和自然环境状况与"十三五"末（2020年）相比没有发生本质变化，因此，笔者以"十三五"末为节点，面向"十四五"及2035年远景目标组织编写本书，以期为湟水流域下游长远谋划环境保护与污染治理工作及面源污染相关研究提供借鉴。按照这一思路，本书在编写过程中，根据湟水流域下游未来生态环境保护工作的需求，结合当前国家的最新环境政策要求，以深化湟水流域下游面源污染认识、强化水环境保护为切入点，聚焦环境污染治理工作需求，对湟水下游的自然环境、经济社会状况及各项主要环境规划政策进行了全面梳理，同时针对湟水下游治理工作，提出在制订工作规划计划过程中的细化对策建议，力求对湟水流域下游工作在"十四五"及未来推动环境污染问题解决、环境质量根本改善提供更多的参考和基础支撑。

　　笔者多年参与黄河流域水生态环境保护与水污染治理工作，熟悉湟水流域下游水环境特征及污染防治和生态环境综合治理的需求、存在的问题及困难。全书共六个章节，第一章至第三章由赵培强编写完成共计14万字，第四章至第六章由陶伟编写完成共计20.4万字。其中，第一章全面介绍了湟水流域下游的自然环境和经济社会现状；第二章全面总结了当前国内外的流域面源污染研究进展，包括相关模型的发展情况、水面源污染负荷分析；第三章和第四章全面分析了湟水流域下游段内的污染源及负荷状况；第五章基于已在世界范围内广泛应用的SWAT（Soil and Water Assessment Tool）模型，系统介绍了湟水流域下游面源污染的建模过程，并利用该模型对湟水流域氮、磷等主要污染物污染过程进行了分析；第六章结合国家"十四五"及远期生态环境保护政策、湟水流域下游自然环境本底、社会环境状况及环境问题分析，研提了湟水流域下游环境保护与污染治理对策。

　　本书在编撰过程中，参考和借鉴了大量的基础资料和国内、外相关研究成果，在此向所有参与本书文献的作者及提供过启发和帮助的人表示诚挚的谢意！然而，由于水生态环境变化是一个具有系统整体性的过程，特别是在流域这样较大级别的尺度范围内，其影响因素错综复杂，读者在参考本书的内容时，需充分结合当下生态环境及经济社会特点，结合最新发展要求，做好环境保护工作。

　　由于业务水平所限，本书编写过程中难免有所纰漏，不当之处敬请读者指正。

目录 CONTENTS

第一章　湟水流域下游概况

第一节　自然地理概况

　　湟水，黄河上游的第一大支流，位于中国地形第一阶梯与第二阶梯的交汇处、黄土高原与青藏高原过渡地带。湟水流域北接祁连山脉东端，西靠青海湖日月山，南抵拉脊山，沿大坂山和拉脊山形成的宽阔谷地自西向东流入黄河，沿途流经青海、甘肃两省，涉及6个市（州）、19个县（区）（表1-1），总流域面积约32863km²。

　　本书述及的范围，为湟水流域下游区域，包括大通河及湟水河两大水系，主要位于甘肃省辖区内，涉及甘肃省3个市（州）、5个县（区）、21个乡（镇）、188个行政村（街道），面积约3800km²。同时，该范围内还涉及青海省海东市民和县的7个乡镇近1000km²。后续文中所指的湟水流域下游范围均指该区域。

　　湟水有两个源头，一个源头为青海省海晏县境内大板山南麓包呼图山区，另一个源头为青海省湟源县城南哈拉库图东青阳山分水岭，出青藏高原东部，自西向东进入黄土高原，沿河有众多支流汇入，沟道密集，主要的支流包括西纳川河、北川河、南川河、大通河。

表1-1　湟水流域行政区域清单

涉及省份	涉及市（州）	涉及县（区）	涉及乡镇、村（街道）	主要支流
青海省	西宁市	西宁市、大通回族土族自治县、湟源县、湟中县	—	北川河、西纳川河、南川河
	海北藏族自治州	海西州祁连县、刚察县、海晏县、门源回族自治县	—	大通河、药水河
	海东市	海东市、平安区、乐都区	—	
		民和回族自治县	—	大通河、湟水、巴州沟、引胜沟
甘肃省	兰州市	永登县	连城镇（铁家台社区、浪排村、连城村、东河沿村、涧沟村、丰乐村、永和村、明家庄村、牛站村）、河桥镇（南关社区、连铝社区、河桥村、南关村、马莲滩村、团结村、马军村、乐山村、蒋家坪村、七里村、四渠村、敖塔村、主卜村）、民乐乡（细沟村、普贯村、前庄村、卜洞村、铁丰村、柏杨村、八岭村、玉泉村、西川村、清泉村、红岭村、南沟村、漫水村、中川村、	大通河、湟水

涉及省份	涉及市（州）	涉及县（区）	涉及乡镇、村（街道）	主要支流
甘肃省	兰州市		先锋村、黑龙村、大湾村、井滩村、绽龙村、宽沟村、小有村、安仁村、下川村）、七山乡（长沟村、庞沟村、官川村、苏家峡村、地沟村、前山村、鱼盆村、雄湾村、岢岱村）、通远乡（牌楼村、晓林村、上坪村、边岭村、团庄村、青岭村、临平村、捷岭村、张坪村、涝池村）	大通河、湟水
		西固区	达川镇（上车村、岔路村）	湟水
		红古区	窑街街道（和平社区、团结社区、下街社区，红山村、大砂村、上街村）、矿区街道（山根社区、下窑社区、跃进社区、新跃社区、二坪台社区）、华龙街道（华龙社区、复兴社区、下海石社区）、红古镇（红古社区，旋子村、王家口村、米家台村、薛家村、水车湾村、红古村、新建村、新庄村）、海石湾镇（海石湾火车站社区、大通路社区、西苑社区、海石村、虎头崖村）、花庄镇（花庄社区、白土路社区，王家庄村、洞子村、北山村、柳家村、青土坡村、河嘴村、花庄村、苏家寺村、湟兴村）、平安镇（平安台社区、张家寺社区，平安村、若连村、上滩村、中和村、张家寺村、夹滩村、复兴村、仁和村、岗子村、河湾村、新安村）	湟水、大通河
甘肃省	武威市	天祝藏族自治县	天堂镇（天堂镇社区、天堂村、那威村、本康村、科拉村、菊花村、雪龙村、查干村、业土村、麻科村、朱岔村、保干村、大湾村、小科什旦村）、炭山岭镇（炭山镇中河社区、炭山岭二台社区	大通河

续表

涉及省份	涉及市（州）	涉及县（区）	涉及乡镇、村（街道）	主要支流
甘肃省	武威市	天祝藏族自治县	炭山岭镇石界子社区、炭山岭新村社区、天安新村社区、塔窝村、拉卜子村、菜籽湾村、金沙村、上岗岭村、关朵村、阿沿沟村、四台沟村、炭山岭村）、赛什斯镇（古城社区、先明峡村、拉干村、野狐川村、下古城村、麻渣塘村、阳洼村、克岔村、大滩村、上古城村、东大寺村）、赛拉隆乡（吐鲁沟村、皮袋湾村）、东坪乡（大麦花村、扎帐村、坪山村、先锋村）	大通河
	临夏回族自治州	永靖县	坪沟乡（岘子村、友好村、北山村、坪沟村、党湾村、大泉村、席芨村、刘家湾村、罗山村、王坪村、余台村、祁山村）、西河镇（白川村、二房村、红城村、陈家湾村、沈王村、红庄湾村、滩子村、周家村、瓦房村、黄新村、司家村）、盐锅峡镇（焦家村、福川村）	湟水

西纳川河位于湟水河干流北岸，发源于青海省大通、湟源、海晏3个县交界区域，在青海省湟中县高楞坎村汇入湟水。

北川河位于青海省西宁市湟水河干流北岸，发源于青海省大通县西北端横贯大通县全境，为湟水一级支流，主要由宝库河、黑林河、东峡河汇聚而成，于西宁市城北汇入湟水干流。北川河流域面积3371km²，流程154km，仅次于大通河。

南川河位于青海省西宁市湟水河干流南岸，发源于青海省湟中县，汇聚鹞沟山、华山、磨石沟峡、沙塘川河河水，于西宁市城南汇入湟水干流，为湟水河一级支流。流域全长49km。

大通河位于湟水干流北岸，发源于青海省海西州木里祁连山脉东段托来南山和大通山之间的沙呆林那穆吉木岭，向东流经青海省祁连、门源盆地及甘肃的永登、红古，穿流于走廊南山—冷龙岭和大通山—大坂山两大山岭之间，于民和县的享堂汇入湟水，总长554km。大通河是湟水一级支流，根据文献分析，不少学者认为从长度和流量来看，大通河更应为湟水的正源。

湟水流域下游段内，湟水干流自青海省民和县山城村进入兰州市红古区，大通河自青海省大通县进入甘肃省天祝藏族自治县。湟水干流左岸为红古区，右岸为民和县、永靖县。支流大通河流经永登县，于享堂村汇入湟水干流。沿线涉及6个县（区）、28个乡镇（街道），涉及流域面积（含大通河）约4800km²。

第二节　流域地形地貌概况

湟水流域下游位于青藏高原与黄土高原的交汇地带，由北西走向的3条相互平行的山脉及其所夹的两条谷地构成了甘肃境内湟水和大通河两个并行，但自然条件、地理景观迥然不同的两支干流。湟水流域下游海拔为1200—4000m，局部海拔高达4800m，相对高差达1000—2000m。流域内地形地貌复杂多样，大地构造属祁连山褶皱带，同时东部区域呈现黄土丘陵地带地形地貌特点，区域内水系构造十分独特。

一、流域地形特征

湟水流域下游区域地形地貌类型包括高山、中低山及河谷平原。湟水流域地形地貌见图1-1。

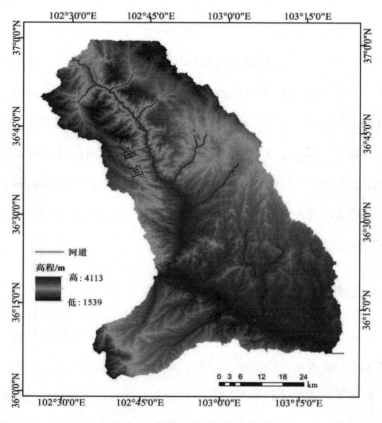

图1-1　湟水流域下游地形地貌

1. 高山

湟水流域下游范围内海拔在3500m以上的高山主要分布在河谷边缘地区，包括达坂山、天王山、哈拉古山、拉脊山，这些山体均为石质山地，由于地处高海拔区域，所以尚未受到河流溯源侵蚀的影响。并且，这些山体受冰川作用和寒冻剥蚀作用强烈，存在大量的古冰斗、冰碛台地、角峰等冰川作用的遗迹。地层岩石由石英片岩、花岗岩组成。

2. 中低山

湟水流域下游海拔在1800—3500m的中山区是区域山脉的主体组成部分，在流域内广泛分布，山势起伏度大，坡度较陡，沟谷多发育呈"V"字形，纵比降达 100%—150%。岩性组成与高山地区类似，表层分布有高山草甸土。随着青藏高原的不断隆升及剧烈的切割剥蚀，同时受河流侵蚀作用，峡谷居多，沿湟水、大通河谷各级水系密集展布，呈树枝状，最深近百米，沟谷两侧陡峭，形成峡谷。其中，甘肃境内以大通河连城以上河段最为明显，峡谷宽200—300m，两岸山岭相对高程平均达300—500m，局部高程达800m。由于受到构造运动的改造及环境的风化剥蚀，湟水流域甘肃境内沿河分布有黄土地貌景观和红层地貌景观。

3. 河谷盆地

区域内河谷分布在海拔1800m以下的沿河区域，主要位于湟水干流及其一二级支流的阶地及小范围的山前地带，形成的大小盆地沿河道串联，地势相对平坦，且河道两岸的地貌形态均有明显的不对称性，流域内的分水岭、沟谷水系大多为北（北东）坡缓、南（南西）坡陡。湟水流域甘肃境内分布着两大谷地，包括湟水谷地、大通河谷地。

（1）湟水谷地

湟水由青海省民和县城进入甘肃省，在甘肃境内形成大小多个串联的盆地，一般宽度在2.5km左右，最宽处在海石湾一带，达6.3km。河道在大部分地段偏向南岸，紧逼南岸丘陵地，而北岸坡缓且阶地宽阔。受构造运动的影响，湟水深切，河流两岸多分布10—30m的陡崖，且河流蜿蜒曲折。李长安

（1998）、王汉青（2021）等分析了湟水红古区典型的河谷剖面状况，总结受构造运动等影响，湟水河北岸共发育六级阶地，其中Ⅰ—Ⅲ级基本保持了阶梯状形态，Ⅳ—Ⅵ级由于形成时间久远，被风化剥蚀成一系列平台、丘陵地貌，其特征概况如下（图1-2）。

Ⅰ级（T1）：堆积阶地，高度约25m，阶面宽0.5—2km，堆积物具有明显的分层性，下部为砾石层，粒径差距较大，磨圆度高，直径2—10cm，厚约4m；上部为偏红色砂泥岩碎屑（河漫滩沉积），厚约6m。

Ⅱ级（T2）：堆积阶地，高度约60m，阶面宽约0.5km，堆积物分3层，下层为砾石层，粒径差距较大，磨圆度高，直径多在5km以内，厚约2m；中部为偏红色砂泥岩碎屑（河漫滩沉积），厚约5m；上部为浅黄色黄土（马兰组），厚5—10m。

Ⅲ级（T3）：侵蚀阶地，高度约100m，阶面宽约2km，堆积物分3层，下层为砾石层，粒径差距较大，磨圆度高，直径为2—8cm，厚4—8m；中部为浅褐色亚砂土，具有条带状的水成分布特征（河漫滩沉积），厚5—10m；上部为浅黄色黄土（马兰组），厚25—35m。

Ⅳ级（T4）：侵蚀阶地，高度约150m，阶面宽约200m，堆积物分4层，底部第一层为沙砾石层，砂岩比重相对于T3第一层显著增大，粒径差距较大，磨圆度高，直径为2—10cm；第二层为浅褐色亚砂土，具有条带状的水成分布特征（河漫滩沉积），厚约5m；第三层为浅棕色黄土（离石组），厚约70m；第四层为浅黄色黄土（马兰组），厚约25m。区域内多数平台位于该级阶地上。

Ⅴ级（T5）：侵蚀阶地，高度约180m，阶面宽300—800m，堆积物分5层，底部第一层为沙砾石层，粒径差距较大，磨圆度高，直径为2—15cm；第二层为土黄色亚砂土，具有条带状的水成分布特征（河漫滩沉积），厚5—10m；第三层为暗棕色黄土（午城组），厚约25m；第四层为浅棕色黄土（离石组），厚约75m；第五层为浅黄色黄土（马兰组），厚25—30m。

Ⅵ级（T6）：侵蚀阶地，高度约200m，阶面宽300—500m，堆积物分5层，底部第一层为砂砾石层，粒径差距较大，磨圆度高，胶结现象明显，单向倒伏，直径为1—30cm；第二层为褐黄色亚砂土，具有条带状的水成分布特征（河漫滩沉积），厚4—6m；第三层为暗棕色黄土（午城组），厚约5m；第四层为浅棕色黄土（离石组），厚约85m；第五层为浅黄色黄土（马兰组），厚约25m。

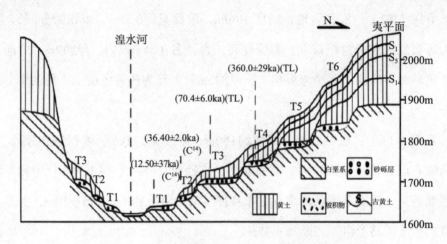

图1-2　湟水下游段内典型河谷剖面结构示意

（2）大通河谷地

大通河进入甘肃省武威市境内，至永登县连城镇铁台村段为峡谷地带，峡谷内Ⅰ、Ⅱ级阶地明显，Ⅰ级阶地通常高出河床10m左右，从天王沟口以下，Ⅱ级阶地保存较多，阶地高出河床40m左右。河道向南出连城后，河谷即开始变宽，至享堂峡入口以上段形成了长约31.2km、宽1.5—3.5km的河谷盆地，总面积约90km²。大通河谷地内发育有4级阶地，具体如下。

Ⅰ级：阶地高出河床8—10m，宽约500m。

Ⅱ级：阶地高出河床20m左右，为大通河发育较好的阶地，保存完好，宽约750m，最宽处在河桥镇一带，达1700m，组成物质底部为砾岩层，上为亚砂土、亚黏土。

Ⅲ级：阶地高出河床50—80m，宽度不大，分布一些平台地，宽600m左右，地质由河湖相暗紫色沙质黏土构成。

Ⅳ级：阶地台面高出河床100—200m，多数已被侵蚀切割为墚峁状，个别地带保存小范围的平坦平台，主要分布在大通河东岸。

大通河河道进入窑街，河道又收窄进入峡谷地段，峡谷宽度100—150m，两岸相对高差300—500m。峡谷内同样呈Ⅰ、Ⅱ级阶地，台面高出河床30—50m。

二、流域地貌特征

湟水流域下游处于青藏高原东北缘交汇地带，湟水谷地成为连接青藏高原和黄土高原的通道，因此在地貌类型上已明显向有黄土高原特征的地貌类型过渡，区域拥有明显的黄土高原地貌类型。

1. 墚峁

杨丽荣、郭怀军（2017）等在研究祁连山及周边地质地貌时，将西宁—兰州片区地貌类型划为祁连山东部黄土高原地貌区，强调了区域内最为典型的黄土地貌是黄土墚与黄土峁。条状的丘陵带称为黄土墚，墚顶面呈双峰状的丘陵带称为峁墚。墚或峁是黄土在堆积过程中流水或风力侵蚀形成，抑或是基岩形态控制其形成。峁通常是由墚发育而来的，所以黄土墚、峁通常在同一地区发育，有些黄土地貌从顶面看似峁状，但峁与峁之间的连接呈墚状，所以在以黄土墚发育为主的地区也常见黄土峁，在黄土峁发育为主的地区也常见黄土墚，这些地区被称为黄土墚峁区。

湟水流域甘肃段境内墚峁广泛分布，黄土厚度达200—300m，较大的包括马家岭（2462m）、墩圪垯（2341m）、喇嘛岭（2432.6m）、五麻大山（2317.1m）、桌子山、坪沟岭等，这些山岭多为南北走向，山岭与两侧沟谷相对高差在100m左右。山梁又被流水切割成土峁形态，纵横交错。底部黄土形成年龄约1.9Ma，包括午城黄土、离石黄土及马兰黄土（曾永年等，1993）。

2. 河流阶（台）地

湟水甘肃段河流两岸均为黄土沉积，形成沿河或大或小的河滩和阶地。黄土沉积横向沿阶地伸展，垂向呈阶梯状展布，高阶地之上通常呈黄土墚峁形态。部分墚上分布有少量较水平的区域，形成平墚，已被陆续开发利用为耕地等用途。其中湟水北岸分布着最多的台地，海拔为1700—1900m，高出河床近百余米，较大的台地分布在平安乡（河湾台、柴家台、平安台）、红古镇（新庄台、红古台、下烧土台、撒金台、米家台、李家台）、海石湾镇（王家台、宗家台）、花庄镇（格罗台、庄子台、甄家台、赵家台）、河口乡（张家台、罗金台、本康台）等；大通河沿岸台地多分布于连城至窑街段内地势较开阔河谷地带，主要分布在连城、河桥镇（河桥大坪、马家坪、乐山坪、杨家坪、卧虎坪等）。右岸有民和县三大垣台地（东垣、古善垣、总堡垣），也属于湟水下游的汇水区域。

3. 沟谷

沟谷是黄土塬或黄土墚峁在流水冲蚀或风力吹蚀作用下形成的细沟、浅沟、切沟、悬沟、冲沟、坳沟（干沟）和河沟等。细沟的宽及深从几厘米到几十厘米不等，细沟在耕作的坡地上较多；浅沟深度较浅，宽度大，一般宽度是深度的2—3倍，其形成原因主要是墚、峁坡地水流向下汇集形成，横切面呈倒

"人"字形；切沟剖面呈"V"字形，深与宽从几米至十几米，多分布在梁、峁坡下部，主要是坡地表面径流汇集过程中形成，上端与浅沟相连。若坡面水向下汇流时，汇水面积小，还没有形成切沟就汇入河谷，流水就会对谷缘线下方的悬崖进行侵蚀，最终在悬崖上形成呈直立半圆柱状的悬沟；冲沟深度为10—50m，宽为20—100m，横切剖面呈"V"字形，切沟不断发展可形成冲沟。

湟水流域沿河沟谷交错密集，多为季节性干沟，是湟水、大通泥沙和污染物的重要运移通道。湟水河两岸支沟发育，水系呈树枝状分布，流域面积大于50km²的大小支流（沟）有78条，其中流域面积大于500km²的河流有7条，面积大于200km²的河流有20条，面积大于100km²的有31条。其中，青海段北岸主要支沟有哈利涧河、西纳川、云谷川、北川河、沙塘川、哈拉直沟、红崖子沟、引胜沟等；南岸主要支沟有药水河、盘道沟、甘河沟、南川河、小南川、岗子沟、松树沟、米拉沟、巴州沟、隆治沟等；甘肃段沿岸大小沟谷主要有30余条，包括牛克沟、石板沟、倒水沟、大沙沟等。

大通河沿河大小沟谷同样密集，均呈东西走向，主要有阿呼郎沟、韩沟、药水沟、大小冰沟、夹道沟、天井沟等，其中流域面积大于500km²的河流有2条，大于200km²的河流有20条。

三、湟水流域下游河谷地形地貌演化过程

湟水流域下游处于祁连构造带的中祁连地块东段、新生代断陷形成的盆地内，向东敞开至甘肃境内。湟水谷地的形成是由于早期印度板块不断向北挤压，不同构造运动叠加，断裂、褶皱在区域内发育，使本区形成构造盆地，并在达坂山、拉脊山之间区域形成断层，岩体下降形成地堑，湟水沿谷地向东流过，经过长年的冲刷、沉积、侵蚀作用下，呈现了今天峡谷相间的地貌

（Vandenberghe 等，2011；Wang 等，2014）。

有学者从地形演化角度对湟水流域下游范围内河流两侧冲沟、阶地极其不对称性的演化过程进行了分析，黄长生等（1998）认为，最初湟水河岸台地上发育着一系列的南北走向的对称小冲沟，它们是在近水平的阶地面被逐步抬升和流水侵蚀作用而形成的。起初，黄土塬面和阶地面是近水平的地表面，受不对称抬升的作用形成倾斜面，在大气降水过程中该斜面上形成片流，雨滴溅蚀和黄土的微结构在该表面形成有许多微突起，受其影响片流在局部汇聚形成股流而加强了侵蚀力，进一步形成细沟、形成冲沟。冲沟的纵向坡度陡、水体流速大，间歇性产生，其侵蚀作用有别于河流中常年流水的地质作用，汇聚后相互叠加形成一个垂直向下的合速度，对冲沟的底部产生下蚀，当它随地表被掀升时，抬升得更高的一侧坡度变陡，源于该侧的水流速度加大，流动方向更趋向于垂直向下；而另一侧的坡度变缓，水流方向更趋于水平。这两个方向的水流在靠近陡坡侧处汇聚叠加形成指向陡坡侧下方的水流，这一水流对陡坡侧的下部进行掏蚀。被掏空后，在重力作用下产生崩塌，崩塌物被冲沟中的流水搬运走，使陡坡岸不断后退而变窄，缓坡岸不断地前进而加宽，发展成不对称冲沟，相邻冲沟之间也形成了不对称分水岭。随着时间的推移，侵蚀作用不断进行，冲沟陡坡侧因坡岸后退使其汇水面积减少，缓坡侧汇水面积加大，使来自缓坡侧的水体流量加大，水流方向更趋向于水平，与来自陡坡侧的水流合力趋向于水平且指向陡坡一侧，更加强了对陡岸的侵蚀，加快了不对称地貌的形成。

在河谷阶地层面上，随着缓坡侧的加宽，缓坡上不同部位的侵蚀作用的差异也逐渐突出。当坡地被侵蚀时，侵蚀强度随斜坡上的不同高度而变化，在坡的上部较弱、中部最强、下部最弱，甚至产生堆积，由此分别形成不同的冲刷带和淤积带。最终使斜坡的下部被削平而形成一个向冲沟呈低角度倾斜的缓坡带。随着地壳抬升，水流侵蚀作用形成新的冲沟后，这个缓坡带被保留在新冲沟的斜坡上，形成了阶地式不对称冲沟。经过多次循环，最终形成了现在多级阶地式不对称冲沟。

四、地形地貌对区域面源污染迁移分布的影响

河谷的地貌特征对流域汇水区域内的面源污染物迁移和分布具有重要的影响。以往研究人员结合流域的地貌特征，分析了湟水、大通流域的区域地形对流域水土侵蚀特征的影响。结果显示，大通河整体的坡度与起伏度要高于湟水，这说明湟水一侧地形变率相对较小，地势相对平坦，大通河—湟水分水岭在大通河一侧的侵蚀速率要高于左侧，分水岭将向湟水河一侧迁移。

王汉青等（2021）结合流域水系演变趋势，分析了湟水干流和大通河两河的分水岭，认为在大通河天堂至连城段，分水岭有向湟水河一侧迁移的倾向，直至达到稳定状态，而连城至享堂入湟河口段，由于流域水系密集处于稳定状态。随着两侧侵蚀速率的加剧，连城至大通河入湟交汇点之间的区域物质总量会逐渐减少。这或许可以推测，从较长的时间尺度上看，湟水流域下游境内，由地形引起的侵蚀规模将逐渐减少，进而影响两河分水岭区域内的面源负荷入河规律。

对于污染物的迁移过程来说，通常面源污染物的转移均伴随地表径流进行，地表径流往往由降雨或人工活动（如灌溉、地表清洗）等活动产生。径流挟带着泥沙、碎屑一同向下游转移，其中可溶性的或泥沙、碎屑中吸附的污染物即随径流路径一同迁移，渗入地下或汇入下游水体。因此，区域的地形特征对污染物的迁移影响明显。湟水流域甘肃段多山地峡谷，沟谷众多，因此面源污染物随径流迁移的路径也复杂多样。

第三节　流域地质概况

地质特征从两个方面与区域的物质循环、迁移及分布相互关联。一是地质活动所形成的区域地形地貌，影响区域各类的迁移分布。二是地质活动发生的地球化学过程，对区域的土壤类型、结构特征及分布产生作用，进而影响着区域的物质循环。

一、流域地质时间演化过程

湟水流域甘肃段地质演化过程中，早—中侏罗世到早—白垩世是其发育的主要时期，其中石炭纪—三叠纪，祁连地区的构造运动平稳，是一个相对稳定的时期；到了晚三叠世末，印支运动使该地区块断、推覆、拉张、陆内造山和造盆作用剧烈，盆岭构造大规模发育，在大通河流域形成了大量的河流相和沼泽相沉积，整个区域呈河流交错、陆湖相间；燕山运动时期，区域断裂凹陷形成山间盆地，并沉积了第三系红色砂岩和砾岩。喜马拉雅运动使第三系发生平缓的褶皱和断裂，后受到长期的侵蚀和剥蚀作用，第四纪又堆积了深厚的黄土。近代新构造运动强烈上升，流水作用强烈侵蚀，地貌形态支离破碎，岗峦起伏，并有多级阶地发育，同时河谷冲刷形成了区域内山陡沟深的地貌特点，峡谷纵横。湟水河谷浅山和高阶地为原生风成黄土覆盖，低阶地为次生冲积黄土，墚、峁等黄土地貌发育。

二、流域地质空间结构及岩性

1. 元古界

（1）中元古代

前长城系—马衔山群：流域红古区内出露最为古老的地层，主要分布在大通河下游享堂峡谷一带，岩性为一套受混合岩化作用形成的各种混合岩、混合花岗岩、石英云母片岩、石英岩、大理岩等。

（2）新元古代

湟源群东岔沟岩组（Pt2-3d）：出露盆地西北部的大通河两侧和窑街、享堂峡一带。其由多种千枚岩、片麻岩等组成，含炭、黄铁矿。地表出露较少，厚度大于6000m，沉积环境为裂陷海槽。

2. 古生界

（1）奥陶系

阴沟群（O1y）：在区域内主要为安山岩，出露大通河两侧。中堡群（O2zh）：该群主要为安山岩、碎屑岩，总厚度大于6700m。出露于北部马牙雪山和永登县中堡镇石灰沟。

雾宿山群（O1w）：该层为一套浅海相喷出的中基性火山岩建造，自下而上分为3个岩组，以安山岩、晶质灰岩及变质砂岩为主，普遍具有蚀变现象，含笔石、三叶虫和腕足类化石，厚达7000m。出露永靖雾宿山复式向斜东采矿区。

（2）志留系

下志留统马营沟群（S1m）：海相地层，常与奥陶统中堡群相伴出露，主要为变质砂岩、板岩互层，出露马牙山复背斜南北两翼的永登县境内。

（3）泥盆系

上泥盆统沙流水群（D3sh）：灰绿色砾岩、含铁砂岩夹晶粒灰岩，岩层底部有一层呈灰白色的块状细砾岩。零星出露永登县城北部红崖沟一带。此外，在永登县城北部鲁家沟一带零星出露有下石炭统前黑山组（C1q）和中石炭统靖远组（C1j），主要为砂岩和泥岩。

3. 中生代

进入中生代，祁连地区东端的地质构造和地层展布开始沉积盆地形成后的第一套盖层，地层包括三叠系、侏罗系、白垩系。

（1）三叠系

下—中三叠统五佛寺组（T1-2w）：地层主要为多种色调的中细粒砂泥岩。底部以一层浅灰色含砾砂岩与大泉组接触；上部以一层砖红色泥质粉砂岩与上覆的丁家窑组青灰色岩层接触，上下整合接触。区域内沉积厚度达600 m，主要出露在永登县城北部庄浪河两侧。

上三叠统南营儿组（T3n）：下部为多种色调砂岩、泥岩、粉砂岩，与湟源群呈不整合接触；中间有胶结的砾石和碎屑；上部以一层灰色或者青灰色砂岩与窑街组角度不整合接触。出露地层厚度超过 300 m，露头主要在炭山岭煤田以西。

（2）侏罗系

盆地侏罗系地层分布广泛，出露完整、层序齐全。

下侏罗统炭洞沟组（J1t）：流域内涉及的炭洞沟组为印支运动后一套以盆地的"填平补齐"为主要形式所形成的河湖相沉积物。岩性为灰绿色、棕色、褐色砂岩、粉砂岩及泥岩，厚度大于99m。地层中含有大量的孢粉和植物化石，主要出露流域西北部。

中侏罗统下部窑街组（J2y）：中侏罗统为湖盆扩张沉积，分布较为广泛。可分为上、下两部分，下部为灰白色、黑灰色、黑色厚层砾岩、中粗砂砾岩、碳质泥岩夹粉砂岩。上部有厚9.3m的煤层，其底部为黄褐色、灰白色与紫褐色中粗砂岩互层，厚67m；其上部为灰黑色、褐色、褐黄色页岩、泥岩互层夹黑褐色油页岩、泥灰岩条带，厚132m，其中含有大量动植物化石。

上侏罗统享堂组（J3x）：享堂组的发育阶段与整个湖盆的大面积扩张时期一致，因而分布广阔，主要为干旱气候条件下形成的红色碎屑岩，下部以粒径不同的砂岩为主，有浅绿色的砾岩；中部为砂泥岩互层，厚度变化大，埋藏深度在65—1200m。大面积分布在永登坳陷及其邻近地区。

（3）白垩系

下白垩统大通河组（K1d）：岩性主要为灰绿色、棕红色相间的砂泥岩互层，厚27—808m，底部与享堂组平行不整合，上部与河口群整合接触。

下白垩统河口群（K1h）：河口群在湟水下游入黄河口一带发育最好，自下而上可分为2个组，下岩组底部为绿色厚层砾、砂岩、砂质泥岩夹泥岩及蓝灰色、绿色粉砂岩、泥岩条带，厚度大于3000m；上岩组为紫红色砂质泥岩夹薄层砂岩，上部夹杂色页岩及粉砂岩条带，厚度约1000m，属河湖相碎屑岩建造。

上白垩统民和组（K2m）：民和组出露点在大通河两岸，主要见巴州坳陷、永登坳陷，岩性为各种棕色、浅黄绿色砾岩、砂岩、砂质泥岩，厚度可达

90m以上。

4. 新生代

新生代地层在流域内广泛分布，进一步划分为古近系西宁群和新近系咸水河组。

（1）古近系（下第三系）

西宁群（Exn）：大面积分布在红古区内，为陆相沉积。分上、下两组，下组岩性为橘红色疏松砂岩，底部为泥钙质结核层或砂砾岩层，角度不整合于下伏的白垩统河口群之上，为以河流相为主的沉积；上组为暗红色泥岩夹砂岩为主，浅棕色砂岩、泥岩、砂岩互层，为湖泊相沉积。

（2）新近系（上第三系）

咸水河组（Nx）：此地层为泥岩、粉砂质泥岩夹石膏质砂岩，与上覆第四纪角度不整合。

（3）第四系 (Q)

第四纪黄土层在湟水流域内广泛发育，主要为浅黄色黄土，厚度一般为10—210m。其中更新统广泛分布在湟水左岸Ⅲ级以上阶地和台地上，下部为白色底砾岩，上部为全新统疏松的风成黄土覆盖，以马兰黄土为主；全新统构成目前湟水流域河谷Ⅰ、Ⅱ级阶地和现代河漫滩的河流冲积物及沟谷中的冲、洪积层，区域内的地质勘察资料显示，岩性包括冲积淤泥质粉质黏土、砂质黄土、黏质黄土、粉细砂、中砂、粗砂、细圆砾土、粗圆砾土、卵石土、漂石土、碎石土等。

第四节　流域气候概况

流域内的气候特征深刻影响流域内的降雨（雪）及蒸发过程，是流域内各种要素进行循环、迁移和分布的重要驱动因素。同样，流域内的各种污染物也随着这一过程发生迁移和分布。

一、气候概况

湟水流域下游是青藏高原和黄土高原、东南季风区和青藏高寒区的过渡地带，属高原干旱、半干旱大陆性气候，也是气候变化响应的边界区。受青藏高原阻挡，夏季太平洋的东南季风带来的暖湿气流很难进入，水汽主要来自印度洋孟加拉湾的西南暖湿气流，到达湟水流域时水汽含量已大大减少，而冬季受西伯利亚蒙古高压的影响，冬季风使湟水流域降水减少，降水相较我国东部地区少，呈高寒、降水少、日照时间长、太阳辐射强、昼夜温差大，季节温差小的特点。同时，受流域地势西高东低及盆地、高山的影响，气候垂直变化明显，且流域尺度上地域差别较大，越向上游气温越低，降雨量递增，蒸发量递减。有研究显示，自20世纪50年代以来，流域气候呈暖湿化趋势（赵美亮，2021）。

二、降雨特征

降水是湟水流域下游径流的主要补给来源，径流量与降水量均呈显著的正相关关系。

1.流域总体降雨多年变化特征

湟水流域下游近30年年降雨量变化在109.65—451.75mm，多年均值为353.45mm，最低值出现在2015年，为109.65mm，最高值出现在2014年，为451.75mm（杨帆，2020）。有研究发现，流域多年平均降雨量呈微弱增多趋势，增幅为0.96mm/10a，且呈阶段性的变化，如20世纪60年代至70年代初为少雨期，80年代末90年代初为多雨期，自90年代以来，年降水量在持续减少，表现为冷季和暖季略有增加，而过渡季节减少幅度比较大（贾红莉等，2004；张晓鹏，2018），且流域无降水日数呈弱增加的趋势。在年内变化上，流域内的降水量的年内分布极不均匀，降水量在1月、2月、11月、12月较小，在7月、8月降水量较为充足。

表1-2　降雨量多年平均值逐月变化（单位：mm）

站点	1月	2月	3月	4月	5月	6月	7月	8月	9月	10月	11月	12月
民和	1.6	2.7	8.9	19.1	43.9	42.3	68.4	84.1	49.9	23.7	3.8	1.2
大通	2.4	3.7	13.3	29.4	64.1	76.0	104.9	105.6	79.2	30.2	5.6	1.9

2.湟水流域降雨特征

湟水流域区干、湿季分明，降水高度集中，5—9月降水量占年降水量的81%—88%，其余各月只占年降水量的12%—19%。流域多年降雨量总体变化趋势是中游地区缓慢增加，而上游和下游地区缓慢减少。2000年后湟水河流域区春、秋季降水增加，而夏季降水减少明显，这也意味着在全球气候变暖的背景下，该区降水在季节分配上发生了变化，表现为暖季降水有逐步减少的态势，而春、秋转换季节降水有增加的趋势。

春季和冬季降水量增幅较为明显，增加率分别为1.9mm/10a和0.1mm/10a，夏季和秋季略有减少的趋势，减少率分别为0.6mm/10a和0.1mm/10a（刘义花等，2016）见表1-2。

3. 大通河流域降雨特征

流域降水量的年内分配极不均匀，夏季多而冬季少，春秋介于冬夏之间。最大月降雨量多发生在7月、8月，最小月降雨量多发生在12月、1月；5—9月降水量集中，这5个月的降雨量占全年降雨的85.8%（崔腾科，2017）。从降雨空间分布上看，大通河流域内降雨量总体上由西北向东南逐渐递减，从河源开始，降水在东西方向自西南向东北逐渐增加，在流域的中游达到最大，之后从中游至下游降雨量逐渐减小，河口年降水量达到最小。降水的这种空间分布在于大通河流域水汽主要源于印度洋孟加拉湾上空的西南暖湿气流，而祁连山巨大的高度，具有拦截水汽的优越条件（赵美亮，2021）。同时受夏季东南季风和西南季风的强烈影响，导致流域年降水量南坡大于北坡（杨永红等，2018），且自西南向东北逐渐增加。

有研究分析了大通河的降雨历时特征，发现流域内降雨历时在1—3d的降雨事件的降雨场次占比最多，约为77%，其雨量贡献率约为76%，因此，短历时的降雨事件（1—3d）是大通河流域的主导降雨事件（李沛等，2018）。

另外，有研究人员通过对河流域降水结构特征的研究时还发现，大通河流域降雨分布还受到了包括太阳活动和大尺度气候因子等因素的影响，太阳活动影响了流域降水结构的变化（李沛等，2018）。可能原因：一是太阳黑子的活动通过影响地球得到的太阳辐射导致地球表面温度和气压变化，从而使温度梯度和气压梯度发生改变，伴随而来的是大气环流的变化，进而影响了天气变化（贾玉芳等，2011）。二是大气环流导致大范围的温度和气压的变化，进而影响水汽输送导致降水变化（李志等，2010）。

1960—2005年湟水多年平均降雨变化曲线如图1-3所示。

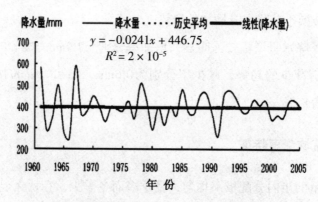

图1-3　湟水多年平均降雨变化曲线（1960—2005年）

1960-2015年大通河多年平均降雨变化曲线如图1-4所示。

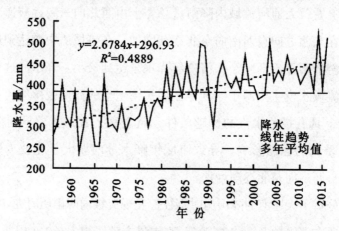

图1-4　大通河多年平均降雨变化曲线（1960—2015年）

三、气温情况

气温对湟水流域下游的径流过程有着显著的影响，气温上升会使蒸发加剧，从而使空气中的水分含量增加，进而影响流域的水循环过程。

1. 流域总体气温变化特征

湟水流域下游近30a年平均气温在1.21—5.23℃的变化，多年均值为4.07℃

（杨帆，2020）。最低值出现在2015年，为1.21℃；最高值出现在2016年，为
5.23℃。在全球变暖的气候背景下，多年以来，湟水流域下游的平均气温呈逐
年升高的趋势，多年统计资料显示，流域年平均气温的阶段性变化明显，20世
纪60年代至80年代初为冷期，20世纪80年代后期至21世纪以来为暖期，尤其
是20世纪末以来的增温尤为明显，气温较常年同期偏高0.4—1.6℃，流域多年
平均气温升温率为0.41℃/10 a，明显高于近50年全球每10年温度升高0.13℃
及全国每10 a温度升高0.22℃的水平（刘义花等，2016）。

2. 流域年内分布特征

在气温的年内变化上，春季增温不明显或者升温比较缓慢，而夏季、秋
季、冬季变暖比较显著，多数季节的显著升温导致了年平均气温的显著变暖
（贾红莉等，2004）。

3. 湟水流域气温变化情况

流域内四季不甚明显，大致可分冬、夏半年，夏半年短促而不热，气温变
化范围在12.1—19.7℃，最高气温出现在7月；冬半年漫长但不是严寒，气温变
化范围在-13.5—-6.2℃，最低气温出现在1月。研究显示，自20世纪60年代以
来，湟水流域四季及年平均气温普遍升高，其升幅年和冬季、秋季大于春季、
夏季，年平均气温的升高主要是由冬季、秋季两季平均气温的升高而引起的
（戴升等，2006）。

4. 大通河流域气温变化情况

大通河流域分上、下游气温变化均呈一定的规律，大通河流域多年平均气
温为0.9℃，上、中、下游年平均气温分别为-0.4℃、1.4℃和3.8℃，即下游＞
中游＞上游；近50a来最低年平均气温上、中、游均出现在1977年，下游出现
在1976年，最高年平均气温上游和中游出现在1998年，下游出现在2013年。周

期性方面，大通河流域气温显示出了3a、8a和 17a 左右的变化的周期转化特征（王大超，2019）。

湟水多年平均气温变化曲线如图1-5所示。

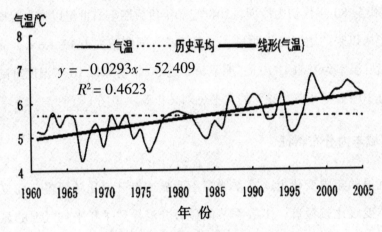

图1-5　湟水多年平均气温变化曲线

大通河多年平均气温变化曲线如图1-6所示。

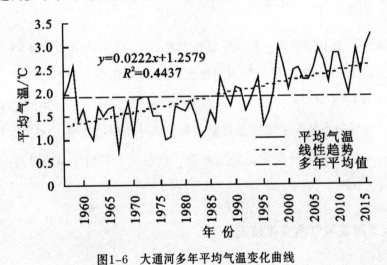

图1-6　大通河多年平均气温变化曲线

四、日照情况

日照对于流域内的植物、农作物生长发挥着重要作用，且直接影响着流域内的地表覆被状况，进而影响着流域内的径流和污染物的迁移分布规律。多年的统计资料显示，湟水流域年平均日照时长在2576—2776h。多年来流域平均日照时长呈减少趋势，减少率为37.3h/10a。分阶段看20世纪60年代至80年代初，日照呈偏多期，20世纪80年代中期至21世纪以来日照时长呈1个持续偏少期。从年内变化来看，流域四季平均日照时长变化均呈减少趋势，其中秋季、冬季日照减少较为明显，减少率分别为6.7h/10a、17.4h/10a。

五、蒸发情况

湟水流域下游段多年平均蒸发量为 800—1500mm，自东南向西北逐渐减少，河谷地区多年平均水面蒸发量为 1000mm，山区为 800—900mm。年内分布上，其变化特征与气温基本一致，地表蒸发量1—7月依次增加，7月达最大值，蒸发主要集中在每年5—7月，占全年的40%左右；7—12月又逐次减少，12月达最小，每年12—2月总蒸发量仅占全年的10%左右。流域多年地表年蒸发量变化统计结果显示，夏季、秋季湟水河流域区地表蒸发量变化较突出，呈明显的增加趋势。

流域内水面蒸发的年际变化较小，年内分配随各月气温、湿度、风速而变化。全年最小月蒸发量一般出现在1月或12月，最大蒸发量出现在5—8月，占全年总量的50%左右，见表1-3。

表1-3　湟水流域各月的多年平均地表蒸发量统计　　　　　单位：mm

月份	1月	2月	3月	4月	5月	6月	7月	8月	9月	10月	11月	12月
蒸发量	1.7	3.2	8.2	16.7	33.2	458	57.8	55.5	38.6	18.3	4.4	1.3

第五节　流域水文状况

　　流域内的水文过程是反映径流的变化特征，同时径流也是流域内污染物的主要迁移载体，在污染物的迁移、分布过程中发挥着重要作用。

一、流域水系状况

　　湟水流域下游段地处青藏高原与黄土高原交界区域，主要河流包括湟水干流及大通河，同时区域内沟谷纵横，沿两条主要河道分布，最终汇入湟水及大通河。本书涉及的主要沟道包括以下几方面。

　　湟水：岗子沟、脑海沟、纳龙沟、克胜沟、红山大沟、小黄沟、红沟、炭洞沟、青石头沟、菜子坪沟、枣儿沟、马家户沟、北山一号坝沟、北山二号坝沟、北山三号坝沟、北山四号坝沟、香缘观沟、海石大沟、哈拉沟、磨石沟、牛克沟、张家沟、薛家大沟、喇嘛沟、李家沟、石炭沟、羊放沟、造林站西侧沟、烧脸沟、庄浪沟、烧土沟、金沙台沟、火家沟、涝坝沟、本康沟、倒水沟、活不拉沟、虎狼沟、折腰沟、桥儿沟、小沟、三条沟、宝山沟、格楞沟、下沙沟、寺洼沟、柴家台盐沟、柴家台大沟、孕达沟、毛蒿沟、石头沟、清沟、宽沟、葡萄沟、仁和大沟、麦洞沟、撒拉沟、山神沟、达家沟。

大通河：金沙峡沟、吐鲁沟、阿呼郎沟、韩沟、皮带沟、药水沟、水磨沟、大冰沟、小冰沟、大沙沟、夹道沟、天井沟。

此外，湟水流域下游穿越甘肃、青海两省交界，在甘肃段汇水范围内还包括部分位于青海省辖区范围内的沟道，主要沟道包括隆治沟、咸水沟、巴州沟、松树沟等。

二、流域水文站

水文站是反映河流水文形势的主要手段，其监测的水文系列数据主要包括径流量、泥沙等见表1-4。

表1-4　湟水流域水文站概况

河流	站名	建站位置	建站日期	集水面积/km²
湟水	民和站	青海省民和县川口镇	1940年1月	15342
大通河	天堂站	甘肃省天祝县天堂镇	1958年1月	12574
	连城站	甘肃省永登县连城镇	1947年5月	13914
	享堂站	青海省民和县享堂镇	1940年1月	15126

三、湟水

1. 流域概况

湟水全长373.9km，流域总面积约（不含大通河）17730km²，平均比降5.3‰，集水面积约2395km²。湟水干流全程平均高程为2942m，在两河交汇口以上约 6km河段，湟水的河床比降为0.47%，在交汇口以上100km长河段，湟水的为0.40%。湟水的河网密度为 0.202km/km²（蒋秀华等，2013）。

在甘肃省境内，湟水干流长68.8km，流域面积约1610km，流经海石湾、红古、花庄、平安、坪沟、西河、盐锅峡等乡镇，其中上段为甘青两省界河，长31km；下段均在甘肃境内，长37.8km；左岸为兰州市红古区，右岸为临夏回族自治州永靖县。湟水入甘肃境断面为民和桥，出境断面为湟水桥。

2. 水文情势

（1）径流

湟水干流流域径流主要源于大气降水和地下水补给，其中以雨水补给为主、雪水补给为辅。

径流的月际变化：湟水年内月际变化明显，全年可分为春汛期、夏秋洪水期、秋季平水期和冬季枯水期。5—6月为春汛期，由上游冰雪融水和降雨补给，7—9月为夏秋洪水期，以大面积降水补给为主，月径流量占全年径流的50%以上；10—12月为秋季平水期，以地下水补给和河槽储蓄量为主；1月—次年4月为冬季枯水期，以地下水补给为主，水量小而稳定，仅占全年径流的10%左右。

径流的季节变化：在季节分配上，夏、秋季水量分别占年水量的40%—50%和20%—30%，而春季占15%—20%，冬季占6%—7%。

径流的年际变化：在年际尺度上，径流的大小主要受制于年降水量的影响，故径流年际变化大小在湟水大流域范围内的分布趋势与年降水量大体一致，有明显的地区规律性，自东南向西北递增，甘肃境内属湟水下游地区，区域内降雨分布差异不大，总体也呈西北部较大、东南部较小。

湟水流域下游范围内近15a水文断面流量见表1-5。以1965—2020年民和站为例，湟水多年水文特征统计结果见表1-6。湟水、大通河近14a平均流量变化情况如图1-7所示。

表1-5　湟水流域下游范围内近15a水文断面流量　　　单位：m³/s

湟水		大通河					
民和		天堂		连城		享堂	
年份	年平均	年份	年平均	年份	年平均	年份	年平均
2007	61.1	2007	82.9	2007	90.1	2007	84.5
2008	38.9	2008	73.4	2008	69.9	2008	63.9
2009	55.2	2009	89.5	2009	82.2	2009	77.4
2010	47.3	2010	83.1	2010	70.9	2010	68.1
2011	47.9	2011	92.8	2011	84.1	2011	83.6
2012	56.7	2012	92.4	2012	91.0	2012	90.3
2013	38.5	2013	78.2	2013	72.6	2013	81.4
2014	55.9	2014	66.3	2014	70.1	2014	70.2
2015	46.2	2015	71.2	2015	70.4	2015	62.8
2016	48.5	2016	71.0	2016	75.9	2016	68.6
2017	63.3	2017	90.5	2017	98.4	2017	92.6
2018	85.0	2018	83.4	2018	87.3	2018	84.7
2019	81.9	2019	94.3	2019	97.5	2019	95.4
2020	82.4	2020	86.6	2020	87.2	2020	89.3
2021	59.9	2021	74.4	2021	73.8	2021	68.4

表1-6 湟水多年水文特征统计结果（民和站1965—2020年）

指标	水位		流量		径流量		径流深		径流模数		输沙率		输沙量		含沙量		输沙模数	
	观测值/m	发生时间	观测值/(m^3/s)	发生时间	观测值/亿m^3	发生时间	观测值/mm	发生时间	观测值/$[10^{-3}\,m^3/(s \cdot km^2)]$	发生时间	观测值/(kg/s)	发生时间	观测值/万t	发生时间	观测值/(kg/m^3)	发生时间	观测值/(t/km^2)	发生时间
平均	1762.11	—	56.6	—	17.9	—	116.5	—	3.69	—	580	—	1840	—	10.2	—	1190	—
最大值	1765.01	1999/8/5	1300	1999/8/8	31.12	1961	202.8	1961	6.43	1961	93300	1979/8/6	5640	1961	843	1974/7/23	3680	1961
最小值	1760.3	1975/6/4	0.042	1979/5/25	7.1	1991	67.1	1980	2.12	1980	0	1951/11	378	1965	0	1950/12/2	246	1965

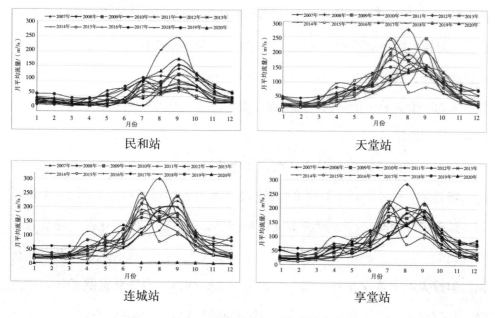

民和站

天堂站

连城站

享堂站

图1-7　湟水、大通河近14a平均流量变化情况

丰枯趋势：就全流域而言，湟水1961年、1967年、1989年、1998年为丰水年，1966年、1973年、1980年为枯水年，1969—1981年干流出现持续14a的连续枯水年（西宁站），且以1973年枯水年流量值最小，仅为多年平均流量的42%（刘淑英，2005）。宿策（2015）对湟水流域干流上主要的水文站（含民和站）径流进行了丰枯特性、周期特性、趋势特性、突变特性分析。得出湟水干流枯水年持续时间所占比例最大，持续时间最长，在2000年以后径流缓慢增加，丰水年较少且持续时间短；同时通过周期分析，认为湟水干流存5a、15a与30a的周期变化，且径流量总体呈不断减少趋势。

（2）洪水

湟水干流大洪水一般均由大面积暴雨形成，暴雨的成因主要是由各地水汽、热力和动力条件及地形的差异，致使暴雨在地理上分布并不与降水量相一致。湟水区拉脊山东北侧和大通山南侧，由于位置偏北，西风带系统过境频繁，受盛夏季节西南气流系统影响，水汽较为充沛，同时近地层气温较高，常使大气地层处于不稳定状态，促使热力对流的形成，而且地形利用抬升和对锋面的阻拦作用，以及冷空气顺河西走廊南下时，往往顺湟水谷倒灌等，是暴雨频次最多、强度最大的地区。湟水流域有两个暴雨中心：一个是东南面的民和、乐都一带，另一个是西北的大通、湟源一带，全流域90%以上的暴雨发生在以上两个地区。

湟水流域由于降雨量时空特点，加之植被条件差，洪水过程多呈陡涨陡落，峰高量不大，历时短的特点，最短的洪水过程历时不足1h，暴雨洪水在时间上具有很好的相应性，大多出现在7—9月，洪峰的年际变化大。降水时间短而强大，从起涨到落平只有十几个小时或几个小时。其洪水分为春汛和夏汛，但较大洪水都发生在夏汛，一般集中在6—9月。有资料记载了暴雨的记录，1970年8月14日湟水甘肃界上游民和县巴州公社发生特大暴雨，位于巴州沟出口的吉家堡水文站（集水面积192km²）发生峰顶流量为695m³/s的特大洪水，相当于过去12a实测最大流量平均值的7倍，洪峰模数高达3620m³/（s·km²），24h洪水总量为476.9万m³，而从涨峰到落峰不到2h，瞬时流量从基流量0.80m³/s猛涨到洪峰流量695m³/s，峰顶流量为基流量的870倍。

（3）泥沙

湟水流域上游下垫面条件较好，中、下游植被条件差，水土流失严重，导致河流含沙量也较大。根据水文站资料统计分析，民和水文站多年平均含沙量为10.2kg/m³。多年平均年输沙量为1840万t。

（4）冰情

根据大通河享堂水文站冰情资料分析，开始结冰时间最早为10月30日，最晚为11月25日，开始封冻时间最早为11月24日，最晚为12月28日，解冻最早时间为12月9日，最晚为3月13日。全部融冰最早时间为12月31日，最晚为4月1日，冰冻天数最长可达107d左右，最短为9d，最大河心冰厚为1.0m，岸边最大冰厚为0.89m。

根据湟水民和水文站冰情资料分析，开始结冰最早为时间10月21日，最晚为12月2日，全部融冰最早时间为12月31日，最晚为4月14日，最大河心冰厚为0.50m，岸边最大冰厚为0.50m。

四、大通河

1. 流域概况

大通河是黄河二级支流、湟水最大的一级支流，干流全长560.7km，落差2793m，流域总面积约15130km²，作为湟水干流最大支流，占湟水流域总面积的46%，其中青海省境内流域面积12940km²，甘肃省境内长度109.7km，流域面积约2190km²。大通河出青海互助县加定镇后进入甘肃境内（武威市天祝县天堂镇），成为青海互助县和甘肃天祝县界河，东隔盘道岭与庄浪河流域接壤，至岗子沟口全部进入甘肃境内，其间流经永登县、红古区，再穿过享堂峡进入青海民和县，至甘肃海石湾注入湟水。大通河全程的平均高程为3375m，在两河交汇口以上约6km河段，大通河河床比降为1.33%，在交汇口以上100km长河段，大通河比降为0.54%。大通河的河网密度为0.102km/km²。

大通河甘肃段是流域下游河段，以河道中泓线为界，河流东侧为红古区，河流西侧为永登县，河床于享堂峡前为宽浅式断面，呈"U"字形，具有平原游荡性河道特征，河道两岸漫滩较多，河宽100—250m，享堂峡谷内河流呈"V"字形，具有山区冲积性河道特征，两岸为冲蚀形成的陡岸，基岩出露。

2. 水文情势

（1）径流

径流的空间分布：通过对大通河各水文站的多年统计数据分析，大通河从上游至下游年径流深总体呈减少趋势（王丽君，2012）。

径流的月际变化：大通河甘肃境内各水文站数据统计结果显示，多年月平均径流量呈不均匀的分布状态，年内夏季径流量（6—8月）>秋季径流量（9—11月）>春季径流量（12—2月）>冬季径流量（3—5月），呈单峰形。其中，享堂水文站实测数据显示，大通河径流量均在7月将达到最大，占年径流量的19.24%，同时在2月达到最小，占年径流量的1.77%。年内径流量主要集中分布于5—10月，这6个月的径流量占其年径流量的81.97%。大通河享堂水文站径流量与降水量均呈显著的正相关关系，表明降水是其主要补给来源。此外有研究指出，大通河下游（连城站至享堂站段）径流的不均匀系数、完全调节系数及集中度和上游（连城站至天堂站及以上段）相比较小，显示流域下游径流年内的空间分配上相较于上中游更均匀。

径流的年际变化：近70a，大通河享堂水文站多年平均径流量为27.52亿m³。其中，享堂站年均径流量最大值出现在1989年的50.19亿m³，最小值出现在2015年的19.95亿m³，极差为30.24亿m³。且记录期间连城、享堂站年均径流量呈下降趋势［倾向率为 −0.87亿m³/10a（$p < 0.05$）］，而天堂站呈相反的增加趋势。分析原因享堂站受人类活动的影响（跨流域调水及下垫面的改变）径流量呈下降趋势，同时气候因素也一直影响大通河径流变化，但在一定的条件下，人类活动因素反而占主导地位（赵美亮，2021）。

此外，大通河的径流年际变化小，是大通河的一大特点。流域内主要水文测站统计，年径流历年最大值与历年最小值之比最大为2.82，最小为2.40，年径流变差系数（Cv）在 0.25—0.19，在我国西部地区河流中是较小的，对于水资源的开发利用有利。有研究者认为造成流域大通河径流年际变化小的原因主要包括两方面：一是流域内降水的多年变化较小，年降水的历年最大与最小之比一般在1.34—2.20，大多在2.0以下；二是地下水和冰雪融水在大通河的补给中占一定比重（李万寿等，1997）。

周期变化特征：以大通河享堂水文站近70a径流量数据为基础，享堂水文站存在5a、9a和22a尺度的周期变化，22a是其第一主周期，在整个研究时段内均有体现，而5a的周期震荡出现在1970年以前，1970年以后这种周期震荡逐渐被9a左右的周期震荡所取代。通过上述分析可知，大通河3个水文站均存在22a尺度的主周期变化，在此周期内，均经历了4个"丰—枯"交替循环过程。其次，3个水文站中，尕日得水文站的周期变化与气温的周期变化呈较好的关系，说明其可能受气温的影响较大；另外，青石嘴和享堂站的周期变化较为复杂，存在多尺度的周期震荡，这可能受其他补给方式及水资源开发利用的影响。

（2）洪水

洪水一般由汛期降水形成，大规模的水电开发之前，洪水过程平稳有序，上、下游洪峰对应，洪水过程与降水过程变化一致。自修建了许多水电站之后，水电站群蓄泄水致使洪水过程陡涨陡落，上、下游洪峰不对应，经常形成人造洪峰，对下游防洪安全造成威胁。有报道显示，大通河上代表站的洪水过程变化十分剧烈，峰形呈锯齿状。如以每小时流量的增减量表示洪水的涨落率，1995年、2005年、2011年洪水天堂站上涨率最大值分别为39.3m³/（s·h）、126m³/（s·h）、745m³/（s·h），回落率最大值分别为-8.5m³/（s·h）、-114m³/（s·h）、-235 m³/（s·h）；连城站3a洪水上涨率最大值分别为60m³/（s·h）、171m³/（s·h）、191 m³/（s·h），回落率最大值分别为-30m³/（s·h）、-58.8m³/（s·h）、-199m³/（s·h）。由此可见，随着流域水电开发力度的加大，洪水的涨落率明显增大。

（3）泥沙

大通河享堂水文站多年平均含沙量为1.09kg/m³。民和享堂水文站多年平均输沙量310万t，多年平均流量153m³/s，年侵蚀模数191t/m²。据享堂水文站1940—1990年51a的输沙量资料统计分析，流域的多年平均含沙量只占湟水干流流域多年平均含沙量的9.21%；流域平均侵蚀模数只占湟水流域平均侵蚀模数的17%，显示大通河是黄河流域水土流失较轻微的地区，含沙量小是其一个显著的水文特点，十分有利于流域的工、农业用水和跨流域引水。另外，从泥沙来源分布上看，享堂站多年平均输沙量中，有84.7%的泥沙源于尕大滩站以下中、下游地区，显示出尕大滩站以下是流域的主要产沙区域。见表1-7。

表1-7 大通河水文特征统计结果

站点	多年平均值		Cv 值	最大年径流量		最小年径流量	
	观测值 / $10^8 m^3$			观测值 /$10^8 m^3$	发生时间	观测值 / $10^8 m^3$	发生时间
天堂站	24.20		0.19	40.04	1989	12.68	1973
连城站	26.75		0.19	47.15	1989	19.00	1979
享堂站	27.62		0.2	50.19	1989	19.95	2015

站点	多年平均含沙量	历年最大含沙量		年均输沙量	最大年输沙量		年均输沙模数 （t/km²）
	观测值 / （kg/m³）	观测值 / （kg/m³）	发生时间	观测值 / 万 t	观测值 / 万 t	发生时间	
享堂站	1.09	318	1979	310	866	1989	191

注：大通河水文泥沙数据来源于1956—2020年湟水流域享堂水文站常规观测数据。

五、流域地下水概况

根据地下水赋存条件，水动力特征，湟水流域下游段地下水主要包括3种类型：北部山地丘陵区基岩风化裂隙潜水，第三系砂岩、砂砾岩、砾卵石层承压水及潜水——承压水，以及主要河谷内分布的第四系冲积——洪积砾卵石层孔隙潜水。

　　潜水的补给来源包括降雨、两岸山地及黄土、红岩低山丘陵区地表径流、耕地灌溉水渗入和地下径流侧向补给等。区域内的潜水含水层在河谷分布宽度为1—3km。埋深方面，在河漫滩至一级阶地内小于10m，与河道径流间有紧密的水力联系，互相补给。由于与地表水互补较频繁，受区域降水、蒸发及灌溉条件等因素影响明显，使潜水水位在年内呈明显波动，其峰值较降雨过程滞后，一般出现在9月左右。根据以往水文地质调查结果，一级阶地及河漫滩砂砾石层中的孔隙潜水富水性最强，单井出水量为100—1000m³/d。大通河北部山区分布的基岩裂隙水，主要补给来源包括降雨及地下径流侧向布局，水量较充沛，部分区域单井出水量可达500—1000m³/d。参考相邻河段调查结果，区内地下水类型以SO_4—Ca—Na—Mg为主，矿化度为1—3g/L，硬度较高，一般在40以上（李万寿，1993）。

六、影响流域径流变化的主要因素分析

1. 降水影响

　　湟水流域下游径流变化均受降水影响明显，尤其是甘肃境内的中游和下游主要以降水补给为主（董军，2017），导致年内径流的季节性差异较大，主要集中在夏季和秋季，年内分配极不均匀。有研究显示，湟水、大通河流域降水量和径流间的趋势体现了较高的相关性，甘肃境内上游的降水—径流深累积曲线斜率没有发生太多变化，但中下游的变化较剧烈，时期越往后，中游的趋势线斜率越大，而下游越小，径流不仅受到了降雨的影响，调水工程、灌溉引水等其他因素的干扰也越来越多。

2. 人为活动影响

湟水流域下游径流过程受人为因素影响较明显。影响主要来自以下两个方面。

（1）跨流域调水引起径流量下降

目前，甘肃省境内已建成跨流域调水工程3处，均位于大通河，分别为1995年"引大入秦"工程，设计引水量4.43亿m³；2003年"引硫济金"工程，设计引水量0.4亿m³；2016年"引大济湟"一期工程，设计引水量3.5亿m³，3项引水工程引水量总占大通河多年平均径流量的40%以上（黄维东，2017），见表1-8，对大通河径流的影响十分显著。随着生产、生活用水的增加及社会经济的发展，人们对大通河的取水量势必会增加，这也将导致大通河径流量进一步逐年减少。

表1-8　湟水流域甘肃段引（调）水工程建设情况

序号	引（调）水工程	建成时间	设计调水量 /10⁸m³	枢纽位置	备注
1	引大入秦	1995 年	4.43	甘肃天祝县天堂镇与青海互助县加定镇交界处	—
2	引硫济金	2003 年	0.4	青海省门源县皇城乡境内的大通河次级支流（硫磺沟石峡门上游700 米）引水	—
3	引大济湟	2016 年	3.5（远期7.5）	石头峡水库	—
4	引大济西	—	2.1	青海省境内的大通河干流纳子峡取水，提水至硫磺沟	规划建设
5	引大济黑	—	7.3	武松塔拉	规划

序号	引（调）水工程	建成时间	设计调水量 /10^8m^3	枢纽位置	备注
6	湟惠渠	1942	—	花庄镇河嘴村	水渠全长 31.5km，在湟水和大山交汇处的倒水沟口，依次经过上花庄、下花庄、湟渠坝、盐庄子、马回子、界牌川、张家寺、窑洞、大沟岗子、河湾、达家川的上车、岔路、河咀、吊庄等，经盐沟口泄入黄河
7	谷丰渠	1958	6 m^3/s	红古区海石湾镇	设计灌溉面积 7.8 万亩（1 亩 ≈ 666.67m^2），取水于海石湾镇享堂峡口，水源为大通河。干渠长 43km，灌溉范围包括红古区海石湾镇、红古乡、花庄镇一乡两镇
8	拥宪干渠	—	162 万立方米/年	永靖县西河镇	取水于西河镇湟水南岸余家河滩，设计灌溉湟水南岸二房台、大房台、红城台、瓦房台、福川台等耕地，主要覆盖永靖县西河镇

有分析显示，大通河上的"引大入秦"和"引硫济金"跨流域引水工程对下游水量影响较大，其中3月影响最大。如2008—2013年大通河下游区间享堂站径流量普遍小于中游的天堂站，而下游降水量无较大变化，说明下游"引大入秦"等调水用水工程对下游径流量影响较大（王大超，2019）。另有研究者发现，天堂、连城两站3—8月随着河流来水量增加影响减小，9月以后又随着河流来水量减少影响增大。年内分配上，跨流域引水工程使天堂站3—11月平均流量减少0.5%—3.8%，连城站3—11月平均流量减少1.7%—52.9%（李小荣，2017），见表1-9。

表1-9　大通河主要引水工程与代表站流量对比

月份	引水量 / (m³/s)		引水量站径流量比例 /%	
	引大入秦工程	引硫济金工程	天堂站	连城站
1	0	0	0	0
2	0	0	0	0
3	12.3	0.8	3.8	52.9
4	21.1	0.8	1.7	42.3
5	29.6	0.8	1	32
6	23.8	0.8	0.7	20.5
7	7.4	0.8	0.5	4.2
8	2.4	0.8	0.5	1.7
9	2.2	0.8	0.6	1.8
10	22.6	0.8	1.1	27.5
11	13	0.8	2.2	32.2
12	0	0	0	0

（2）沿河道建设的梯级水电站对流域的水文形势产生着复杂的影响

湟水流域下游河道内水电站分布较密集，共建成梯级电站96座，均为中小型电站，包括大通河42座（干流28座、支流14座），总装机容量676.1MW，湟水流域河道共建成梯级电站54座。在甘肃段内，大通河上共建成梯级电站9座，湟水上共建成梯级电站9座。电站类型包括引水式电站、闸坝式电站，均以在河道上修建拦水坝抬高水位的方式，将水流通过山洞或渠道引至下游发电，或者直接利用闸坝形成的水流落差发电。人们总结了如下沿河建设的梯级电站对流域水文过程的影响。

①沿河水电站普遍库容小，没有调蓄能力，但在洪水期多座电站同时泄水会瞬间加大河道流量，枯水期蓄引水又会使减水河段水量减少，甚至会发生断流，对河流的水文形势有着明显的影响。由于无序蓄放水，使河流过程不稳定，如研究人员对大通河长序列的径流数据分析发现，天堂站径流量的年内

分配不均匀系数（Cv）从1956—1989年的0.84下降到1990—2013年的0.78，完全调节系数（Cr）从1956—1989年的0.34下降到1990—2013年的0.33；甘肃境内3个水文站的径流集中度分别从1956—1989年的52.20、51.09及51.29下降到1990—2013年的49.55、50.57、50.00；各站的集中期分别有所推迟。

②随着水电站数量的增多，洪水过程中涨落率增大，洪水过程由平稳变为陡涨陡落。研究显示，水电站修建前大通河流域的洪水主要由暴雨形成，流域狭长，对洪水起到调蓄作用，天然的洪水过程平稳有序，经过梯级电站的陆续建成，河流的水情变化加剧，特别是当上游发生特殊水情时，电站同时提闸泄水，致使自然洪峰与人工洪峰叠加，洪水上涨速度较快、水电站为了自身安全会尽量下泄来水，对上涨率影响相对较小，而回落期间水情比较平稳、水电站一般会加大蓄水发电致使河道下泄水量骤减，对下游地区的防洪安全产生极大威胁。湟水流域甘肃段水电站工程建设情况见表1-10。

表1-10　湟水流域甘肃段水电站工程建设情况

序号	所在河流	水电站名称	建设位置	水电站类型	装机容量/MW
1	大通河	铁城水电站	永登县连城镇	引水式	51.5
2		天王沟水电站	永登县连城镇	引水式	51
3		连城二级水电站	永登县连城镇	闸坝式	12
4		甸子水电站	永登县连城镇	引水式	4.56
5		四渠水电站	永登县连城镇	引水式	3.6
6		鳌塔水电站	永登县连城镇	引水式	5.76
7		朱岔峡水电站	永登县连城镇	引水式	34
8		享堂峡水电站	民和县川口镇	引水式	24.4
9		享堂二级水电站	民和县川口镇	引水式	19.7

续表

序号	所在河流	水电站名称	建设位置	水电站类型	装机容量/MW
10		关家河滩水电站	民和县川口镇	引水式	18.0
11		金星水电站	民和县马场垣乡	引水式	24.0
12		湟水三级王家口水电站	马场垣乡毛洞川	引水式	13.5
13	湟水	湟惠水电站	红古区花庄镇	引水式	12.3
14		宏源水电站	红古区花庄镇	引水式	13.5
15		白川水电站	西和镇白家川	引水式	36.0
16		坪安水电站	红古区平安镇	引水式	10.0
17		福川水电站	永靖县西河乡	引水式	24.9

3.地表覆被影响

流域地表覆被变化也会对径流产生一定的影响。流域内建设用地大幅度增加，植被覆盖度呈减少趋势，使其调节径流的功能减弱，洪涝风险增加。以大通河流域为例，大通河发源地位于祁连山东部支脉，沿河的森林及植被发挥着重要的水源涵养、水土保持、径流调节、水质净化和生态环境改善作用。总体上，自20世纪80年代以来，大通河流域土地利用类型以草地和林地为主，且土地利用/覆被变化显著，尤其草地面积急剧减少，而耕地面积相对增大，与之对应的土地利用情景下多年平均径流量呈增加趋势，空间上呈现大通河流域上、中、下游径流逐渐增加的差异，原因在于上游草地面积大幅度减少转化为耕地及居住地，而中、下游草地面积大幅度减小的同时水域面积比例的增加，最终导致径流空间变化大于上游（刘赛艳等，2016）。

第六节　流域土壤状况

一、流域主要土壤类型

　　土壤是地球表面的母质、生物、气候、水文、地形及人类活动等多种因素共同作用下经过一定时间所形成的覆盖地表的一层物质。不同区域的土壤其生成和发展过程不同，拥有不同的物理、化学性质，这些理化性质在很大程度上限制着土壤中各类化学元素的循环，从而影响着各类元素的分布、迁移和转化。同样，进入和赋存于土壤中的污染物，也是在土壤中的理化性质的作用下，发生转化、迁移。了解区域的土壤理化性质，是识别各类污染物分布特征的基础。

　　湟水流域甘肃境内在地域大区上已进入黄土高原，因此，区域内的土壤性质也与东部黄土高原区类型相近。由于区域范围在地理尺度上跨度不大，气候、地形、母质等基本要素差异较小，湟水流域下游区域内的土壤类型总体与本地地带性一致，同时受土壤所在的地点、人为干扰等影响，存在一些与生物气候条件关系不明显的非地带性土壤，如河滩地、耕地等。

根据土壤普查资料，区域主要的土壤类型共有6纲7种，其中包括黄绵土、灰钙土、灌淤土、潮土、红黏土等土类。从总体分布上看，沿红古河谷川地广泛分布着质地较黏重的红黏土，河谷坪台等地分布着黄绵土、灌淤土，在沿河沟地有少量呈斑块状分布的潮土及盐渍化土壤；沿大通河向北的广大区域逐渐深入高海拔地区，多为草原分布区，广布着灰钙土，同时，北部从干旱草原向森林草原的过渡地带发育着栗钙土，森林植被覆盖的地段分布着灰褐土，多为天然森林。

1. 黄绵土

黄绵土属于初育土纲，土质初育土亚纲，是一种直接由黄土和黄土状堆积物形成的一种耕作的幼年土壤，经过人们长期的耕作活动培育形成，大致可分为表土层和底土层，因表现出黄土母质所固有的疏松和绵软的特性而得名。黄土由于质地疏松，土壤抗蚀性能弱，极易侵蚀。

黄绵土在形成过程中存在着耕种熟化、侵蚀互为相反的过程，以前者为主导时，土壤肥力会提高，熟化程度增加；以后者占主导时，成土作用不能正常进行。在黄土撂荒之后，由于草类生长会出现明显的有机质累积过程。按照这两种过程，张锡梅等把黄绵土分为侵蚀型和堆积型。侵蚀型黄绵土分布在塬边和丘陵坡地，主要特点是生土化过程主导，受侵蚀危害，土壤始终处于半熟化阶段；堆积型黄绵土主要分布在川台地、高阶地、梯田及堆积作用强烈的塬内部，土壤形成的主要过程是熟化过程。本区域内多称为灌溉黄绵土，土性绵软，质地均一，结构良好，主要分布在湟水、大通河两岸的台地上。

杨文治等总结了黄绵土的水分物理特性，有如下特点。

（1）土壤孔隙发达，总孔隙度为49.4%—58.5%，在田间持水量条件下，充气孔隙，耕层很高，以下土层为19.2%—25.3%，正处于土壤适宜充气孔隙

（20.0%—25.0%），见表1-11。

（2）田间持水量为20%—22%，在田间持水量条件下，200cm土层的储水量在550mm左右，甚至高于区域多年平均降水量，有助于区域土壤中水分的保持。

（3）土壤凋萎湿度较低，为3.5%—3.8%。黄绵土的有效储水量，相当于田间持水量的80%。

区域内黄绵土主要分布在湟水北岸川台地上，质地通层为粉砂壤土或壤土，通透性好，易耕作，土壤有机质为0.21%—1.33%，全氮0.02%—0.84%，速效磷0.05mg/100g—1.88mg/100g，速效钾1.7—21.26mg/100g，与兰州其他地区相比，该区域内土壤氮元素和有机质相对不足。见表1-12。

表1-11 典型黄绵土机械组成

深度 / mm	不同粒径（mm）含量							
	3—1	1—0.25	0.25—0.05	0.05—0.01	0.01—0.005	0.005—0.001	< 0.001	< 0.01
0—120	—	0.3—1.0	9.7—39.0	37.0—60.0	6.1—8.0	6.0—8.1	9.0—19.1	21.3—33.9

表1-12 典型黄绵土理化性状

土层深度 / cm	有机质 / %	全氮 /%	全磷 /%	全钾 /%	pH	交换量 / （mg/100g）	碳酸钙 / %
0—14	0.811	0.038	0.077	2.07	8.04	—	15.53
14—28	0.433	0.032	0.050	2.22	8.54	5.11	17.44
28—74	0.632	0.045	0.055	2.25	8.26	6.96	15.02
74—120	0.244	0.022	0.053	1.76	5.46	3.25	18.27

注：样品全部采集于兰州市西固区。

前人总结了黄绵土土壤的机械组成在不同地区有所变化，大致范围如表1-13。

表1-13　黄绵土水分—物理特性

深度 / cm	比重	容重 / (g/cm³)	总孔隙度	最大吸湿湿度	凋萎湿度	田间持水量	最大吸湿湿度	凋萎湿度	田间持水量	田间持水量条件下	
				干土重 /%			mm			有效水含量	充气孔隙
0—10		1.12	58.6	2.2	3.3	22.3	2.5	3.7	25.0	21.3	33.6
10—20		1.12	58.5	2.5	3.8	20.3	2.8	4.3	22.8	18.5	35.7
20—30		1.35	50.0	2.4	3.6	20.3	3.2	4.9	27.4	22.5	22.6
30—40		1.35	50.0	2.4	3.6	22.8	3.2	4.9	30.8	25.9	19.2
40—50		1.34	49.4	2.4	3.6	22.0	3.2	4.8	29.5	24.7	19.9
50—60	2.70	1.34	49.4	2.4	3.6	21.8	3.2	4.8	29.2	24.4	20.2
60—70		1.31	51.7	2.3	3.5	22.1	3.0	4.6	28.9	24.3	22.8
70—80		1.31	51.7	2.3	3.5	22.3	3.0	4.6	29.2	24.6	22.5
80—90		1.32	51.1	2.3	3.5	21.9	3.0	4.6	28.9	24.3	22.2
90—100		1.32	51.1	2.3	3.5	21.0	3.0	4.6	27.7	23.1	23.4
100—110		1.28	52.8	2.3	3.5	21.6	2.9	4.5	27.6	23.1	25.2
110—120		1.28	52.8	2.3	3.5	21.5	2.9	2.9	27.5	24.6	25.3

2. 灰钙土

灰钙土属于干旱土纲、钙积干旱土亚纲,是草原向沙漠过渡的一种地带性土壤,该类土壤是在干旱半干旱气候条件下,发育在黄土母质上的地带性土壤,属草原土壤成土过程形成,即具有腐殖质的累积过程和碳酸盐的淋溶淀积过程。由于腐殖质分解矿化的速度大于形成的速度,累积较少,表现为弱腐殖化,并因其剖面染色浅淡显灰色且富含钙而得名。湟水流域内主要分布在湟水南岸台地及北岸1800m以上的黄土丘陵区,其可进一步分为灰钙土、淡灰钙土两个亚类。

（1）灰钙土亚类

该类是区域覆盖面积最广的土壤类型，分布在流域内未经耕种的黄土丘陵和台地上，因区域干旱，生长有耐旱植物，其中包括短花针茅、红砂、草霸王、骆驼蓬及各类蒿属，覆盖度为30%，土壤发育缓慢，腐殖质层和钙积层过渡不明显，土壤表层常见网状裂纹和结皮。土壤内腐殖质层薄，含量少，养分含量低，有机物仅为0.5%—0.8%，通层呈强石灰反应，pH为8.1—8.9，颜色呈灰黄色或浅棕色。

（2）耕种灰钙土亚类

主要分布在流域内黄土丘陵墚峁坡度比较平缓的地区和高台地上，是灰钙土经过耕种熟化后的耕作土，耕作层有机质含量稍高为1.104%，土层深厚，土质绵而不黏，易于耕作，孔隙发达，通气透水能力强，保水保肥能力差，通层呈强石灰反应，pH稍低为8.0—8.4，呈浊棕色、淡黄色。另外区域内灌溉频繁的区域，所属灰钙土因常年耕作活动而更适宜耕作，有机质含量较高为1.45%，全氮为0.95%，速效磷为4.35mg/100g，速效钾为19.29mg/100g。见表1-14、表1-15。

表1-14　典型灰钙土机械组成

土层深度 / cm	颗粒组成 /mm					质地
	0.25—0.05	0.05—0.01	0.01—0.005	0.005—0.001	< 0.001	
0—17	24.5	51.26	20.22	1.21	2.51	黏壤土
17—48	24.66	52.46	3.03	9.28	10.57	黏壤土
43—72	12.33	54.49	25.23	1.01	6.94	砂壤土
72—110	13.34	55.50	9.08	14.13	7.95	砂壤土
110—150	10.24	57.56	14.14	11.11	6.95	砂壤土

表1-15　典型灰钙土理化性状

土层深度 / cm	有机质 / %	全氮 /%	全磷 /%	全钾 /%	pH	交换量 / （mg/100g）	碳酸钙 / %
0—22	1.69	0.124	0.055	1.74	8.2	10.44	19.6
22—57	0.57	0.048	0.058	1.90	8.6	7.08	15.6
57—74	0.31	0.027	0.066	1.87	8.6	6.23	13.5
74—107	0.24	0.022	0.069	1.98	8.7	6.07	11.6
107—163	0.28	0.021	0.067	1.94	8.6	5.32	11.6

注：样品全部采集于兰州市永登县。

3. 灌淤土

灌淤土是以冲、洪积物为母质，经由人为长期灌溉耕作形成的农业土壤，主要分布在流域内河道沿岸，是区域内面积仅次灰钙土的土种。灌淤土熟化程度高，各土层过渡明显，土壤较肥沃，有机质和养分含量较高，其中平均有机质含量为1.15%，全氮为0.107%，全磷为0.199%，速效磷为11.5mg/100g，速效钾为178mg/100g，同时土壤结构良好，保水保肥性能较好。流域内该类土可分为1个亚类、4个土属。

（1）薄层灌淤土

薄层灌淤土主要分布在湟水沿岸低平的滩地地带，因受洪水侵袭，土壤耕作层常被埋没，因此有效土层薄，剖面为30—60cm常有粉砂或砾卵石混合层，或土层与砂砾石层相间。该类土保水保肥性能较差，土壤有机质和养分流失快，含量较低，通常有机质含量为1.25%，全氮为0.087，速效磷为2.57mg/100g，速效钾为18.2mg/100g，土壤氮元素较缺乏，另可分中层漏沙土1个土种。

（2）厚层灌淤土

厚层灌淤土主要分布在湟水、大通河沿岸低平的滩地，是区域内灌淤土的主要类型，土体厚度大于100cm，且熟化层较厚（一般大于60cm），质地较为均一，由于人类活动频繁，土内常混杂有炭硝、灰渣、瓦片等。该类土结构良好，且保水保肥性良好，是区域内较好的耕作土壤。区域内该属土又细分为两个土种。

①厚层漏沙土：分布于河岸较低的地方，有效土层60cm以下出现砂层，剖面层次发育比较明显，土壤有机质含量为0.93%，全氮为0.079mg/100g，速效磷为2.06mg/100g，速效钾为19.6mg/100g，缺乏氮元素和有机质。

②红吃劲土：是以白垩纪和第三纪红层的风化物为母质，经过人类长期耕灌种植发育形成的一种耕种土壤，主要分布在湟水北岸沿山脚地带，大通河岸也有零星分布。通常掺有风化物和炭渣、砾石，土质一般黏而不重，质地多为中壤，熟化层有40—60cm，生物活动频繁，养分较高，且有效程度也较高，有机质一般为0.65%—1.64%，全氮为0.04%—0.11%，速效磷为0.61—9.93mg/100g，速效钾为110.0—37.4mg/100g。

（3）菜园土

在湟水与大通交汇处周边有分布，区域内含1个土种，即灰茬土，其成土母质比较复杂，主要成分是城市活动产生各类废杂物的堆垫物质，经长期耕作、施肥掺土，翻耕等措施培育生成，耕作时间久，土壤熟化层较厚。该类土壤中有机质含量平均为2.75%，速效磷为3.57mg/100g，速效钾为35.3mg/100g，有机质和营养物含量均相对富足。见表1-16、表1-17。

表1-16　典型灌淤土机械组成

土层深度 / cm	颗粒组成 /mm			质地
	>0.02	0.002—0.02	<0.002	
0—24	57.00	40.51	16.49	砂质黏壤土
24—36	56.18	42.81	13.37	砂壤土
36—56	58.33	44.26	14.07	砂壤土
56—110	93.68	88.94	4.74	砂壤土
110—140	67.74	62.37	5.37	砂壤土

表1-17　典型灌淤土理化性状

土层深度 / cm	有机质 / %	全氮 /%	全磷 /%	全钾 /%	pH	交换量 / (mg/100g)	碳酸钙 / %
0—24	1.88	0.081	0.086	1.85	8.27	6.38	12.32
24—36	1.74	0.078	0.079	1.86	8.31	7.07	13.26
36—56	1.23	0.058	0.058	1.69	8.25	7.65	10.13
56—110	0.23	0.043	0.045	1.0	8.48	—	9.65
110—140	0.23	0.038	0.054	1.85	8.24	4.84	9.82

注：样品全部采集于兰州市城关区。

4. 潮土

潮土是由河流沉积物受地下水运动和耕作活动影响而形成的土壤，分布在大通河下游地区河流边缘，包含潮土1个亚类，土壤有机质含量为1.33%，全氮为0.096%，速效磷为1.93mg/100g，速效钾为19.9mg/100g，氮元素和有机质含量不足。

5. 栗钙土

在大通河中游山间盆地及河谷阶地，海拔在2300m以上，区域栗钙土包括两亚类，为栗钙土亚类、淡栗钙土亚类，其中前者多开垦用于耕灌。剖面腐殖质层为20—30cm，有机质平均含量为1.5%—2.0%，全氮为0.166%，全磷为0.081%，全钾2.31%。土体石灰反应较强。见表1-18、表1-19。

表1-18　典型栗钙土机械组成

土层深度 / cm	颗粒组成 /mm			质地
	>0.02	0.002—0.02	<0.002	
0—24	52.61	38.72	13.89	壤土
24—60	49.32	32.33	16.99	黏壤土
60—110	47.08	27.16	19.92	黏壤土
110—155	48.47	28.24	20.23	黏壤土

表1-19　典型栗钙土理化性状

土层深度 / cm	有机质 / %	全氮 /%	全磷 /%	全钾 /%	pH	交换量 / (mg/100g)	碳酸钙 / %
0—24	1.26	0.134	0.064	1.50	8.5	8.04	14.00
24—60	1.25	0.087	0.057	1.52	8.6	7.45	15.50
60—110	1.02	0.082	0.072	1.53	8.7	6.90	15.80
110—155	0.81	0.064	0.060	1.55	8.8	4.70	15.50

注：样品全部采集于兰州市永登县连城镇。

6. 红黏土

红黏土是在上覆的红土侵蚀流失后，出露于湟水流域内低丘基部与沟谷底部的白垩纪和第三纪红色地层经风化成为母质后，经过人为长期耕种活动而发育形成的耕种土壤，零星分布在湟水河谷北岸一线山脚地带。该类土因受母质影响，土壤质地较黏重，通透性差，多为块状，通层常掺有半风化物和炭渣、砾石，质地一般多为中壤。区域内因长期耕种影响，土层熟化深度为40—60cm，养分有效程度较高，见表1-20、表1-21。

表1-20　典型栗钙土机械组成

土层深度 / cm	颗粒组成 /mm					质地
	0.25—0.05	0.05—0.01	0.01—0.005	0.005—0.001	<0.001	
0—16	38.69	27.46	6.71	12.21	14.93	壤土
16—29	32.69	35.50	4.67	13.23	13.91	壤土
29—68	33.36	33.78	5.70	13.23	13.93	壤土
68—100	35.60	24.42	13.85	12.21	13.92	壤土

表1-21　典型红黏土理化性状

土层深度 /cm	有机质 /%	全氮 /%	全磷 /%	速效磷 /（mg/100g）	全钾 /%	速效钾 /（mg/100g）	pH	交换量 /（mg/100g）	碳酸钙 /%
0—16	1.256	0.074	0.101	1.53	1.93	18.93	8.56	7.97	12.63
16—29	1.209	0.073	0.090	—	2.11	—	8.05	8.05	12.18
29—68	1.437	0.082	0.093	—	1.90	—	8.49	8.49	13.97
68—100	0.931	0.065	0.076	—	2.11	—	9.75	9.75	13.25

注：样品全部采集于西固区河口镇。

二、土壤中污染物迁移转化特性

土壤与空气、水体时刻在进行着物质、能量的交换和循环，进入土壤或水体的元素在这一过程中，通过物理、化学、生化过程相互作用，在土、水、气相间迁移和转化。通常天然的土壤中，各种元素的含量在不断动态变化并趋向平衡，稳定在一个适当的范围内，能对生态环境发展起到良性的推动作用。当一种元素的含量过高，超过了土壤的自然调节能力，对土壤本身及其关联的水、气等要素将产生不利的影响，且危害到生物体的存活和生长时，这种元素就成了污染。湟水流域人员活动日益频繁，导致许多种类的污染物以不同形态过量进入并积累在土壤中，超过了土壤的容纳能力，并向地下水、地表水输出和扩散，影响流域的生态环境。

（一）污染物进入土壤的主要方式

污染物进入土壤的方式很多，从来源上分，主要可分为城镇生活活动、工业生产活动、农业生产活动；从发生频率上分，可以分为常态排放、非常态排放（如事故、随机事件）；从进入过程上分，包括渗透、侵入、掺夹等。另外，进入土壤的污染物还有非人为的污染物，不再介绍说明。

工业生产及城乡生活活动方面，污染物来自生产生活活动产生的固体废弃物随意堆放、废水随意倾倒，导致其中有害物经淋溶、渗透而进入土壤及地下水。进入土壤的强度受到污染物属性、进入方式及土壤自身的渗透性、地表覆盖物等的影响。

农业生产活动方面，污染物来自农药和化肥的使用、畜禽产生的排泄物、污水灌溉或污泥作为肥料的使用等，将有机态、无机态的氮素引入土壤。

（二）污染物的种类

受人类活动的影响，当前土壤中常见的污染物质包括氮、磷、重金属、持久性有机物等，总体可以分为以下几类。

1. 无机污染物：包括对动、植物有害的元素及其化合物，如硝酸盐、亚硝酸盐、硫酸盐、氟化物、可溶性碳酸盐等，同时还包括重金属如铬、汞、镉、铅、锌、镍、砷等。

2. 有机污染物：包括耕作活动进入土壤的化肥农药、除草剂、石油类有机物、洗涤剂、酚类等。

3. 放射性物质：在工矿企业的场地及周边，常会发现一些土壤受放射性元素的污染，如137铯、90锶等。

4. 病原微生物：胃肠道细菌、病原体、寄生虫等。

（三）主要元素在土壤中的转化特征

污染物在土壤中转化的过程取决于污染物的种类和物理、化学性质，还与土壤的结构、氧化还原电位、pH、有机物质和胶体物质含量，以及生物种类和数量等特性有关。由于氮、磷两种元素是人们最关心的两种营养物，且在环境中，氮、磷污染问题相对突出，也是进入流域水体的主要污染负荷，故以下简要总结氮、磷两种主要元素在土壤中的循环与转化机制。

1. 氮的循环与转化

（1）土壤中氮的形态

土壤中的氮素以多种形式存在，按化学形态分为有机态氮和无机态氮两类。其中，有机态氮为主要存在形式。有研究指出，即使在大量施用氮肥情况下，作物中积累的氮素约50%来自土壤，有些也高达70%以上（朱兆良，1988），而无机态氮只占1%—5%。

无机态氮根据其形态主要分为硝态氮和氨态氮。硝态氮是植物氮素营养的重要来源，但是其移动性大，极易通过淋溶和径流而流失，在厌氧条件下硝酸盐也会通过反硝化作用而损失，并且硝化过程中的中间产物N_2O的挥发也会造成氮素损失。

（2）氮在土壤中的转化机制

土壤中的氮元素通过氧化、还原过程，经历不同形态的转化和循环过程。学者将氮元素在自然界中的氮循环过程总结为6个反应，分别是固氮作用、好氧氧化反应、好氧亚硝酸盐氧化反应、反硝化反应、厌氧氨氧化反应、硝酸盐异养还原反应（图1-8），这些氮的形态变化，都离不开土壤中的微生物，

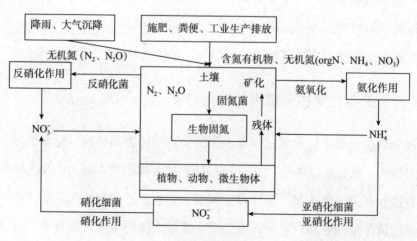

图1-8 土壤中氮循环示意

而这些微生物都是在这些过程中将氮转化为蛋白质来构成菌体，或从中获取能量的。

① 固氮与矿化反应

自然界中部分原核生物体内含有固氮酶，空气中的分子态氮（N_2）经固氮酶作用，而被生物还原为 NH_4^+。土壤中发挥这一固氮作用的微生物包括如固氮菌（Azotobacter），以及弗氏放线菌（Frankia）、根瘤菌（Rhizobium）等，前者为自生固氮微生物，后者为共生固氮微生物，这些微生物均存在于土壤中及植物的根系周边。在不同生态系统中，固氮微生物分布及其所发挥的作用各不相同，具有较高的时间和空间异质性，如在湿地中，由于腐殖质降解、水体扩散等，环境中 NH_4^+ 来源复杂，固氮微生物在湿地中发挥作用的重要性正逐渐降低（李怡潇，2015）。

$$N_2 \longrightarrow NH_4^+$$

此外，如动、植物遗体、残留枝叶、人类餐厨废物等其中所含有的氮素以有机态的形式进入土壤，这些有机态氮被土壤中的微生物分解为氨基酸，最后分解成铵根离子，从而进入土壤中的转化循环过程，这一过程也叫氮的矿化。

在土壤中，生物固氮反应产生的 NH_4^+，去向主要有4个方面：一部分被植物和微生物吸收，微生物或植物在此过程中形成自身所需的细胞或菌体，这一过程即氮的有机化；一部分赋存在土壤中经微生物作用进一步转化循环，同时植物遗体和菌体中的有机态氮在土壤中有时会进一步缩合聚合，成为腐殖质；还有一部分经淋溶、渗透进入地下水，或随地表径流发生迁移；另外有一部分 NH_4^+ 挥发进入大气。

② 好氧氨氧化反应

土壤中的好氧氨氧化过程是硝化反应的起点。进行着两步反应，第一步是 NH_4^+ 经过氨单加氧酶（AMO）的作用被氧化为羟胺（NH_2OH）；第二步是在羟胺氧化还原酶（HAO）的催化作用下，羟胺被氧化成 NO_2^-。最主要的氨氧化作用者有氨氧化细菌（AOB）和氨氧化古菌（AOA）。其中，自养型氨氧化细菌均为革兰氏阴性菌，在代谢过程中，自养型氨氧化细菌生长所需的能量通过氨的氧化获得；异养型氨氧化菌包括某些异养型的真菌、细菌和放线菌，在代谢过程中将 NH_3、NH_4^+ 和有机 N 等还原态氮氧化为 NO_2^- 和 NO_3^-。

$$NH_4^+ \longrightarrow NH_2OH \longrightarrow NO_2^- \longrightarrow NO_3^-$$

土壤中发生施肥、粪便等活动后，氮便以 NH_4^+ 方式进入土壤，在土壤中即由好氧氨化反应开始氮的转化过程，氮被氧化为 NO_2^- 和 NO_3^-。有研究发现，土壤理化背景的改变对不同种氨氧化细菌影响不同，如土壤类型、植被种类、降水量、土壤 pH、温度、NH_4^+、有机质含量、CO_2 浓度和氮肥等，且偏碱性的环境更适宜氨氧化细菌生长。

NO_2^- 和 NO_3^- 去向有 3 个方面：一部分被植物吸收；另一部分留存于土壤中继续进行氮的转化；还有一部分伴随淋溶、渗透进入地下水，或随地表径流发生迁移。由于土壤多为带负电荷的胶体，较少吸附可溶的 NO_3^-，因此，在降雨和灌水条件下，旱地土中大部分氮素会以可溶态 NO_3^- 淋失。淋失的氮素会渗入并污染地下水，最终进入河流湖泊等水体环境，造成水体面源污染。

③ 好氧亚硝酸盐氧化反应

好氧亚硝酸盐氧化过程是在化能自养型硝化细菌的作用下，NO_2^- 被氧化为 NO_3^-。硝化反应过程中的 O_2 接受电子，CO_2 通过 Calvin 循环被固定。化能自养型硝化细菌是严格的好氧微生物，主要有硝化杆菌属、硝化刺菌属和硝化球菌属 3 大类，均为革兰氏阴性菌。

通常认为土壤中 NO_2^- 在氮循环中是一种较不稳定的中间状态（王少丽，2008），在好氧条件下，NO_2^- 会进一步被氧化为 NO_3^-，反之在厌氧条件下，会被转化为 N_2O 和 NO。土壤中的腐殖质，以及进入土壤环境的动植物残体等，含有大量的有机氮，在该类微生物作用下，被纳入氮循环过程。有学者对土壤中氮循环过程的反应速率进行了研究，以期揭示氮循环过程的主导过程，发现在不同旱地土壤柱状样品中，好氧氨氧化反应速率（$NH_4^+ - NO_2^-$）与亚硝酸盐氧化反应速率（$NO_2^- - NO_3^-$）差异很大，两者比值范围较宽，在0.16—124.93，显示出硝化反应并不是一个单一的过程，而是作为好氧氨氧化反应和亚硝酸盐氧化反应两个独立的步骤。

④ 反硝化反应

反硝化反应是指在厌氧条件下，土壤中的NO_3^-或NO_2^-接受电子转化为N_2O或者N_2的过程。反硝化过程是大气中排放N_2O和NO的主要来源。反硝化菌生物多样性较高，代谢途径不同。大多数反硝化菌为异养型，有机质为其提供能源和碳源完成代谢过程。由于反硝化菌代谢种类繁多，参与其中的关键酶，例如，nas、nap A、nar G、nos Z等负责各部分的代谢过程。土壤中如氧浓度、反硝化中间物的存在及碳源等，均会影响反硝化反应的进程。

$$NO_3^- \longrightarrow NO_2^- \longrightarrow NO \longrightarrow N_2O \longrightarrow N_2$$

反硝化反应是土壤中氮元素循环的重要环节，同样也是污水处理净化系统中氮元素的去除过程，也称脱氮过程。此外，反硝化反应的代谢过程中能够产生大量的温室气体N_2O，这一方面导致农田氮素的气态损失，另一方面对环境气候会产生影响。

⑤ 硝酸盐异养还原反应

硝酸盐异养还原反应是指自然界氮循环中，一部分NO_3^-被异化还原为NH_4^+的过程。在缺氧环境中，人们普遍认为大部分的NO_3^-是通过反硝化途径去除的，而硝酸盐异养还原反应容易被忽视。硝酸盐异养还原反应和反硝化反应共同竞争NO_3^-，在一些自然环境中，如森林生态系统，反硝化反应产生大量的N_2O气体，造成了氮素的流失，硝酸盐异养还原反应的存在一定程度上贮藏了氮素，使植物能够利用的氮素增多。目前，关于环境中硝酸盐异养还原反应机理方面的研究仍然较少。

⑥厌氧氨氧化反应

一直以来，人们普遍认为NH_4^+只能在好氧条件下被消耗，认为厌氧氨氧化反应在自然条件下无法自发进行。然而，厌氧氨氧化反应及其相关微生物的发现改变了这一认识。有研究发现，在厌氧条件下，NO_2^-作为电子受体，与NH_4^+反应直接生成N_2，其代谢过程中没有N_2O这一强温室气体的产生。厌氧氨氧化和反硝化厌氧甲烷氧化反应的发现改变了人们以往对N循环的传统理解（A.Mulder，1995）。目前，已经发现的厌氧氨氧化菌都隶属Brocadiales目浮霉菌门（*phylum Planctomycetes*），共13个种。在厌氧氨氧化菌的代谢过程中，NO_2^-首先被转化为NO，NO接受电子被还原成羟胺（NH_2OH），NH_4^+作为电子供体与羟胺反应，在联胺合成酶的作用下生成联胺（N_2H_4），经过联胺氧化还原酶的作用，联胺最终被氧化为N_2。目前，厌氧氨氧化反应在海洋生态系统中广泛存在已经被普遍证实，但迄今为止，人们对厌氧氨氧化反应在陆地和淡水生态系统中的存在及分布规律的研究仍然较少，且研究数据不足，厌氧氨氧化反应在其中是否广泛存在、影响其分布的生态因子尚未探明，因而，厌氧氨氧化反应在陆地系统氮循环中的作用目前仍无法被准确估计。

（3）土壤理化性质对氮素转化的影响

综上所述，土壤中氮的转化过程主要由各类土壤酶和土壤微生物参与驱动完成，因此，任何能够干扰土壤中的酶活性和微生物性状的因素，都会影响到氮素的转化效率，除此之外，不同的土壤状态，例如自然林地、旱田、草地等，其中的氮循环有着很大的差异，氮素的转化效率也不尽相同。

① 土壤中固氮与矿化的影响因素：固氮过程受很多条件影响，如有研究显示施加的氮肥对非共生固氮具有抑制作用（朱兆良，2008），氮素形态及有效氮含量同样对固氮过程有调控作用（夏玄和、龚振平，2017；车荣晓等，2017）。在氮素矿化过程中，研究显示土壤湿度、温度是影响氮矿化的重要环境因子，升高温度不仅增加了土壤氮素的矿化，同时还增加了植物对矿质氮素

的吸收（巨晓棠等，2003）；温度和水分对土壤氮矿化存在显著的交互作用（李贵才等，2001；Knoepp et al.，2002）。

② 土壤中氮硝化过程的影响因素：研究表明，硝化作用受土壤氮含量、pH、温度、水分、光照及金属污染等多种环境因素的影响。以往研究认为，参与硝化过程的两种主要细菌是氨氧化细菌（AOB）和氨氧化古菌（AOA），在氮含量较高和pH中性或碱性的土壤环境中，氨氧化细菌在硝化作用中发挥着主要作用，而在低氮、强酸性和高温等较为恶劣的环境条件下，氨氧化古菌是土壤硝化作用的主要驱动者。土壤中的重金属对硝化过程也有明显影响，有研究表明，土壤微生物氮随着镉浓度的升高而逐渐降低，土壤镉污染改变了土壤氮组分，降低土壤微生物量氮含量，增加土壤硝态氮含量，同时，土壤镉污染能够促进土壤硝化作用，抑制土壤反硝化作用，使硝态氮累积（王鹏程，2017）。

③ 土壤中氮反硝化过程的影响因素：反硝化微生物受众多环境因子所干扰，例如土壤含水率、含氧量、pH、土壤碳含量、施肥、重金属污染等。土壤有机碳有利于反硝化微生物繁殖，有研究表明，土壤中有机碳含量与水田土壤中的反硝化相关基因组成及基因数量显著相关、森林土壤中的碳源也与反硝化基因数量密切相关，表明土壤反硝化微生物丰度受土壤碳含量所影响。土壤的pH对反硝化群落具有较强的选择作用，也影响着反硝化基因群落特征，大多数反硝化细菌最适的pH在6—8的中性环境中，当pH<5.5时反硝化基因群落种类多样性减少。此外，土壤水分对反硝化作过程也具有决定性的影响，水分与土壤物理性状可共同作用而影响氧气在土壤中的扩散，进而影响到土壤中的反硝化作用。在水分饱和的土壤中，土壤处于厌氧状态，土壤反硝化潜势、反硝化速率及功能微生物丰度均有所增加（Robertson and Groffman，2015）；在草地土壤中，当氮素含量不是限制因素时，土壤含水率大于60%时，反硝化作用是产生氧化亚氮的主要过程。水分含量也会直接影响反硝化作用相关功能微生物，从而对反硝化作用产生直接影响。

2. 磷的循环与转化

（1）土壤中磷的形态

土壤中磷的形态包括无机态磷、有机态磷两大类。其中，无机态磷主要是正磷酸盐，为水溶性离子、吸附态、矿物态3种形式；有机态磷化学性质和形态较复杂，其中包括肌醇磷酸盐、磷脂、核酸等。

① 无机态磷

水溶态：是溶解在土壤溶液中的离子态磷酸根，水溶态磷是可以被植物吸收利用的磷。不同的pH条件下，磷酸进行相应的解离，形成3种磷酸根离子，如：

$$H_3PO_4 + OH^- \rightarrow H_2PO_4^- + H_2O（pH= 2.1）$$

$$H_2PO_4^- + OH^- \rightarrow HPO_4^{2-} + H_2O（pH= 7.2）$$

$$HPO_4^{2-} + OH^- \rightarrow PO_4^{3-} + H_2O（pH= 12.5）$$

其中$H_2PO_4^-$最易被植物吸收，HPO_4^{2-}次之，PO_4^{3-}则较难吸收。由于土壤溶液pH一般为5—9，很少超过11，所以通常情况下，土壤中溶解的磷素以$H_2PO_4^-$和HPO_4^{2-}形态为主。

吸附态：土壤中含有黏土矿物，铁、铝氧化物和氢氧化物，以及方解石、有机质，都能将磷吸附在其表面，使磷处在吸附与解吸之间，形成动态平衡。溶液中磷的浓度与吸附体表面的饱和度呈正相关。

矿物态：土壤中矿物态磷按其所结合的阳离子不同，又可分为以下4类。

磷酸铝类化合物(Al–P)：可溶于NH_4F提取液，如磷铝石、磷钾铝石等。

磷酸铁类化合物(Fe–P)：能溶于NaOH提取液，如粉红磷铁矿等。

闭蓄态磷(O–P)：磷酸盐（尤其是磷酸铁盐）被氧化铁胶膜包裹时，称为闭蓄态磷。

磷酸钙类化合物(Ca–P)：指各种酸溶性磷酸钙盐，其中包括原生的磷酸钙盐，如氟磷灰石、羟基磷灰石；次生的磷酸二钙、磷酸八钙等。

一般在石灰性土壤中以磷酸钙盐为主；在酸性土壤中以闭蓄态磷为主，其次为磷酸铁盐；在中性土壤中，各种形态的磷酸盐均占有一定的比例，磷酸铝盐所占的比重大于酸性和石灰性土壤。磷的有效性随土壤pH的不同而变化，当pH为6—7时磷的有效性最大。

② 有机态磷

土壤中有机态磷是磷的主要存在方式，含量占土壤总磷的20%—50%，主要来自植物，也有相当一部分来自土壤生物，特别是微生物，其化学形态和性质十分复杂。目前，能够分离鉴定出的有机化合物主要为磷酸肌醇、磷脂和核酸。

肌醇类：主要来自植物的六磷酸肌醇和五磷酸肌醇，也有一些肌醇类物质源于微生物。它们是土壤有机磷的主要部分，一般占有机磷总量的1/3，变幅通常10%—50%。

磷脂类：包括卵磷脂和脑磷脂等，植物、土壤动物和微生物残体均可以释放磷脂类化合物，其中以土壤微生物为主，占土壤有机磷的1%—5%。

核酸类：含磷的核酸类物质包括核酸和核苷酸，源于植物和其他土壤生物，含量较低，占有机磷总量的0.2%—2.5%。

大多数学者按照有机磷在不同提取剂中的溶解能力将有机磷分为活性有机磷（L-OP）、中等活性有机磷（ML-OP）、中等稳定有机磷（MR-OP）和高稳定有机磷（HR-OP），其在土壤中含量分别为中活性有机磷＞中稳定有机磷＞高稳定有机磷＞活性有机磷（梁海清，2007）。此外，中稳定和高稳定有机磷在根际土壤中的含量略高于非根际土壤，而活性有机磷和中活性有机磷在根际土壤中的含量显著低于非根际土壤（刘世亮等，2002），这说明活性有机磷比较容易发生矿化，转化成易被植物吸收的无机磷。不同类型土壤中有机磷的含量与土壤有机质含量呈正相关，并且与土壤有机质分布的变化比C/N要大，有学者认为，其原因是氮是腐殖质基本结构内的元素，而磷是以肪键形式与腐殖质结构的外部组分结合（尹逊霄等，2005）。

其他：此外一些数量较少的有机磷化合物还有糖磷酸(细菌的胞壁酸等)、磷蛋白、甘油磷酸等。有机磷在土壤中的存在方式包括吸附态和磷脂键结合态两种，分布于各有机质组分中，其中包括与土壤腐殖质部分结合的、动植物残体中的以及活的土壤生物体内存在的磷（又称生物磷）。其中，新鲜有机物质中的磷和生物磷是易分解态磷，其他含磷有机化合物的生物有效性主要取决于其空间的分布。

（2）磷在土壤中的转化机制

许多学者研究发现，土壤磷素的空间分布特征为表层土壤磷素含量高于底层土壤，即磷素含量一般随土壤层次的加深而降低。彭琳等对黄土地区土壤中的磷素分布情况进行分析时发现，黄土地区土壤中各形态磷占全磷比例以CA-P最高，有机磷与O-P次之，Al-P、Fe-P和水溶磷较低。如图1-9所示。

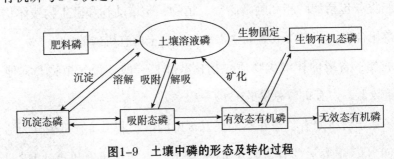

图1-9 土壤中磷的形态及转化过程

在土壤中，磷素在水、固相间发生着释放、固定、吸附等物理化学过程，影响这些过程的因素主要有pH、温度、氧化还原电位等因素。

① 磷素的释放

在土壤中，由于矿物岩石缓慢的风化作用，磷从矿物中释放出来。随着土壤中生物生化呼吸释放CO_2，增加有机物质的浓度和根毛周围的酸度，形成酸性环境中，含磷矿物发生溶解，释放出磷，同时植物根系释放出有机酸增加根系周边酸性，也可以溶解磷灰石并将磷释放到土壤孔隙空间中。另外，有机态磷主要是磷脂经过胞外磷酸水解酶的作用而释放出植物可利用的磷。此外，施肥操作也是农田土壤中磷素进入土壤的主要释放方式。

在土壤中，铁和锰氧化物具有极高的表面积和整体的正电荷，对磷酸盐具有很大的结合能力。这些含磷相通常构成了土壤磷的主要的、长期的储存库。磷在土壤中溶解后，一部分被纳入植物组织中，转化为有机形式，当植物或组织死亡时，有机结合的磷被土壤中的细菌和真菌氧化分解，并且将磷作为磷酸盐释放到土壤溶液中；另一部分通过侵蚀作用进入地表和地下径流而流失。

② 磷素的固定

磷素的固定机制主要包括化学沉淀、表面吸附两种。

化学沉淀：在土壤中磷浓度和土壤中阳离子浓度均较高的情况下，进入土壤中的水溶性磷素（通常为施肥过程）会与金属阳离子相结合形成难溶性的稳定态物质，发生沉淀，一般不会随径流迁移形成污染。如在酸性土壤中，磷的固定主要发生在铁铝氧化物体系中。酸性土壤中的磷酸离子主要是以 HPO_4^- 形态和铁铝氧化物结合或者与胶体表面活性铁、铝或交换性铁、铝及赤铁矿、针铁矿等化合物作用，形成一系列溶解度较低的含磷化合物，如磷酸铁铝、盐基性磷酸铁铝等。还有一部分磷酸根离子被不溶性的铁铝氧化物胶膜所包被称为闭蓄态磷，使磷的迁移和生物有效性大大降低。在石灰性土壤中或碱性条件下，土壤中含有大量的 Ca^{2+}、$Ca(HCO_3)_2$ 及 $CaCO_3$，能够与 PO_4^{3-} 结合并形成各种难溶性的磷酸钙盐（宋付朋，2006）。

表面吸附：土壤对磷酸盐的表面吸附主要发生在土壤矿物和黏粒表面，分为交换吸附和配位吸附（又称专性吸附）两种。其中，交换吸附是指 PO_4^{3-} 通过取代其他阴离子而被吸附，这种吸附性较弱，被吸附的 PO_4^{3-} 也易被解吸下来，再次进入到土壤溶液中或流失；配位吸附是指 PO_4^{3-} 离子作为配位体与土壤胶体表面的–OH 发生交换，吸附在胶体表面上的过程，有一定的专一性，且不易被其他阴离子取代，因此磷的固定较为稳定。

（3）土壤理化性质对磷素转化的影响

影响土壤中磷转化的因素很多，其中主要包括土壤和水体的pH、有机质含量、温度、湿度、氧化还原电位、生物活性等自然因素，此外，人类活动对土壤磷素的形态转化也能够产生影响。前人对不同土壤性质下磷素转化的影响开展了很多相关研究，总体情况如下。

① 磷素固定的影响因素

土壤pH：土壤pH变化可通过影响离子的种类和强度、土壤中微生物和酶的活性，以及矿物的表面特性，进而影响磷素的转化过程和形态，因此，土壤pH对土壤磷素形态起决定性作用。在土壤对磷的固定过程中，化学沉淀机制、表面反应机制或闭蓄机制等磷的固定机制均不同程度地受土壤pH的影响，尤其对化学沉淀作用的影响最大。

在酸性土壤中，大量铁铝氧化物可以与磷素结合为铁铝磷，固磷作用较强烈，同时较低的pH，促进了难溶态钙磷的溶解，稳定态的Ca-P得到活化，能够促进可溶性磷的释放，并且减少钙磷沉淀的生成；在石灰性土壤中，土壤溶液中的钙离子和碳酸钙在碱性条件下会与磷发生吸附沉淀，形成各种稳定态的钙磷，而铁铝磷的形成减少，闭蓄化过程减弱，磷的固定量减少。

土壤有机质含量：很多研究发现，有机质含量较高的土壤对磷素生物固定利用率也较高（沈浦，2014）。其原因包括很多方面的综合作用，不少学者将其总结为以下6个原因：一是有机质内本身含有磷素，在矿化过程中可以分解出一部分磷，进入土壤而提高磷的含量。二是土壤有机质在土壤中经微生物作用形成的腐殖质可以覆盖在土壤黏粒、铁铝氧化物的表面，减少磷酸根与这些矿物的直接接触，进而减少磷在其表面的吸附固定。三是有机质在土壤中分解过程会产生有机酸等弱酸，增加了土壤溶液的酸度（常轶梅，2014），可以使一部分稳定态的钙镁磷酸盐溶解，降低稳定态磷含量。四是有机质矿化分解的中间产物有机酸可以与土壤中的Fe^{3+}、Al^{3+}、Ca^{2+}、Mn^{2+}等离子发生络合,与之形成了较为稳定的水溶性螯合物,降低了土壤溶液中上述离子的浓度,从而阻止了磷酸根与更多的金属离子反应生成沉淀,进而减少酸性土壤中铁铝磷和碱性土壤中钙磷的形成。五是中间产物有机酸、有机配位体还可以与磷酸盐竞争土壤表面的专性吸附位点(何振立,1990),致使磷酸根离子被释放出来,从而减少磷的固定,上述中间产物与磷酸根对矿物表面吸附位点的竞争还会强烈影响土壤中磷的移动性和环境行为,使磷素迁移进入地表水、地下水等环境中。六是土壤有机质还可以通过改变土壤生物活性,影响土壤磷素的生物循环。土壤有机质本身就具有吸附性能,可以从土壤中吸附一定的磷素,减弱了磷在矿物表面的固定。

土壤中微生物活性:土壤微生物对磷有生物固持作用。微生物可直接吸收利用土壤中的无机磷进而转化成自身的组成部分。同时,土壤微生物又可作为有机磷生物矿化的媒介,微生物利用含磷有机物中的碳合成自身物质并获取能量,经过一系列的生理代谢过程后,将简单的磷酸盐作为产物释放出来(张宝贵、李贵桐,1998)。因此,生物活性高的土壤,其有机磷的矿化作用会更强。同时,当土壤缺磷时,微生物还可以分泌磷酸酶,水解土壤中的有机磷,从而增加土壤中的有效磷。另外,新鲜的有机残体还会对土壤有机质的降解起促进作用,从而加强磷的生物矿化作用。微生物残体在降解过程中产生的中间产物有机酸和最终产物腐殖质均会减弱磷酸盐的固定,从而提高磷的有效性。但是,有些研究还发现,微生物的大量生长不仅不能促进无机磷的释放,反而增加并固定了土壤中的无机磷。

土壤温度:土壤温度的升高能够提高土壤中的分子扩散速率,推动土壤颗粒表面磷的吸附平衡发生变化,促进磷的解吸;同时,温度升高可以提高微生物的活性,进而促进微生物对土壤磷的转化;此外,在适宜的温度下,微生物能够快速生长使土壤由氧化状态转化为还原状态,促进了土壤中Al–P、Fe–P的释放（侯立军，2003）；温度的升高也有助于提高有机物的矿化速率，使土壤中有机磷向无机磷转化，不溶性磷化合物（Ca-P、Oc-P）向可溶性磷化合物转化（熊汉锋，2005）。然而，当土壤温度降低，土壤中微生物和酶的活性相应降低时，土壤中磷的迁移转化速率及植物体内磷的浓度也随之降低。

土壤含水率：土壤间隙水是磷的溶剂，含水率的高低决定了土壤溶液中磷的浓度，也影响着磷在土壤水界面的迁移速率。一般情况下，土壤含水率越高，土壤中活性磷、Al-P、Fe-P的含量也越高。相反，土壤含水率降低，改变了土壤溶液中离子的类型、含量，以及土壤氧化还原电位，导致土壤中磷在土壤水界面的扩散速率变慢，改变了土壤中磷形态的含和比例。

氧化还原条件：低氧化还原电位意味着厌氧环境，能够引起还原反应。在厌氧条件下，当土壤中的磷酸盐以与Fe^{3+}结合的形式存在时，三价Fe^{3+}可以转化为二价的Fe^{2+}，从而促进Fe-P的释放。另有研究显示，土壤在缺氧环境时，硝酸盐能够作为电子受体而发生反硝化过程，磷缓冲了缺氧时对氧化还原电位的影响，减少了Fe-P的释放。硫酸盐在缺氧时能被微生物还原为S^{2-}，与Fe^{3+}的还原溶解耦合生成FeS而沉淀，也可促进Fe-P的释放（张晶，2012）。

② 磷素的释放

土壤中磷素的释放与固定是相互逆向的过程，通过以往的研究可以看到，在土壤的理化性状如pH、温度、微生物活性、含水率、氧化还原等因素向相反的方向变化时，磷在土壤中就会释放。

（4）不同形态磷素在土壤中的分布规律

针对土壤中不同形态磷素分布规律时相关研究有很多，其结论也较为复杂。通常认为，不同土壤剖面上中的有机磷分布并不均匀，总有机磷在表土壤中含较高，活性、中活性有机磷含量随土壤深度增加逐渐减少，而中稳定有机磷和高稳定机磷含量变化不大，但稳定态有机磷总量占有机磷总量比例随着土壤深度的增加而明显增加（王旭东等，1997）。同时，有学者通过分析土壤粒径变化与有机态磷的关系，认为土壤中各类活性的有机磷随土壤粒径的增大而减少，其中，中活性和中稳定性有机磷随土壤粒径的变化趋势决定了有机磷总量的变化趋势（孙华等，1998）。

3. 碳的循环与转化

（1）土壤中碳的形态

土壤中碳的存在形态总体分为有机态碳、无机态碳两种。

① 有机态碳：有机碳是由环境中的动、植物残体和根系分泌物、动物粪便及人为排放等有机物质进入土壤后，经微生物作用而形成的含碳有机物的总称，是土壤中碳的主要存在形态，对维持和巩固土壤结构，以及控制土壤污染物迁移转化等方面有着重要作用（张峰等，2010）。有机态碳在农业上是衡量土壤肥力的重要指标，同时，土壤有机碳化学性质活跃，且储量巨大，对温室气体的排放、全球气候具有重要的作用（徐小锋等，2004）。以往研究指出，有机态碳的分布与土壤的机械结构有关，相对粗土壤颗粒，黏粒、粉粒与微团聚体等细土壤颗粒中有机碳含量更高。土壤中有机碳由于生成过程复杂，其组成、结构、存在的方式多种多样，中外学者试图从物理、化学、生物学角度对有机碳进行划分，然而至今仍未有明确的界定，通常将土壤有机碳分为活性炭和惰性碳两大类，且活性炭在维持土壤碳平衡方面发挥着关键作用。

活性有机碳：主要包括植物枝叶根残渣，以及存活在土壤中的真菌菌丝、细菌等微生物体，这部分碳容易被土壤中的微生物分解矿化，直接供应植物养分。越来越多的研究表明，土壤活性有机碳能够灵敏、准确并且真实反映土壤有机碳的存在状况，以及土壤质量的好坏。有研究人员对活性有机碳组分进行了归纳，按照活性有机碳组分的不同测定方法，以及所指活性有机碳的部分不同，土壤活性有机碳可分为易氧化有机碳、微生物量碳及水溶性有机碳3类。

其中，水溶性有机碳由于具有水溶性的特点，其在土壤中不稳定，易于氧化和分解，是养分移动及环境污染物移动最活跃的部分，参与着许多土壤过程，并且能随时迁移到其他环境，其迁移过程一定程度上表征着土壤中碳素污染物的迁移过程。有学者研究发现，土壤水溶性有机物中有10%—40%可以随时发生降解，同时可降解性会由于土地利用类型不同而发生变化，且在不同土层中，深土层的可降解性比浅土层的要低，在不同土地利用方式下，土壤可溶性有机碳表现为农田要高于森林植被，出现这种情况可能是因为水溶性有机碳的含量变化与进入土壤中的凋落物多少、组成不同和有机质周转速率相关。草地土壤可溶性有机碳含量显著高于阔叶林、果园和坡耕地，这是由于草本植物多为一年生植物，生长代谢周期短，对土壤的有机质注入周期短（祁心，2015）。

惰性有机碳：土壤中极难分解和利用的有机碳，在一般条件下，它们的化学性质及物理性质都很难发生改变，其中也包含人类活动产生的各类有机化学物质、难降解化学物质，以及持久性有机化合物，进入土壤不仅破坏土壤性质和结构，对动、植物甚至人类自身也具有危害。

② 无机态碳：土壤中无机碳是土壤中含碳无机物的总称，主要指土壤中的母岩风化过程中形成的矿物态碳酸盐，其积累速率很快，且易受到大气、水、盐分等因素的影响。同时，还有一部分人为排放的无机形态的碳。无机态碳在土壤中的气、液、固相中均有，如气态的土壤CO_2、液态的CO_3^{2-}溶液和固态的碳酸盐。有研究认为，土壤中气态和液态无机碳数量相对固态的碳酸盐来说较少，因此土壤中无机碳的主要成分是碳酸盐（许文强等，2014），其中包括原生碳酸盐和次生碳酸盐两种，原生碳酸盐源于成土母质或母岩，是未经风化成土作用而自然保存下来的碳酸盐；次生碳酸盐是原生碳酸盐通过土壤的风化成土作用，与土壤中的 CO_2 和水溶解形成的碳酸盐通过一系列化学反应经过溶解再沉淀而形成，与土壤碳酸盐的溶解、沉积，以及土壤有机碳分解 CO_2 的再转化密切相关。有研究显示，在我国土壤无机碳主要分布在干旱和半干旱地区，

且无机碳储量占全国总碳储量的35.1%（杨黎芳，2011）。其中。西北和华北地区土壤无机碳储量约占全国土壤总碳库的55%。

（2）碳在土壤中的转化机制

从环境的角度来看，碳素从进入土壤，到从土壤中迁移到外环境，以及含碳有机污染物的转化和迁移过程，可以大致划分为3个阶段。

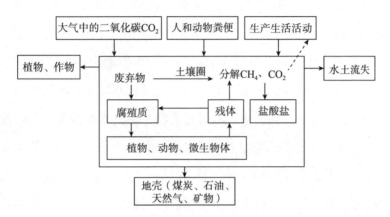

图1-10　土壤中碳循环转化示意

① 碳的固定

土壤中碳的固定过程一方面来自生物固定作用，即植物通过光合作用将大气中的 CO_2 转化为光合产物并且为植物的生长代谢提供能量，产物中的一部分以植物地上呼吸作用及根系呼吸作用再次被释放到大气中，剩余的光合产物通过植物的地上地下分配作用进入植物地上组织和根系中，最终以凋落物或残根等有机质形式保存在土壤中，成为土壤中生物活动的重要底物；同时，部分自养微生物也会以 CO_2 为碳源，通过光合作用或化能合成作用获得能量和产物，如土壤中的硫细菌、铁细菌、硝化细菌等，利用无机物氧化过程获得能量同化 CO_2，合成细胞物质，经过细胞代谢而留在土壤中。另一方面，通过吸附作用，利用其他形式进入土壤的碳素在土壤的矿质表面发生吸附而进入土壤中。

② 碳的降解/矿化

土壤中的植物残留，或动物的残体，在微生物及酶的作用下被不断分解，转化为简单的有机化合物，研究指出，其过程分为两个阶段：第一个阶段是易分解的有机质降解，主要是可溶的含碳有机物，如简单的糖类、蛋白质和氨基酸等；第二个阶段是较难分解的有机质，如木质素、脂肪、蜡和多酚化合物等。其中，有一部分碳素转化为CO_2、CH_4等释放到空气中，另一部分在土壤环境中经过复杂的结合、反应、吸附、聚合形成不同分子量的复杂化合物，即腐殖质化。受有机物性质、土壤中微生物、水分、温度等条件的影响，不同有机物质的分解速率也不同，而且分解产物在土壤有机质各组分中的分布也各不相同。

自然环境的变化也会对土壤中的碳降解产生影响，如农业和建设开发活动，对表层土进行了破坏，表层土壤的剥蚀会导致原深层土壤暴露而风化，进而改变其土壤中碳的形态和分布。有研究表明，频繁耕作带来的土壤扰动，会降低土壤团聚体的稳定性，增加土壤有机碳的降解速率，从而降低土壤有机碳的含量。另外，当土壤发生侵蚀时，侵蚀过程泥沙的迁移、运输也会加速土壤有机碳的矿化分解，侵蚀过程土壤团聚体的破裂释放出原本被包裹的那部分有机碳，使其更容易被微生物所利用，从而增加土壤碳的释放速率。很多学者进一步量化分析了不同土壤条件下侵蚀诱导土壤与大气间的碳交换变化，并指出泥沙迁移再分布过程导致泥沙中总有机碳的 2%—20%被矿化分解释放到大气中，甚至有研究显示这一占比可能达到43%。

③ 碳的释放/流失

土壤侵蚀（代指水力侵蚀）是碳从土壤中释放并流失的主要过程，不仅造成水土流失，而且随着土壤有机碳的迁移与空间再分布。在水力侵蚀过程中，土壤有机碳的迁移流失主要存在以下两种方式（肖海兵，2019）。

土壤中的可溶性有机碳以溶解态的形式随地表径流迁移，汇入下游水体，或渗透进入地下水层；土壤有机碳随侵蚀泥沙运移/再分布。大量研究认为在侵蚀过程中泥沙是土壤有机碳流失的主要载体。例如，聂小东等（2013）对模拟降雨过程中泥沙的迁移规律和土壤有机碳的流失富集规律进行研究，发现泥沙态有机碳流失量占总有机碳流失量的 84%以上，最高达 97.7%。有机碳随泥沙的迁移而发生空间运移，这一过程显著改变了陆地生态系统土壤有机碳的空间分布模式（崔利论等，2016）。

土壤中有机碳的迁移在不同侵蚀阶段特征也不相同。大致过程如下。

降雨过程中，在初期，随着下渗量超过土壤饱和临界值，土壤表层产生坡面薄层水流，随着径流的增大，当径流冲刷力大于土壤团聚体内聚力时，侵蚀坡面土壤团聚体将被大量分解破坏，土壤微团聚体与细小颗粒增加。坡面径流产生后，地表轻质有机质与颗粒有机碳被优先搬运，随后运移细土壤颗粒（如微团聚体、黏粒、粉粒等）与大土壤团粒（如大团聚体等）。这一过程也叫作片蚀。由于这一侵蚀过程不同，土壤颗粒在时间顺序上的选择性迁移，往往造成泥沙土壤有机碳的富集（有机碳富集比>1），导致泥沙沉积区土壤有机碳的"量"与"质"均明显高于侵蚀区。例如，贾松伟等（2004）指出，由于降雨径流优先搬运土壤表层细颗粒，侵蚀泥沙土壤有机碳富集比大于1.58。此外，有学者通过对比坡上侵蚀区与坡下沉积区土壤有机碳含量及其热稳定性发现，坡下沉积区土壤有机碳及其热活性组分均要明显高于侵蚀区。这些特征也对土壤中污染物的迁移分布产生着影响。

随着雨强、径流速率的进一步加强，土壤侵蚀由片蚀/沟间侵蚀逐渐向细沟/浅沟侵蚀演变。坡面沟槽通过汇集上方来沙来水，形成具有较高侵蚀冲刷力的径流，其较高的运移能力能够同时搬运不同粒径与质量的土壤颗粒，造成侵蚀过程土壤颗粒的选择性减弱或失效。已有研究指出，相对片蚀过程，沟蚀过程对土壤颗粒及有机碳的输移并没有明显的优先选择特征。此外，由于径流对沟头、沟壁与沟底的进一步冲刷，造成有机碳含量较低的次表层或深层土壤随径流的大量迁移，进而导致泥沙沉积区土壤有机碳含量远低于侵蚀区，这一现象在流域、区域等中、大区域尺度最为明显。有学者通过调查黄土高原典型坝控流域土壤有机碳与微生物空间分布特征发现，泥沙沉积区淤地坝土壤有机碳含量显著低于流域上游耕地与撂荒地。

（3）碳在土壤中转化的影响因素

碳素在土壤中的转化过程，主要受土壤的组分结构、含水量、温度、酸碱度，以及土壤中的植被种类、微生物、土壤侵蚀过程等因素影响。

土壤质地：土壤质地影响着土壤颗粒团聚、土壤结构和养分循环和有效性，由此在土壤中碳的转化过程发挥作用（孔维波，2019）。一般来说，土壤有机碳和全氮含量随着黏粒含量的增加而增加，黏质土比砂质土有更低的净氮矿化，这主要归因于黏粒对有机质的保护作用。这种保护主要有两种机制：一是黏土颗粒促进团聚保护有机质不受微生物分解，有研究指出，土壤矿物质部分的组成阻滞了土壤有机质的分解过程，其原因不是直接干预分解的化学过程，而是通过将中间产物固定而阻断有机碳的分解过程。如一般质地黏重的土壤，其通气透水性较差，土壤微生物的活性受到影响，因此，有机物质在黏粒含量较高的非石灰性土壤中分解较慢。二是形成具有化学稳定性的矿质结合态有机质，黏粒可以固定有机物质的微生物分解产物，这种作用在土壤有机质转化的中期尤为重要，而当黏粒与有机物质呈现结合态或有机物质以单层形式存在于黏粒矿物的层间时，有机物质的分解速率则最慢。

土壤含水量：水分有效性对植物和微生物的碳代谢活动具有强烈影响，如在草地生态系统中，降雨量在到达土壤—根系系统发生反应之前，可能由于植被截留和蒸散作用，以及地表径流等水文过程而减少（敖小蔓，2021）。

土壤温度：不同气候带土壤有机物质的分解与年均温密切相关。其主要原因在于温度是影响土壤微生物活性的重要因子，进而影响土壤碳的转化过程。同时，温度对土壤中有机碳的不同分解阶段的影响也不同。从土壤微生物营养源的角度来看，在农田土壤中，有机物料投入土壤的初期，营养供应充足，营养物不是限制微生物活动的主要因素，而其他环境条件（如水热等）的变化则影响着微生物的活动。随着有机物料的不断降解，营养源不断减少，营养物的供应逐渐成为限制微生物活动的关键因素，随着培养时间的不断延长，温度对有机碳分解的影响越来越小。

土壤pH和碳酸钙含量：土壤pH影响了微生物的生长，在酸性土壤中微生物种类受到限制，以真菌为主，从而减慢了有机物质的分解。在强酸性土壤中，植物物质在分解初期更为缓慢，土壤pH的影响能持续5a甚至更长的时间。土壤pH为5—8，对植物物质分解的影响不大。在强碱性条件下，有机物质的溶解、分散和化学水解作用增大，提高了微生物对有机物质的利用率。

土壤中的游离碳酸钙能够影响土壤团聚体的状况及土壤pH，通常能够促进植物物质的分解。这可能是由土壤中游离碳酸钙在有机物质的不同分解阶段的作用不同造成的，即一方面提高了微生物的活性，促进了新鲜有机物质的分解；另一方面钙离子饱和了腐殖化有机质中的自由基，并在其表面覆盖一层碳酸钙结壳，因而抑制了腐殖化有机质的分解。

土壤植被：植物地上生产力和冠层发育程度能够通过影响水分的有效性调控碳循环过程。

土壤侵蚀：大量研究认为，在侵蚀过程中泥沙是土壤有机碳流失的主要载体，因此，对有机碳的转化、迁移有明显影响。例如，有学者在研究模拟降雨过程中泥沙的迁移规律和土壤有机碳的流失富集规律时发现，泥沙态有机碳流失量占总有机碳流失量的84%以上，最高可达97.7%（聂小东，2013）。

微生物：微生物通过影响土壤有机质的分解对土壤中的碳循环过程具有重要影响，且这一影响过程受土壤温度、水分，以及养分条件的共同调控，最终反馈于土壤有机碳矿化、氮、磷养分矿质循环等物质循环过程。例如，研究发现，土壤温度能够通过影响单个微生物的生理特征直接调控整个群落的功能性状，最终影响土壤的物质循环过程。还有研究发现，微生物代谢活动受到土壤磷浓度的限制，而土壤水分对微生物的碳、磷代谢活动具有重要的调节作用。而氮、磷养分变化可能通过改变土壤酸碱度、植物地上地下分配机制，以及底物供应影响微生物群落及其活性，进而对生态系统碳循环过程产生重要影响。此外，植物生长和微生物相互作用，共同影响生态系统碳循环过程。一方面，植物多样性、根系结构和性状对根际微生物的生长环境具有重要影响；另一方面，微生物通过分解凋落物影响土壤养分循环过程，进而通过改变土壤养分的可利用性调控植物地上部分的生长及碳代谢过程。

另有研究指出，在土壤中加入新鲜的有机质，也会对土壤中有机质的分解产生影响，包括正激发效应、负激发效应。

4. 重金属在土壤中的转化特征

（1）流域内土壤重金属含量状况

湟水流域下游段土壤中重金属含量与区域内的人类活动密切相关，如大通河流域内金属冶炼、煤炭采选等重污染行业集中，湟水干流流域沿线涉重行业少，故大通河流域重金属影响较湟水干流流域要大。胡永兴等（2017）对大通河川地土壤中各类重金属含量进行了分析，各类金属元素含量情况如下。

镉含量平均值为0.235mg/kg，最小值为0.19mg/kg，最大值为0.31mg/kg，高于甘肃省土壤中镉含量均值（0.136mg/kg）。

汞含量平均值为0.034mg/kg，最小值为0.025mg/kg，最大值为0.127mg/kg，与甘肃省土壤中汞含量均值（0.035mg/kg）接近。

砷含量平均值为14.64mg/kg，最小值为12.69mg/kg，最大值为18.29mg/kg，明显高于甘肃省土壤中砷含量均值（10.754mg/kg）。

铅含量平均值为23.38mg/kg，最小值为21.43mg/kg，最大值为28.72mg/kg，高于甘肃省土壤中铅含量均值（20.41mg/kg）。

铬含量平均值为72.36mg/kg，最小值为63.97mg/kg，最大值为155.70mg/kg，高于甘肃省土壤中铬含量均值（61.11mg/kg）。

铜含量平均值为27.80mg/kg，最小值为23.70mg/kg，最大值为54.60mg/kg，高于甘肃省土壤中铜含量均值（22.89mg/kg）。

锌含量平均值为78.50mg/kg，最小值为71.30mg/kg，最大值为156.40mg/kg，

高于甘肃省土壤中锌含量均值（60.97mg/kg）。

镍含量平均值为30.00mg/kg，最小值为33.40mg/kg，最大值为36.70mg/kg，高于甘肃省土壤中镍含量均值（27.97mg/kg）。

（2）重金属在土壤中的迁移转化

土壤中重金属的来源：土壤中重金属的来源有内源和外源两种途径，内源是指成土母质中包含的重金属，由此不同的区域地质状况决定了其土壤中重金属的种类和含量相差较大；外源是指由于人类活动导致的土壤重金属污染。在湟水流域，工业生产、农业活动、交通运输等已经成为土壤中重金属的重要来源，包括大气沉降、污水灌溉、化肥施用等（刘白林，2017）。其中，大气沉降是土壤中重金属的重要来源之一，如汽车尾气排放、燃料燃烧等，会向环境中释放大量的废气和粉尘，并通过干沉降和湿沉降两种方式降落到地面，已有不少地方研究证实了大气沉降对土壤中重金属有较大贡献（程珂等，2015）；污水灌溉过程同样会导致重金属进入土壤，有研究显示，Cu、Pb、Zn、Cr、Cd、Ni、As、Hg 8 种重金属元素在我国北方污灌区农田土壤中有明显积累（李小牛等，2014）；农药和化肥施用过程中，其含有微量的Cr、Cd、Pb、Hg、Cu、Zn、As等重金属，长期施用后也可能随之在土壤中残留富集，从而进入农作物中。

土壤中重金属的形态：土壤中的重金属形态变化受土壤类型、理化性质、重金属复合污染元素总量、污染历程等因素影响，在一段时期内处于一种动态平衡状态。人们在研究矿区周边的土壤中重金属特征时，通常将土壤中的重金属形态划分为残渣态、有机结合态、腐殖酸结合态、铁锰氧化物结合态、碳酸盐结合态、离子交换态、水溶态，不同化学形态将直接影响元素的迁移转换能力，进而决定着元素的生物有效性和对生态环境的危害程度。

土壤中重金属的迁移分布：重金属在土壤中的迁移方过程是物理迁移、化学迁移和生物迁移3种方式共同作用的结果，因而其迁移和分布过程复杂而难以预测。有研究人员通过分析土壤中重金属Cu、Pb、Cd总量和形态，推测土壤中重金属的主要迁移方式是颗粒态形式，并由此推测出土壤中的重金属在垂直迁移过程中优势流起重要作用（章明奎，2005），还有人发现As、Pb、Cr、Cd、Hg等重金属进入饱水的下包气带土层后，因化学形态和价态的差异而导致迁移和转化特征有较大差异性（刘兆昌，1990）。有研究者提出重金属的迁移能力大小可以通过迁移系数M来描述：

$$M = \frac{F_1 + F_2}{F_1 + F_2 + F_3 + F_4 + F_5 + F_6 + F_7}$$

式中：F_1为水溶态含量；F_2为离子交换态含量；F_3为碳酸盐态含量；F_4为腐殖酸结合态含量；F_5为铁锰氧化态含量；F_6为强有机结合态含量；F_7为残渣态含量。

土壤中的重金属在迁移过程中会受到pH、有机质含量、阳离子交换容量、氧化还原电位、微生物、黏土矿物、碳酸钙、铁和锰氧化物的含量等因素的影响。有研究发现，pH对重金属迁移影响较为明显，随着pH的降低，土壤中的OH^-浓度减少，土壤表面的负电荷越来越少，土壤对重金属元素的吸附能力就会越来越弱，进而造成重金属元素的解吸和迁移，同时pH降低也会造成被有机质或黏土矿物等吸附的重金属离子的解吸；土壤的有机质组分如腐殖酸、富里酸等含有大量的有机配体，重金属可以与这些有机配体发生络合反应，进而减少其在土壤中的淋滤迁移，如Cr^{6+}在土壤有机质的作用下可转化为Cr^{3+}，以难溶的形态存在，迁移转化困难；氧化还原电位代表土壤氧化性和还原性的相对程度，在氧化还原电位发生改变时，重金属可以发生吸附、络合、沉淀等化学反应，同时会发生一系列的氧化还原反应，改变存在形式及价态，直接或间接影响重金属在土壤中的转化和迁移过程。

对于生态环境来说，重金属更多的危害在于土壤和植物之间发生的累积和富集作用，植物可以吸收土壤中的重金属，这些重金属以水溶态、离子交换态等活性较高的形态为主，这些导致植物和农作物生长困难，或在被动物吃掉后即进入食物链，且有研究发现这些重金属能够沿食物链而累积增加。

三、土壤侵蚀过程对污染物的迁移分布影响

受人为活动和降雨等自然作用影响，土壤及其母质在水力、风力、冻融或重力等外营力的作用下，被分散、剥离、运移和沉积，发生侵蚀。通常土壤侵蚀类型包括风蚀、重力侵蚀和水蚀。其中，土壤水力侵蚀是指以降雨事件作为驱动力，土壤颗粒在雨滴击溅和径流冲刷下发生分离、搬运和沉积。有研究表明，土壤中有95%以上的有机碳主要由泥沙作为载体以矿物结合态的形式运移。土壤侵蚀引起土壤环境因素变化，改变土壤物理、化学、生物性质和水热因子的空间分布，产生了显著不同的土壤环境，进而导致其土壤中化学物质的形态和转化迁移特征存在差异。

湟水流域甘肃段地处我国黄土高原西端，土壤侵蚀尤其是水蚀的现象较普遍和突出。土壤侵蚀过程是土壤中的碳、氮、磷等营养物迁移的重要诱因，也是对外环境尤其是下游水体造成污染，影响流域水环境的关键过程。从地貌角度来看，土壤侵蚀过程包括3个阶段，即分离、运输和沉积，每个阶段对土壤的性质都具有显著影响。在侵蚀开始阶段，土壤中的团聚体破裂，受到其物理保护的有机质（包括氮、磷、碳）以溶解态或颗粒态分解矿化和运移而损失；在运移阶段，更多的团聚体破裂、溶解，使有机质和无机氮（氨态氮和硝态氮）能够被矿化和淋溶，增加土壤中营养元素的流失，同时在运移过程中伴随发生矿物和有机质的混合，以及新团聚体的形成，对营养元素进一步流失有所阻滞。在沉积阶段，受到侵蚀的颗粒和溶解组分在沉积区沉积。整个侵蚀过程土壤中的各形态营养物质氮、磷、碳均发生了迁移和重新分布，损失量主要取决于侵蚀的类型和强度、运移的持续时间和沉积环境类型。不同区域的营养物特征如下。

在侵蚀区，土壤表层的营养物质不断消耗，由于一些有利条件（如温度、水分和团聚体破裂），土壤中的有机质矿化程度可能提高，而由侵蚀导致的可分解的有机质含量降低，矿化也可能随之降低。侵蚀过程中，土壤颗粒分离导致团聚体破裂，有机质暴露更易被微生物矿化。有学者发现，侵蚀区土壤有机质的矿化因为温度、水分和通气性的改变而加快。然而，Don等认为，侵

蚀区土壤中由于较少的有机质存在，具有较低的矿化速率。一般来说，易分解有机质含量随着侵蚀而不断降低，以及有机质含量较低的底土暴露，也会降低矿化速率。

在沉积区，土壤中的营养物质逐渐富集，同时，有机质深埋藏和表土有机质暴露也具有不同的矿化潜力。由于侵蚀而导致大部分表土和有机质及养分从坡地运移到沉积区。相对于侵蚀后坡地，运移到沉积区的有机质由于被埋藏，团聚及更高土壤含水量，限制好氧微生物活动，降低分解速率。同时，侵蚀带走轻组部分，较小和较轻的土壤矿物与有机质在沉积区沉积之后通过有机官能团和矿物表面的静电引力、配位交换反应和络合作用易产生有机矿物结合体，降低矿化风险。相反，还有研究表明沉积区表土具有较高的矿化速率。

第七节　流域土地覆被状况

一、土地覆被状况

1. 土地覆被类型

湟水流域甘肃段境内土地覆被类型主要包括草地、林地、水域、耕地、居民地、未利用地六大类，通过对区域的卫星遥感资料分析，确定截至2015年，耕地面积最大，占比达到45%，在土地利用结构中占主导地位，其也为流域的景观基质，主要分布在各河谷及阶地；草地面积其次，占本区域地标覆盖类型面积的32.6%；主要分布在湟水及大通河两岸丘陵地带。其次依次为森林、城镇居民地、水域，其中森林主要分布在北部大通河上游地区，城镇居民地在河道两岸沿线谷地区域集中分布。本区域地表覆被类型统计见表1-22。

表1-22　湟水流域下游区域地表覆被类型统计

土地类型	面积 /hm²	占比 /%
耕地	217115.3063	45.24
森林 – 常绿	78930.2133	16.44
森林 – 落叶林	18574.0659	3.87
灌木林	41.1478	0.01
草地	156511.2814	32.61
甘草	244.5461	0.05
湿地	404.0052	0.08
城镇居民地	6349.734	1.32
荒地	945.32	0.2
水域	853.03	0.18

2. 土地覆被变化趋势

有研究者利用转移矩阵分析了湟水流域近20年内的土地利用类型变化情况，发现流域内农田面积大范围减少，主要由人为的绿地扩张及城市化建设代替。从转换类型上看，变化最大的是农田和城镇用地，城镇建设用地在前期（2000—2005年）增加的面积主要由两种地类(农田和草地)转变而来；而到后期（2005—2010年）城镇用地增加的面积由4种地类转变而来，即森林、草地、水域和农田。从数量上看，城镇用地后期增加的面积比前期少。转换类型的增加表明城镇建设有加剧的趋势（山中雪，2015）。

以湟水流域下游段范围内的红古、永登两个行政区为主，区域内在"十三五"期间的土地覆被类型转移变化统计见表1-23。

表1-23 湟水流域下游段"十三五"期间（2016—2020年）的地表覆被类型转移变化统计

项目	耕地	林地	草地	水域湿地	建设用地	未利用地
红古区 /hm²	-4.239507091	-0.044247943	2.069186097	0.138983623	2.09940316	-0.023817847
占比 /%	-3.778147953	-1.94505599	3.516492762	3.225259421	1.000315549	-0.058298709
永登县 /hm²	-35.20880356	-0.128786135	-15.46266886	0.574739397	48.19352566	2.031993497
占比 /%	-31.37724888	-5.66119526	-26.27814057	13.33742502	22.96306588	4.973690459
总变化 /hm²	-39.44831065	-0.173034077	-13.39348276	0.713723021	50.29292882	2.00817565
占比 /%	-35.15539683	-7.60625125	-22.76164781	16.56268444	23.96338143	4.91539175

从景观生态学的角度来看，流域内景观结构异质性增大。从景观水平指数的角度来看，边缘密度、形状指数、香农多样性指数、香农平均度指数均呈增加趋势，且景观空间异质性增大。

二、土地覆被对流域污染物迁移的影响

土地覆被是指地表覆盖物的类型和覆盖程度。土地覆被对流域内污染物迁移的影响主要表现在以下几个方面。

1. 土地覆被类型

不同类型的土地覆被对污染物的迁移有着不同的影响。例如，森林、草地和湿地等自然覆盖物可以减缓水流速度，增加土壤保水性，降低土壤侵蚀和水土流失的程度，从而减少污染物的迁移。而城市建设区、工业区和道路等人工覆盖物则会加快水流速度，加剧水土流失，增加污染物的迁移。

2. 覆盖程度

土地覆被的覆盖程度也会影响污染物的迁移。覆盖程度越高，土壤保水性

越好，水流速度越慢，污染物的迁移也会减少；反之，覆盖程度越低，土壤保水性越差，水流速度越快，污染物的迁移也会增加。

3. 土地利用方式

不同的土地利用方式对污染物的迁移也有影响。例如，农田、林地和湿地等自然覆盖物可以吸收和过滤污染物，减少污染物的迁移。而城市建设区、工业区和道路等人工覆盖物会产生大量的污染物，加剧污染物的迁移。

综上所述，土地覆被对流域内污染物迁移有着重要的影响。为了减少污染物的迁移，需要采取相应的土地管理措施，如增加自然覆盖物的面积和提高覆盖程度、改善土地利用方式等。

第八节　流域人口和经济发展状况

一、流域人口及分布

湟水流域下游段汇水范围内常住人口总数约46万人，村镇多集聚在湟水、大通河沿河谷地内，沿河而居的生活方式，决定了流域内各类污染物易于汇集并进入河道。由于人口分布于河道两岸，加之沿河村镇污水收集、处理设施还不能全面覆盖，流域内的农村、城镇是面源污染的重要来源之一。区域内人口分布及统计情况如图1-11、表1-24所示。

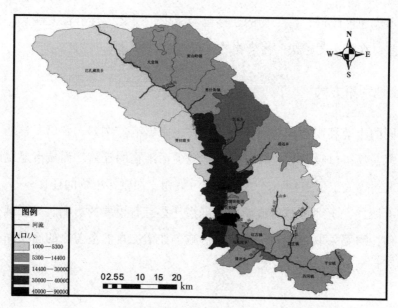

图1-11　湟水流域下游汇水范围内人口规模分布示意

表1-24　湟水流域下游涉及行政区域人口和面积统计（2020年）

市州	县区	乡镇（街道）	辖区面积 / km²	常住人口 / 人	户籍人口 / 人
兰州市	西固区	达川镇（全域）	20.45	4559	7329
	红古区	窑街街道	26.2	10023	15370（2011六普）
		矿区街道	20	9526	6357（2011六普）
		华龙街道	25	73044	55354
		红古镇	163.2	9818	13987
		海石湾镇	80	16543	14623
		花庄镇	204.78	10926	12592
		平安镇	126.85	13915	17518
	永登县	连城镇	423.1	33760	31828
		河桥镇	168.43	33232	33232
		七山乡	683	3918	6878
		民乐乡	410	29999	38685
		通远镇	401.5	14349	16862

市州	县区	乡镇（街道）	辖区面积 / km²	常住人口 / 人	户籍人口 / 人
武威市	天祝县	天堂镇	301.1	10492	10578
		炭山岭镇	356.5	12643	12392
		赛什斯镇	407	11069	12199
		赛拉隆乡	153	230	240
		东坪乡	55.2	843	1640
临夏州	永靖县	西河镇	177	7995	11834
海东市 （青海）	互助县	加定镇	619.37	—	7778
		巴扎乡	521.3	—	5297
	民和县	川口镇	87	39985	81921
		巴州镇	111.6	26266	26471
		马场垣乡	88.1	23368	23324
		隆治乡	122	8996	9051
		西沟乡	117	24483	23630
		总堡乡	49	12092	13545
		古鄯镇	132	22831	23610
合计			4792.01	464905	521050

注：数据汇总自中国县域统计年鉴·2019(乡镇卷)[M].北京：中国统计出版社，2020；中国县域统计年鉴·2018（乡镇卷）[M]．北京：中国统计出版社，2019；第七次全国人口普查公报（甘肃、青海）。

按照流域划分，湟水下游境内人口主要分布在大通河汇水范围内，约占整个流域总人口的73%，湟水干流流域汇水范围内人口占27%。在"十四五"期间，整个流域内的人口规模呈现逐年下降的趋势，其中，农村人口下降幅度要高于城镇人口，表明流域内人口出现流失和外迁的倾向，见表1-25。

表1-25 湟水流域下游段分流域人口分布

河流	涉及乡镇	年度	总人口/万人	城镇人口/万人	农村人口/万人
大通河	天祝县（天堂镇、炭山岭镇、赛什斯镇、东坪乡）永登县（民乐乡、通远镇、连城镇、河桥镇）红古区（窑街街道、华龙街道、矿区街道）	2015	26.34	16.31	10.04
		2016	26.68	16.98	9.69
		2017	26.54	17.145	9.39
		2018	26.48	17.23	9.26
		2019	26.08	17.02	9.06
		2020	24.31	—	—
湟水	红古区（海石湾镇、红古镇、花庄镇、平安镇）永登县（七山乡）永靖县（西河镇）民和县（川口镇、巴州镇、马场垣乡、隆治乡、总堡乡、古鄯镇、西沟乡）	2015	10.11	3.16	6.95
		2016	10.08	3.21	6.86
		2017	10.01	3.56	6.45
		2018	9.92	3.49	6.43
		2019	9.83	3.47	6.36
		2020	10.28	—	—

二、流域社会经济状况

湟水流域下游段内经济以第三产业为主，占比达到63.8%，其次为第二产业和第一产业，分别占33.7%和2.5%。分流域来看，大通河流域生产总值规模较大，约占整个流域经济总量的73%，其中第一产业占81.5%、第二产业占72.9%、第三产业占73.1%，沿河除种植业外还分布有大型冶炼、发电、煤炭等工业企业；湟水干流甘肃段经济生产总值约占整个流域的27%，其中第一产业占17.5%、第二产业占27.1%、第三产业占26.9%，沿河主要为种植业、农副产品加工及经贸企业。湟水干流、大通河干流涉及行政区域社会经济总体情况见表1-26。

表1-26 湟水流域下游甘肃段内社会经济总体情况 单位：亿元

河流	涉及乡镇	年度	第一产业	第二产业	第三产业	合计
大通河	天祝县（天堂镇、炭山岭镇、赛什斯镇、东坪乡）永登县（民乐乡、通远镇、连城镇、河桥镇）	2015	5.18	60.24	94.05	159.47
		2016	5.65	61.07	105.50	172.23
		2017	11.60	64.76	46.49	122.85
		2018	5.55	66.61	115.85	187.99
		2019	5.05	67.25	127.14	199.44
湟水	天祝县（天堂镇、炭山岭镇、赛什斯镇、东坪乡）永登县（民乐乡、通远镇、连城镇、河桥镇）	2015	1.56	21.77	34.97	58.31
		2016	1.66	21.77	38.95	62.38
		2017	4.14	30.47	18.83	53.44
		2018	1.67	23.95	42.92	68.53
		2019	1.15	25.05	46.78	72.97

（一）农业

流域内农业活动包括蔬菜种植、畜禽养殖、果蔬种植、农产品贮藏加工等，其中粮食作物以小麦、玉米为主，蔬菜品种包括娃娃菜、茄子、西红柿、甘蓝、菜花等，果品种植包括苹果、桃、梨、杏、枣等，同时，近年来在红古区马家台等多处台地开发了较大规模的核桃树种植园；养殖活动包括肉牛、奶牛、猪、羊、鸡等，流域内已有五大种植业、三大养殖业龙头企业，还有遍布各乡（村）大大小小的20多个蔬菜果品经销点和百余人的农业经纪人队伍。详见表1-27至表1-29。

表1-27 湟水流域下游段涉及主要县（区）农作物种植面积情况

统计（2020年） 单位：万公顷

涉及县（区）	农作物播种面积	粮食				油料	蔬菜	中药材	果园
		小麦	玉米	薯类	合计				
红古区	0.792	0.023	0.088	—	0.110	0.007	0.653	—	0.081
永登县	6.824	1.516	1.039	1.083	4.081	0.405	1.062	0.263	0.159
天祝县	2.930	0.116	0.001	0.192	1.238	0.212	0.703	0.316	0.010
永靖县	2.282	0.166	0.823	0.466	1.485	0.079	0.492	0.154	0.057
西固区	0.479	—	—	—	0.036	0.004	0.323	0.002	0.114
民和县	4.335	0.573	2.000	0.827	3.400	0.474	0.265	0.101	0.095

表1-28　湟水流域下游段涉及县（区）主要农作物产量情况

统计（2020年）　　　　　单位：t

涉及县（区）	粮食				油料	中药材	蔬菜	瓜果
	小麦	玉米	薯类	合计				
红古区	694	4308	—	5001	213	—	249457	8598
永登县	48186	51096	34163	151153	7259	13710	347760	10509
天祝县	4018	59	15172	48435	4293	27737	207079	16
永靖县	6104	61131	17152	85246	2085	6317	163143	5558
民和县	30521	110424	15536	156541	8920	8073	104860	1479
涉及县（区）	苹果	梨	葡萄	红枣	柿子	杏子	桃子	水果合计
红古区	13627	1294	875	737	—	129	2032	19467
永登县	9761	5016	7571	515	—	1762	43	25842
天祝县	—	—	1152	—	—	—	—	1488
永靖县	8204	1774	55	1885	—	75	52	12168

表1-29　湟水流域下游段涉及县（区）主要畜禽养殖情况统计（2020年）

涉及县（区）	大牲畜存栏/万头	其中			大牲畜出栏/万头	其中		
		牛/万头	羊存栏数/万只	猪存栏数/万头		牛/万头	羊出栏数/万只	猪出栏数/万头
红古区	0.65	0.65	4.60	1.70	0.10	0.10	1.97	2.01
永登县	2.51	1.51	38.30	14.97	0.47	0.39	17.14	17.35
天祝县	13.34	12.54	80.14	2.06	5.96	5.85	48.25	3.81
永靖县	1.34	1.06	13.77	11.24	0.26	0.20	10.52	9.12
民和县	39.84	3.28	31.15	5.41	39.18	2.27	28.01	8.9

1. 农事操作

耕作方式极大影响着流域内的水土情势，是土壤中营养物乃至污染物迁移和转化的重要驱动因素。多年来，区域内耕作方式不断向标准化、现代化方向发展，既提高了农耕效率，极大地促进了红古区现代农业的发展，同时也改善了局部生产条件和生产环境。区域内的农业生产具有以下特征。

（1）播种

当地的常见做法是，整地施肥后按划定小区先将地块耙耱整平，然后播种；豌豆、箭舌豌豆、小麦均采用机械平作条播的方式播种；油菜采用人工均匀撒播方式播种。播种时间为清明前后，豌豆、箭舌豌豆、小麦与油菜生长期采用人工除草，豌豆、箭舌豌豆、油菜于盛花期耕翻入土，9月土壤封冻前耙耱保墒。

（2）耕种机制

流域内经济作物种植面积占比较高，复种指数高，种植作物都在两茬以上，毛灌溉定额较高。目前存在的耕种方式包括以下几类。

① 轮休。即秋粮收获后，耕翻冬休养地等来年春播。由于区域在过去属旱作农业，作物以夏粮为主，除少量谷类和豆类耕地外，大部分耕地均实施轮休养地，目前，由于技术的进步、设施农业的发展，除远离河谷平地的山旱地留有少量轮休地外，川区水浇地基本为复种，一年两茬、多茬。

② 倒茬。即耕地农作物轮作。目前，流域内川地区域随着技术进步，耕作普遍为一年两熟、多熟，上茬轮作以小麦、玉米、马铃薯、瓜类为主倒茬，上茬收获后，下茬普遍种秋菜，即粮食作物和蔬菜倒茬。

③ 间作套种。即同一土地上按照不同比例种植不同种类农作物。随着一年两熟耕地方式不断普及，区域内夏秋作物出现耕种矛盾，于是流域内水川地区和坪地罐区间作套种不断推广扩大。间作套种形式有小麦间作黄豆、胡萝卜，玉米间作油菜、扁豆、白菜，马铃薯间作萝卜、白菜，等等。随着复种面积的扩大，流域内间作面积也在不断减少。

④ 复种。即在同一耕地上一年种收一茬以上作物。随着生产技术的提高，化肥施用的普及，目前流域内耕作方式已广泛采取复种方式，复种面积种植作物种类逐年增多。

⑤ 覆膜和温室。目前，流域内耕地普遍推广地膜覆盖，如红古区2012年全年农作物播种面积为12.9万亩，地膜覆盖面积达到11.02万亩，棚膜覆盖面积为1.2万亩，随着农膜使用量的不断增大，随之而来的"白色污染"问题也变得

越来越严重，如废旧农膜回收利用率低，主要原因是大量使用了0.008mm以下的超薄地膜，造成回收困难（廖光翠，2013）。

（3）设施农业

目前区域设施农业的快速发展，设施农业向二代温室、半地下式温室、六代日光温室、连栋智能温室发展，设施农产品由以设施蔬菜为主向设施园艺、花卉、瓜果、食用菌等领域扩展。例如，红古区截至2012年就已建成设施农业1546.67hm²，形成了春季大棚菜、夏季常茬菜、秋季复种菜、冬季温室菜常年供应、四季均衡上市的格局（王瑞，2012）。

（4）机械化操作

流域内目前保有的各类农业机械化设施约30000台，主要包括拖拉机、犁（铧）、旋耕机、深松机、耙、播种机、起垄机、地膜覆盖机、微耕机、田园管理机、喷药机、卷帘机、挖坑机、开沟机、葡萄埋藤机、果树修剪机，以及配套的果菜保鲜库、节水灌溉设施等。流域内果树、蔬菜生产在耕整地、开沟起垄、挖穴、铺膜、播种、制钵、育苗、移栽、植保、中耕、追肥、节水灌溉、收获、包装、储运等环节不断推进机械化技术，其中在果树、蔬菜的耕、种、收3个主要生产环节中，耕整地环节生产已实现机械化；在育苗、播种、定植、疏花、套袋、修剪等环节机械化程度较低；中耕除草、施肥、植保基本实现半机械化作业；收获是生产最薄弱的环节，包装、储运机械应用程度比较低，蔬菜收获定型的机具不多，成熟和批量生产的机具更少（白万丰等，2018）。

（5）规模化养殖

截至2020年，区域内建成规模化养殖场逾30家，同时建成奶牛养殖场4家，存栏数在5600头左右，占流域内奶牛养殖的95%以上（尚利明等，2018）。同时，区域内畜禽养殖活动总量较大，且由于属于少数民族较集中区域，牛、羊大牲畜养殖范围广、数量多，详见表1-30。

表1-30　湟水流域下游段畜禽养殖情况统计

所在流域	乡镇	牛/头	羊/只	猪/头	家禽/只
湟水流域	红古镇	3000	18000	24000	1500000
	海石湾镇	0	0	0	0
	花庄镇	575	20000	7000	14000
	平安镇	0	0	0	0
	达川镇	0	1000	2000	38000
	西河镇	0	8600	6500	24600
	川口镇	2000	4000	3124	17780
	巴州镇	8201	57000	9950	48000
	马场垣乡	2238	8603	3124	17780
	隆治乡	0	12040	7940	0
合计		14014	125243	60514	1642380
大通河流域	天堂镇	4000	35000	3000	8000
	炭山岭镇	4000	41000	3000	49000
	赛什斯镇	3000	44000	5000	15000
	赛拉隆乡	2000	4000	0	600
	东坪乡	0	0	1600	27000
	连城镇	1000	5000	24000	65000
	河桥镇	1000	5000	47000	66000
	七山乡	0	43000	6000	0
	民乐乡	0	20000	7000	38000
	通远镇	0	24000	11000	10000
	矿区街道	0	0	0	0
	窑街街道	0	0	6000	0
	华龙街道	0	0	0	0
合计		15000	221000	113600	278600

2. 灌溉方式

流域内农业用水为最大用水领域。农田灌溉用水水源全部取自地表水，灌溉系统较为完善，如红谷区内已建成4条灌渠（谷丰渠、湟惠渠、海石渠、窑街二渠），实际引水流量约8m³/s，年取水总量约1.3亿立方米，占全区总用水量的61.6%，农田亩均灌溉用水量759m³。目前，灌区灌溉方式以块灌、渠灌、大水漫灌、沟畦灌为主，灌溉方式落后、设施逐渐老化，同时4条渠道均为土渠，渠道渗漏严重，致使农业水资源利用效率总体较低（田青，2016）。

流域内灌溉的时间分为冬灌、春灌、夏灌。其中，冬灌是在封冻前或秋田地开展，流域内实施冬灌的耕地面积已占水浇地的90%以上；春灌是每年初耕地解冻后实施，先抢灌上一年未冬灌的夏田地，再灌秋田地，春灌面积占全区水浇地的10%—20%。夏灌即在农作物的生育期实施灌溉，常与当地当时的苗情、天时等有关。

据调查，当地灌溉频率根据种植的作物、土壤干旱情况而有所不同，通常在种植季节10d左右漫灌1次，芦笋等蓄水较多的作物则需要约7d灌溉1次，遇干旱少雨情况酌情补灌，但具体灌溉水量无监测统计数据。

3. 化肥农药施用

化肥和农药的施用，是农耕活动中营养物进入土壤环境的主要来源，化肥农药的过量施用和低效利用，也是流域内面源污染的主要来源。据记载，湟水流域下游段区域内的化肥施用在20世纪50年代已普遍，开始施用硫酸氨、硝酸氨、碳氨，到20世纪70年代改为尿素、过磷酸钙，20世纪80年代以后开始推广磷酸二氢钾、磷酸二铵等复合肥。在施用区域上，起初施用于川水地区的小麦、玉米粮食作物，后逐步施用于蔬菜、瓜果等经济作物及园林苗圃，不仅施种肥、追肥，还施底肥。追施化肥的方式根据苗情少则一次，多则两次，每年重复。

据调查，流域施用的化肥主要为氮肥、复合肥等，其中施用的复合肥种类主要为两种，当地农民通常称"三个15"（氮磷钾3种元素以纯氮、五氧化二磷、氧化钾质量百分比计含量均为15%）、"三个18"（氮磷钾3种元素以纯氮、五氧化二磷、氧化钾质量百分比计含量均为18%）。另外，由于红古川内耕地存在缺钾情况，也多见钾肥施用。施肥频率上，一茬作物生长期施1—3次，底肥在每年耕作期开始时施有机肥、二铵，其中二铵施肥量一亩地一次为20—50kg。单季作物在生长期追肥1—2次，主要施用尿素等氮肥。

（二）工业

区域内工业企业包括黑色金属冶炼和压延加工业、基础化学原料制造、有色金属冶炼、煤炭开采加工等，多集中在大通河，主要工业企业包括西北铁合金厂、连城电厂、连城铝厂、窑街煤电集团等；湟水流域主要工业企业包括方大碳素厂、蓝天平板玻璃厂、兰州铝厂等，同时湟水南岸青海民和县境内存在几处铝厂、铁合金厂。截至2020年，流域内主要工业企业分布情况见表1-31。

表1-31　湟水流域下游涉及县（区）主要工业企业情况统计（2020年）　单位：个

涉及县（区）	乡镇（街道）	企业	规模以上企业	重点企业
红古区	窑街街道	1	1	窑街煤电集团
	下窑街道	0	0	—
	矿区街道	0	0	—
	华龙街道	0	0	—
	红古镇	7	0	—
	海石湾镇	12	1	方大炭素新材料科技股份有限公司
	花庄镇	18	2	
	平安镇	39	12	中国铝业股份有限公司兰州分公司
永登县	连城镇	6	4	—
	河桥镇	43	5	大唐连城发电厂
	七山乡	0	0	—
	民乐乡	12	2	—
	通远镇	5	0	—

涉及县（区）	乡镇（街道）	企业	规模以上企业	重点企业
天祝县	天堂镇	0	0	—
	炭山岭镇	2	2	—
	赛什斯镇	2	0	—
	赛拉隆乡	0	0	—
	东坪乡	0	0	—
永靖县	西河镇	28	1	—

（三）城镇

湟水流域下游段内主要人口集聚城镇包括民和县、窑街街道、海石湾镇、华龙街道、矿区街道，以及各镇政府驻地。目前，县（区）级政府驻地已建成污水处理厂3座，分别是海石湾污水处理厂、窑街污水处理厂及民和县污水处理厂，城建区内基本配套了污水收集管网，污水收集率在95%以上。

第九节 流域环境质量状况

湟水沿线水功能多样性特点鲜明，对青海省、甘肃省经济社会的发展具有重要的贡献，可谓是甘肃、青海两省共同的"母亲河"。由于湟水流域常年开发，河道承担着沿线两省县（区）饮用水水源、农业灌溉、水力发电等功能，尤其是湟水水系承担着黄河上游工业、农业生产及沿线居民生活污水的稀释、降解功能，水功能十分重要，且沿湟不同区域污染强度和特征不同，从而导致不同河段水质特征差异较大。全面准确地了解湟水、大通河水系水环境质量状况，对流域保护和开发具有重要意义。

一、流域水功能区划分

湟水流域下游区域地处甘肃、青海两省交界地带，且大部分地处甘肃省境内，在甘肃省地表水功能区划（2012—2030年）中，湟水流域下游段内按照水资源利用方式划分为4个一级水功能区、1个二级水功能区，其中，湟水河一级水功能区名称为湟水青甘缓冲区，起始断面为民和水文站，终止断面为入黄口，水质目标为Ⅳ类，大通河一级水功能区名称为大通河甘青缓冲区和红古开发利用区，起始断面为金沙沟入口，终止断面为入湟水口，水质目标均为Ⅲ类（表1-32）。

表1-32　湟水流域下游段涉及的一级水功能区具体情况

序号	一级水功能区名称	流域	水系	河流	范围		长度/km	水质目标	代表断面	备注
					起始断面	终止断面				
1	湟水青甘缓冲区	黄河	湟水	湟水	民和水文站	入黄口	74.3	Ⅳ	海石湾	全国重要，青甘省界河段
2	大通河甘青缓冲区	黄河	湟水	大通河	甘禅沟入口	金沙沟入口	—	Ⅲ	天堂寺	—
3	大通河红古开发利用区	黄河	湟水	大通河	金沙沟入口	大砂村	—	Ⅲ	连城	农业、工业用水区
4	大通河甘青缓冲区	黄河	湟水	大通河	大砂村	入湟水口	14.6	Ⅲ	窑街	全国重要，甘青省界河段

二、湟水水环境质量状况

1.湟水流域下游水质总体特征

湟水沿线工业农业相对较为发达，人居活动比较频繁，污染源对河道水环境的影响相对较为明显。历年区域环境统计数据分析，除湟水源头区外，总体上湟水中上游水环境质量要低于下游，坐落于湟水上游的西宁市周边对湟水中上游的污染贡献较大（吴君，2012）。而随着人民群众对生态环境质量越发重视，环境保护与污染治理能力不断提升、手段越来越丰富，湟水沿线的水环境质量呈现逐年向好的趋势。截至2020年，流域甘青省界断面（民和）水质低于《地表水环境质量标准》（GB 3838—2002）Ⅳ类限值，主要污染物包括生化需氧量、总氮、粪大肠菌群。

湟水在进入甘肃段后，受污染物转化、降解、沉淀及大通河水汇入稀释等影响，至湟水入黄口，沿河污染物浓度总体呈逐渐下降趋势。通过对湟水甘肃段沿河9处国考断面（含民和桥、咸水沟、隆治沟）的水环境质量常规监测发现，除总氮、粪大肠菌群指标外，其他各项污染物浓度在丰水期、枯水期沿河水质均达到或优于Ⅲ类水质标准，且湟水桥断面至2020年污染物浓度已低于《地表水环境质量标准》（GB 3838—2002）Ⅱ类限值。监控断面分布情况及水质监测结果分别见图1-12、表1-33。

在甘肃段内，湟水水质呈现明显的季节性。例如，粪大肠菌群指标在丰、枯水期时的值具有明显差异性，枯水期显著优于丰水期，且差距较大，在丰水期时，所有监测点位的粪大肠菌群指标均超过《地表水环境质量标准》（GB 3838—2002）中Ⅴ类水质标准限值；在枯水期时，所有监测点位均符合《地表水环境质量标准》（GB 3838—2002）中Ⅲ类水质标准限值。总氮方面，除享堂桥点位在丰水期时的总氮指标符合《地表水环境质量标准》（GB 3838—2002）中Ⅳ类水质标准限值，在枯水期时符合Ⅴ类水质标准限值外，其余监测点位在丰、枯水期均超过《地表水环境质量标准》（GB 3838—2002）中Ⅴ类水质标准限值，且枯水期时总氮超标倍数明显大于丰水期。

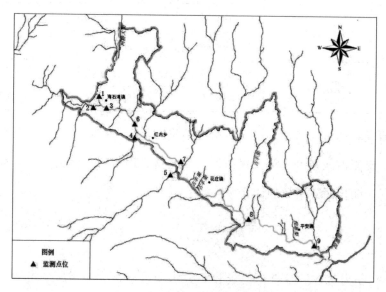

图1-12 湟水流域下游水质控制断面监测点位分布

表1-33 湟水流域下游段断面水质类别汇总

序号	断面名称	周期	水质类别	水质状况
1	享堂桥	丰、枯水期	Ⅰ—Ⅱ类水质	优
2	民和桥	丰水期	Ⅲ类水质	良好
		枯水期	Ⅳ类水质	轻度污染
3	川海大桥浮桥	丰水期	Ⅲ类水质	良好
		枯水期	Ⅰ—Ⅱ类水质	优
4	咸水沟入湟水河之前	枯水期	Ⅲ类水质	良好
5	隆冶沟入湟水河之前	丰、枯水期	Ⅲ类水质	良好
6	金星电站大坝	丰水期	Ⅲ类水质	良好
		枯水期	Ⅰ—Ⅱ类水质	优
7	新庄电站大坝	丰、枯水期	Ⅰ—Ⅱ类水质	优

续表

序号	断面名称	周期	水质类别	水质状况
8	湟惠电站大坝	丰水期	Ⅰ—Ⅱ类水质	优
		枯水期	Ⅲ类水质	良好
9	湟水桥	丰水期	Ⅰ—Ⅱ类水质	优
		枯水期	Ⅲ类水质	良好

有研究者通过对各断面综合污染指数进行计算和对比，分析了湟水甘肃段从起点、支流汇入口到末端（民河桥、享堂桥、湟水桥）各断面水体重污染物含量状况。综合污染指数法计算方法如下：

$$p = \frac{1}{N}\sum_{i=1}^{N} p_i \qquad p_i = \frac{c_i}{s_i}$$

式中：p为水体的综合污染指数；p_i为i项水质指标的污染分指数；c_i为i项水质指标的浓度值；s_i为i项水质指标的评价标准。将计算结果p对照综合污染指数评价分级表后，评价流域水质级别，分级见表1-34。

表1-34　综合污染指数评价分级

p	水质级别	水质现状阐述
≤ 0.40	好	多数项目未检出，个别检出也在标准内
0.41—0.70	轻度污染	个别项目检出且已超标
0.71—1.00	中度污染	2项检出值超标
1.01—2.00	重污染	相当部分检出值超标
≥ 2.00	严重污染	相当部分检出值超标倍数或几十倍

研究发现，湟水河流域甘肃段水环境质量综合污染指数为0.835，整体属于中度污染，其中民和桥断面和湟水桥断面水环境质量属于重污染，享堂桥断面属于轻度污染。

从各断面污染指标来看，湟水桥断面的总磷和总氮指标较高，综合污染指数分别为3.738、2.101；民和桥断面的总氮和氨氮指标较高，综合污染指数分别为3.048、1.307；享堂桥断面总氮指标较高，综合污染指数为1.472。

从断面变化趋势来看，湟水桥2016年综合污染指数为2.245，达到严重污染，2017年和2018年为轻度污染，呈下降趋势；享堂桥2013—2018年均为轻度污染，整体呈下降趋势；民和桥2013—2016年为重污染，2017年和2018年为中度污染，总体呈先上升后下降的趋势，在2015年达到最高点，综合污染指数为1.22。

经主成分分析法对享堂桥、民和桥和湟水桥2016—2018年例行监测数据进行计算，结果显示：湟水桥、民和桥和享堂桥的3年水质污染程度排名均为民和桥＞湟水桥＞享堂桥，其中湟水桥和享堂桥水质逐年改善，民和桥水质污染程度呈先上升后下降趋势（图1-13）。

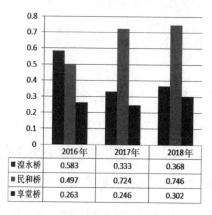

	2016年	2017年	2018年
湟水桥	0.583	0.333	0.368
民和桥	0.497	0.724	0.746
享堂桥	0.263	0.246	0.302

生化需氧量指标对比

	2016年	2017年	2018年
湟水桥	0.625	0.572	0.479
民和桥	0.618	0.571	0.483
享堂桥	0.575	0.587	0.538

化学需氧量指标对比

	2016年	2017年	2018年
湟水桥	11.433	0.401	0.382
民和桥	0.793	1.008	0.625
享堂桥	0.201	0.379	0.2

总磷指标对比

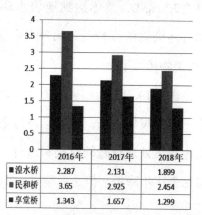

	2016年	2017年	2018年
湟水桥	2.287	2.131	1.899
民和桥	3.65	2.925	2.454
享堂桥	1.343	1.657	1.299

总氮指标对比

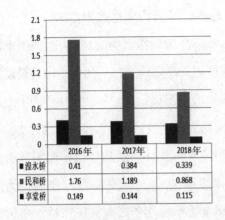

氨氮指标对比

	2016年	2017年	2018年
■湟水桥	0.41	0.384	0.339
■民和桥	1.76	1.189	0.868
■享堂桥	0.149	0.144	0.115

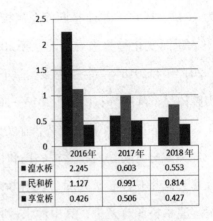

综合污染指数对比

	2016年	2017年	2018年
■湟水桥	2.245	0.603	0.553
■民和桥	1.127	0.991	0.814
■享堂桥	0.426	0.506	0.427

图1-13 湟水流域下游段主要水污染物评估结果

2. 水体中生化需氧量污染情况

从空间分布来看，湟水下游段自上游至下游，生化需氧量污染物浓度呈下降趋势。从时间过程来看，"十三五"规划期间（2016—2020年），湟水干流中游（民和断面）化学需氧量（COD）污染物浓度月平均值范围分别在3.2—5.8mg/l，平均值为4.34mg/L，总体接近地表水环境质量标准Ⅲ类标准；下游（湟水桥断面）生化需氧量污染物浓度月平均值范围分别在0.7—7.5mg/L，平均值为2.8mg/L，总体达到地表水环境质量标准Ⅱ类标准。年内变化趋势是5—9月污染物浓度较低，可能是径流量增加使污染物浓度降低，10月至次年3月污染物浓度较高。

由图1-14、图1-15可以看出，湟水下游段生化需氧量污染水平相对较低，"十三五"规划以来，随着沿河污染治理工作不断加强，沿河排污口整治、污水集中收集处理设施的建成和运行，均有效削减了污染物入河，水体中生化需氧量污染逐年降低，但是后续进一步降低的空间非常有限。

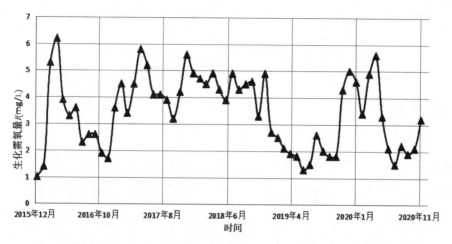

图1-14　民和断面生化需氧量污染物浓度变化（2016—2020年）

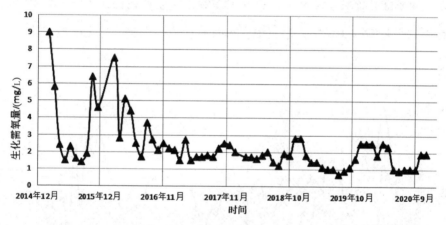

图1-15　湟水桥断面生化需氧量污染物浓度变化（2015—2020年）

3. 水体中氮污染情况

湟水干流自上游至下游，各形态氮污染物浓度总体呈下降趋势。"十三五"规划期间（2016—2020年），湟水干流中游（民和断面）氨氮、总氮污染物浓度月平均值范围分别在0.32—3.58mg/L、3.02—5.49mg/L，平均值分别为1.78mg/L、4.39mg/L，总体达到地表水环境质量标准Ⅴ类标准；下游（湟水桥断面）氨氮、总氮污染物浓度月平均值范围分别为0.06—2.05mg/L、2.09—6.02mg/L，平均值分别为0.59mg/L、3.92mg/L，总体达到地表水环境质量标准Ⅲ类标准。

由图1-16、图1-17可以看出，湟水流域尤其是湟水干流的氮污染相对突出，是流域迫切需要解决的环境污染问题。不少研究者分析了氮污染的来源，如2017年，有研究人员分析了湟水干流在上游某断面处氨氮、亚氮、硝氮浓度的日变化情况，发现干流氨氮浓度污染较突出，在2.48—4.96mg/L，且呈现凌晨到上午低、中午到深夜高的规律，推测游离态的氨或铵离子类污染物在凌晨到上午排放量很小，而在中午到深夜有间歇性地大量排放，表明该段湟水生活污水排放严重；亚氮浓度在0.01—0.31mg/L，且呈现间歇式排放的特点，亚硝酸盐氮浓度变化的规律与大多数工矿企业在白天运作，夜晚停止作业有关（曹海英，2017）；硝氮浓度小时波动范围很小，且无明显规律性（雷菲等，2017）。

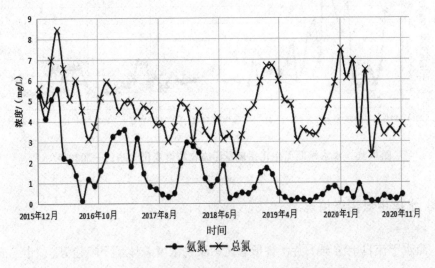

图1-16　民和断面氮污染物浓度变化（2016—2020年）

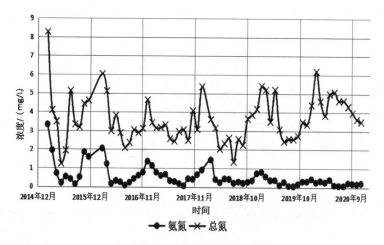

图1-17　湟水桥断面氮污染物浓度变化（2015—2020年）

4. 水体中磷污染情况

从空间分布看，湟水干流下游段自上游至下游，总磷污染物浓度呈下降趋势。从时间过程来看，"十三五"规划期间（2016—2020年），湟水干流中游（民和断面）总磷污染物浓度月平均值范围分别为0.13—0.64mg/L，平均值为0.3mg/L，波动范围较大，总体接近地表水环境质量标准Ⅲ类标准；下游（湟水桥断面）生化需氧量污染物浓度月平均值范围分别为0.023—0.2mg/L，平均值为0.09mg/L，总体达到地表水环境质量标准Ⅱ类标准（图1-18、图1-19）。

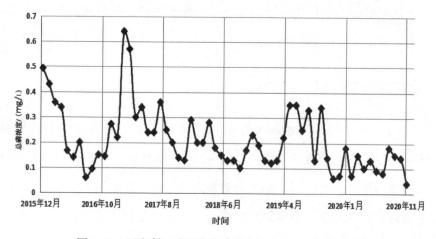

图1-18　民和断面磷污染物浓度变化（2016—2020年）

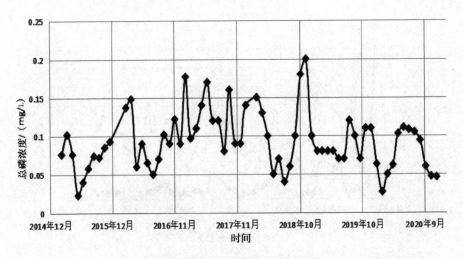

图1-19 湟水桥断面总磷污染物浓度变化（2015—2020年）

三、大通河水环境质量状况

大通河沿线工业、生活及农业活动同样发达，对河道水环境的影响明显。根据历年环境的统计数据，除源头区以外，总体上大通河中上游为山地，植被茂盛，且人类活动影响较小，水环境质量要高于下游。进入下游区域后，由于存在大量人类活动影响，包括工业、农业、城镇，水质有所下降。随着人民群众对生态环境质量越发重视，环境保护与污染治理能力不断提升、手段越来越丰富，大通河沿线的水环境质量呈现逐年向好的趋势。截至2020年，流域水质低于地表水环境质量标准Ⅱ类限值。

1. 水体中生化需氧量污染情况

从空间分布来看，大通河下游段自上游至下游，生化需氧量污染物浓度总体保持稳定，呈略微上升趋势。从时间过程来看，"十三五"规划期间（2016—2020年），大通河中游（天堂断面）生化需氧量污染物浓度月平均值范围分别为0.2—3mg/L，平均值为1.02mg/L，波动范围较大，总体达到地表水环境质量标准Ⅱ类以上标准；下游（享堂断面）生化需氧量污染物浓度月平均值范围为0.5—2.3mg/L，平均值为1.15mg/L，总体达到地表水环境质量标准Ⅱ类以上标准。从图1-20、图1-21可以看出，大通河干流生化需氧量污染物浓度要明显低于湟水干流。

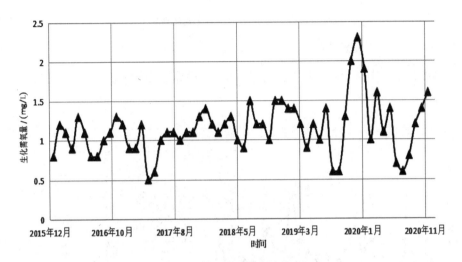

图1-20　天堂（峡塘）断面生化需氧量污染物浓度变化（2017—2020年）

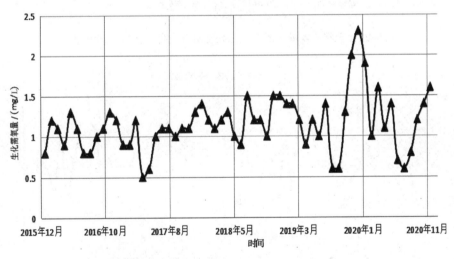

图1-21　享堂断面生化需氧量污染物浓度变化（2016—2020年）

2. 水体中氮污染情况

大通河自上游至下游，各形态氮污染物浓度总体保持稳定，呈略微上升趋势。

从时间过程来看，"十三五"期间（2016—2020年），大通河中游（天堂断面）氨氮、总氮污染物浓度月平均值范围分别为0.02—024mg/L、0.49—3.54mg/L，平均值分别为0.08mg/L、1.35mg/L，总体达到地表水环境质量标准Ⅱ类以上标准；下游（享堂断面）氨氮、总氮污染物浓度月平均值范围分别为0.03—0.33mg/L、0.88—2.31mg/L，平均值分别为0.12mg/L、1.50mg/L，总体在地表水环境质量标准Ⅲ类标准。由图1-22、图1-23可以看出，大通河氮污染物浓度要明显低于湟水干流。

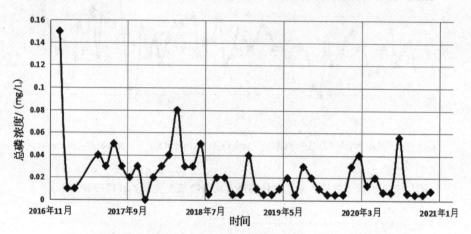

图1-22　天堂（峡塘）断面氮污染物浓度变化（2017—2020年）

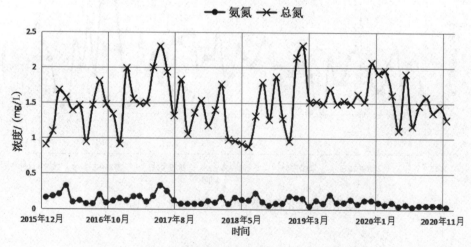

图1-23　享堂断面氮污染物浓度变化（2016—2020年）

3. 水体中磷污染情况

从空间分布来看，大通河下游段自上游至下游，总磷污染物浓度呈略微上升趋势。从时间过程来看，"十三五"规划期间（2016—2020年），大通河中游（天堂断面）总磷污染物浓度月平均值范围0.005—0.15mg/L，平均值为0.024mg/L，波动范围较大，总体达到地表水环境质量标准Ⅱ类以上标准；下游（享堂断面）生化需氧量污染物浓度月平均值范围0.02—0.16mg/L，平均值为0.05mg/L，总体达到地表水环境质量标准Ⅱ类以上标准。由图1-24、图1-25可以看出，大通河流域地表水中磷污染较轻，明显低于湟水干流。

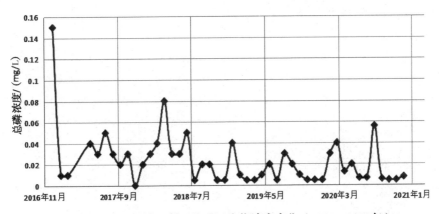

图1-24 天堂（峡塘）断面总磷污染物浓度变化（2017—2020年）

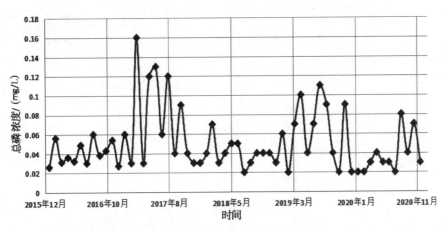

图1-25 享堂断面磷污染物浓度变化（2016—2020年）

第二章　湟水流域面源污染研究

第一节　流域面源污染概述

一、面源污染概念

人类生产生活过程中产生的废水，除了集中收集、统一净化处理后通过排污口排放，还有部分生产生活废水，由于缺乏基础设施或有效管理而未能集中收集、统一净化处理并合理排放，这部分生产生活废水以无序分散的形式进入环境，通常称这种模式为"面源"。面源废水一般难以确定其准确的产生位置（污染源），同时连同其携带的各种成分，在区域内迁移、汇聚，形成一定规模，最终进入环境造成污染，这一过程即面源污染。

二、面源污染的特征

面源污染物通常形态多样，按形态可分为固态、溶解态、液态，按元素可分为有机物、无机物、重金属等，按来源可分为农业面源、生活面源等。面源污染的特点是规模大、复杂性高、随机性强、滞后性及潜伏性长、治理困难等，这给研究、治理和管理带来了较大的困难。

1. 规模大

近年调查及研究工作表明，面源污染在国内外均逐渐成为最主要的污染排放形式。从国内调查及研究来看，根据我国第一次全国性污染源调查，来自农业的面源污染总氮、总磷分别占全国总氮和总磷排放的 57.2%、67.4%。不同流域水体的调查研究结果显示，面源污染同样是主要的污染来源，如北京市密云水库流域面源污染化学需氧量、生化需氧量、氨氮、总氮、总磷分别占水库污染总负荷的70%、70%、90%、70%、90%，安徽省巢湖流域面源污染分别占总氮、总磷总负荷的49%、40%，江西省南昌市鄱阳湖环湖区的面源污染化学需氧量、总氮、总磷负荷分别占入湖污染负荷总量的20%左右，云南省滇池富营养化的污染物中面源污染占30%以上，江苏省太湖流域内畜禽养殖的总氮、总磷和化学需氧量污染负荷分别占流域总污染负荷的34%、58%和61%。此外，国外的调查研究显示，面源污染也是许多地区水体污染的重要来源，如在荷兰，农业化肥对水体中总氮、总磷的贡献率分别达到了60%和50%，美国国内面源污染占污染总量的66%（吴一鸣，2013）。

2. 复杂性高

由于面源排放的形态、元素、源头多种多样，几乎覆盖人类生产生活活动的各个过程中，比如化肥和农药的过度使用、生活污水垃圾未妥当收集处置随意排放等，这些多样化的来源和形式，导致面源污染问题的来源复杂性。

3. 随机性强

面源污染的排放过程不像点源污染有具体的位置，可以有计划地预判排放及治理，面源污染来源及形式的多样性决定了其污染过程随时随处可能发生。

比如随时随处将生活废水、垃圾倾倒入排沟岔、水渠、河岸滩地等处，所含的污染物即进入环境；又如生产场地及管道，可能因其年久失修而发生泄漏及渗漏，面源污染的排放随机且不易察觉，运输车辆发生事故导致装载的有害物品倾覆，瞬时大量进入环境。

4. 滞后性长

除了地表径流作用下的短时快速扩散，面源污染的转移、转化过程多是在土壤、地下水介质中进行的，通常其过程较为缓慢，有时会滞后，且在被明显察觉前存在一段潜伏期，在污染物及其造成的影响积累到一定规模时，才会显现出一些明显的表象，因此其污染的过程很难被发觉，往往在发现时，其在土壤、地下水中的污染深度和范围已经非常可观。

5. 治理困难

面源治理困难主要表现在两个方面：一是由于面源来源和途径多样，往往某一点处很小，但覆盖面积很大，很难截留和集中收集，代价和成本很高；二是由于面源污染物在进入环境后主要的承载和输移介质是土壤、地下水、地表水，受污染影响最大的也是土壤、地下水及与地下水有水力联系的地表水体，尤其是进入土壤层和地下水的污染，伴随土壤和地下水的循环过程发生转移转化，其追踪和截留治理都非常困难。

三、面源污染的产生和输移

面源污染的产生与降雨和径流条件密切相关，同时也受人类活动的强度、特征影响。其形成过程主要包括以下几个方面。

1. 污染排放

人类活动的很多环节都会有污染物的排放，如生产和运输活动中由于操作和管理不当，一些污染物会不可避免地损失和洒落；工业生产发生事故；生活污水的随意泼洒排放；垃圾等固体废弃物的随意丢弃堆置；农田不合理的施肥和灌溉活动；畜禽散养过程和畜禽粪污的排放。排放强度受污染物的性质、源强的大小而差异巨大，一般事故性的面源排放强度更大，但持续时间相对较短，而长期持续的生产、生活活动产生的面源排放过程更加持久。

根据近年的调查，面源污染负荷的排放主要集中在以下3个领域。

第一，化肥农药的过量和不合理使用。统计结果表明，2004年全国化肥施用量高达4637万吨，每公顷氮肥施用量高出世界平均水平将近2.05倍，磷肥高出世界平均水平1.86倍。而且化肥农药有效利用率普遍较低，仅为40%左右。不合理的施用，使大量营养元素通过地表径流流失，进入环境，造成地表水、地下水及土壤环境污染。中国科学院南京土壤所研究表明长江、黄河及珠江每年输出的溶解态无机氮中90%源于农业，近年来甘肃省黄河流域内的污染调查显示，受当前耕作和灌溉方式的影响，由农业活动而产生的面源排放可能是流域的主要污染来源，占流域内污染排放的50%以上。其次为城镇生活面源，主要是因为乡村生活污水处理设施尚不健全，农村生活污水未得到有效收集和处理。

第二，对于畜禽养殖业污染物排放缺乏有效管理。全国每年畜禽养殖排放粪便高达25亿吨，超出工业固体废物1倍多，特别是一些中小畜禽养殖场，畜禽粪便的收集和处理设施配套不完善，使畜禽粪污未得到有效收集处置，以各种方式进入水体，形成污染。

第三，农村生活污水、生活垃圾的无序排放。国内对农村生活污水、生活垃圾的收集处理率不够高，设施配套不够完善，治理效能不够高，加之个别居民生活习惯和理念差异，对环境保护和污染防治工作的重视不够，个别地方生活污水直接排放入河的现象依然存在。在农村人口基数大、范围广的背景下，生活污染源产生量大，农村人口众多，且对环境污染防治意识不强；另外，对于国内大多数农村甚至城镇来说，缺少污染处理设施。

2.降雨冲刷

在降雨初期，累积在地表、建筑物表面的泥沙、污物受到降水冲刷，以颗粒物或溶解的形式转移到水相中。可以说，降雨是面源污染的主要驱动力，降雨的强度、范围很大程度上影响着面源污染物的迁移和转化，而地表和坡面径流是面源污染输移的载体，影响着污染物的输移路径和范围。

3.迁移转化

随着降雨的持续，形成的地表径流不断流淌和汇集，污染物被裹挟着不断输移和富集，其中一部分会进入土壤，在土壤中停留、扩散、反应及转化，或者持续下渗进入地下水循环；而另一部分污染物在地表径流的裹挟下沿着地势进一步向低处汇流，最终进入河道。此外，在地表产流过程中，沿途的土壤也会受到冲刷侵蚀，加剧了土壤颗粒及附着的养分流失，同时在水中进一步释放一些溶解态污染物，使污染物的成分和形态越发复杂（张超，2008）。

第二节　国内外面源污染研究情况

一、面源污染负荷研究

20世纪中期，人们已经开始越来越多地关注面源污染对环境的影响，出现了针对种植业、畜禽养殖业等领域污染问题的研究。然而受污染因素及过程的复杂性制约，最初的研究多以定性为主，随着技术手段的不断进步，面源污染的定量研究也在逐渐增多。进入21世纪，面源污染物的污染特征、过程研究，均以定量研究模拟和实测为主。

为了精准研究面源污染的特征，很多定量研究方法不断出现并得到了持续优化。目前，普遍应用的定量研究方法包括实测法、试验小区法、估算法及更复杂但更精准的模型模拟法等。

1. 实测法

通过某一特定流域内的水质监测，并与流域内所有点源实际排放的污染物进行对比扣除，得到流域层面上面源强度负荷，是一种准确了解较大尺度范围内面源总体情况的方法（金春玲，2018）。这种方法思路简单直接，但需要对流域内的点源排放数据掌握全面，以及进行长期连续的水质监测，且其结果不能说明污染的具体来源和过程，属于宏观层面的面源污染现象分析。

2. 试验小区法

通过建立特定的试验小区，设置包括不同的土地利用类型、降雨条件、地形等条件，建立径流场，形成多种多样的人工场景，通过改变不同的预设变量来研究面源污染负荷量（庞佼，2015；傅大放等，2009）。这种方法可以测定到小区范围内相当准确的污染物定量负荷，且可以结合经验公式，通过统计分析实测数据，获得影响面源污染过程的一些关键参数，有助于描述面源污染的过程乃至机制，并且多样的情景组合也可以为制定相关污染防治对策提供足够的依据。然而由于其场景较理想化，且受试验区面积规模的限制，无法真实地反映流域级别各种因素交织的复杂情况，有一定的局限性。

3. 估算法

除了试验小区的方法，国内外学者还根据经验及统计结果提出了许多计算面源污染负荷的方法。根据计算的复杂程度可分为简单负荷估算法、功能性模型和机理型模型。简单负荷估算法因对数据要求低，方法简便明了，受到了广泛应用。简单负荷估算法包括输出系数法、径流分割法及总量分割法等。

（1）输出系数法

输出系数法是通过对受纳水体接纳的污染物进行观测、分析，并与不同面源污染来源之间建立的各种数量关系，推算出汇水区面源污染物负荷量。20世纪中后期，一些研究者在研究不同土地利用方式下的污染物负荷与受纳水体富营养化关系中，总结并提出了输出系数法。经典的输出系数法为以简单线性公式表示的面积与污染负荷关系式：

$$L = \sum_{i=1}^{n} E_i [A_i]$$

式中：L 为单一土地利用方式下某种污染物的负荷，kg/a；n 为土地利用方式的数量；E_i 为第 i 种土地利用方式下某一污染物的输出系数，kg/（$hm^{-2} \cdot a$）；A_i 为第 i 种土地利用方式下的面积，hm^2。

在使用过程中人们发现，污染物负荷输出与土地利用面积并不是线性关系，有更多的自然因素和人为因素在影响着污染负荷。据此，国内外研究人员均提出了一系列改进的输出系数公式，如 Johnes 等在土地利用方式分类的基础上，增加了流域范围内的畜禽养殖和人口等因素，菜明等（2004）进一步纳入了降水及径流因素作用，使输出系数法公式参数不断丰富，公式如下：

$$L = \alpha \sum_{i=1}^{n} \lambda_i E_i [A_i (I_i)] + P$$

$$\alpha = \frac{M_i}{M}$$

式中：L为污染物输出量；α为降雨影响系数；λ为流域损失系数（流域损失系数、污染物入河系数、污染物降解系数）。E_i为第i种污染物输出系数，A_i为第i类土地利用类型的面积或第i类畜禽数量或第i类水产养殖数量或者人口数量；I_i为第i种面源污染物输入量；P为来自降雨的某一污染物负荷量；M_i为第i年流域污染物负荷量；$\overline{M}$为流域多年平均污染物负荷量。

$$E_i = D_{ca} \times H \times 365 \times M \times B \times R_s \times C$$

式中：D_{ca}为每人（动物）某一种污染物每天输出量，kg/d；H为研究单元范围内人口（某种动物）的数量；M为某一污染物的去除系数；B为某种污染物的生物去除系数；R_s为过滤层中某一污染物滞留系数；C为发生解吸时的磷去除系数。

无论输出系数法如何进一步细化，由于其始终是一个基于经验和统计规律的类似于"黑箱"的经验公式，其缺点也十分明显：一是没有考虑污染物各形态之间的转化，在精度上受到影响；二是受输出系数的限制，输出系数的确定较为困难，且得到的结果是全年的，而不是某一段具体时间段内的，也就不能反映年内时间序列的变化情况，而面源污染发生的特点之一就是季节差异明显（吴家林，2013）。因此，输出系数法只适用于污染负荷的宏观估算，并不能准确反映污染物负荷的迁移转化特征及时空规律。

（2）径流分割法

考虑到面源污染的主要驱动因素是降雨产生的径流，对某一特定的流域，如果没有地表径流形成，那么污染物负荷将全部来自点源输出，即只有在有降水并产生地表径流时，点源和面源污染才会同时存在。张平仓（1990）、许炯心（1999）等提出，一般年内点源污染负荷输出相对稳定，每月点源污染负荷排放，可以通过实测枯水期流量和污染物浓度求得。丰水期污染物负荷输出总量可以通过丰水期水量和浓度计算，再减去点源负荷排放，就可以得到丰水期内面源污染负荷排放量，这个量也就是全年面源污染负荷排放量（张平仓等，1990；许炯心，1999）。径流分割法的基本公式如下：

$$L = L_n + L_p = L_n + L_枯 \times 12$$

式中：L 为河流出口断面某一污染物年总输出负荷；L_n 为某一面源污染物负荷输出；L_p 为某一点源污染物负荷输出；$L_枯$ 为枯水期某一污染物负荷月平均输出。

基于这一基本公式，部分学者尝试了改进，如蔡明等（2005）提出降雨量插值法，考虑了利用任意两场暴雨洪水过程的面源污染负荷量差值判断流域降雨与污染负荷之间的关系。袁宇等（2008）还提出以月径流量和月通量相关系数确定丰水期通量增量的面源比例系数法，并且建立了与之对应的估算公式。

由于径流分割法近似地认为丰水期内会同时发生面源和点源污染负荷排放，枯水期内则只有点源污染负荷排放，故这一概念未免绝对化，现实中的情况是枯水期并非全无面源污染负荷排放，且点源排放也未必始终是稳定连续的。同时有研究人员指出，大多数河道上均建有闸坝，枯水期积累的大量污水及污染物在开闸期间被释放，若在丰水期则此部分污染物可能被误认为是面源，从而产生较大误差。因此，径流分割法也不适用于有闸坝的流域面源污染物负荷核定。

（3）总量分割法

考虑到河道中的污染物来源可分为点源和面源两种，在实践中利用河流实测总污染物负荷减去统计调查得到的所有点源污染物负荷，即得到流域（河段）面源污染物负荷。这种计算简便且迅速，可以用来辅助流域污染物负荷初步估算和治理决策，但其局限性很明显，如若流域范围较大，点源污染物负荷调查工作量将较大，且若无法获取在线数据，则点源排放负荷核算存在误差。另外，面源污染来源多样，还可以进一步细分，且各来源均不同，导致面源溯源问题无法解决。

4. 模型模拟法

在长期的面源污染研究中，人们发现在面对复杂的作用因素，仅通过实测去定量研究一个区域内的面源污染状况，花费大、耗时长，甚至很多情况下是无法完成的。很多研究也指出，由于面源污染的随机性，以及污染物排放和污染途径的不确定性，负荷的时空差异大，范围可小到实验室内的模拟，大到全球范围的土壤圈层，从而决定了对其进行监测、模拟和控制是很困难的。因此，在20世纪中后期，越来越多的国家和地区研究者开始探索通过利用一套数学系统将一些复杂的面源污染影响因子和响应因子关联起来，最终建立起一个特定区域的面源污染模型，且以水文模型和土壤侵蚀模型为主的模拟研究最丰富。随着研究不断深入，模型原理从简单的经验统计分析提高到复杂的机制模型，从长期平均负荷输出或单场暴雨分析上升到连续的时间序列响应分析，从集中式向分布式模型发展，并且出现了不同模型的集成耦合。在这一过程中，由于面源污染的过程离不开降雨、径流、地表介质这些关键因素，面源模拟的发展也与水文和土壤模型发展紧密伴随，不断深入。

模拟所应用的模型可以按照其内核划分为经验模型、功能模型、机理模型3类。其中第一类经验模型即如前述的经验公式、输出系数，依靠因变量与变量的统计关系建立联系；第二类功能模型是通过识别污物的来源、迁移变化规律以模拟面源污染水体的过程，是模拟研究的高一级形态；第三类机理模型是根据水文、土壤、营养物转化过程机制，通过分布集总的手段来综合反映特定区域自然现象，其以实测的土地面积、土壤、降雨径流、污染源等数据作为参数，模拟预测长期连续的污染物迁移及水文侵蚀过程。机理模型由于将流域内各要素的真实过程纳入模拟过程，理论上只要能提供足够精度的参数，其模拟更接近实际，因此是模型模拟的发展趋势。由此，本书重点对当前国内外有关面源污染模拟中机理模型的发展情况进行了汇总。面源污染模拟研究的发展过程大致上可分为以下3个阶段。

（1）探索阶段

流域水文及土壤模拟的发展通常认为最初都基于若干具有代表性的成果，其中一个是美国水土保持局（SCS）提出的径流曲线法，建立了科学准确的径流模型；另一个是Whischmeier和Smith通过降雨径流和面源污染物负荷输出之间的监测资料，建立统计模型，确立了面源污染负荷与土地利用方式之间的数量关系，提出了被广泛应用的USLE模型，这些成果沿用至今，并且也是面源污染负荷定量核定的基础。正因为有了这些基本模型，当年许多大型机理模型应运而生，如STORM模型（Storage Treatment Overflow Runoff Medel）、城市暴雨管理模型SWMM模型（Urban Storm Water Management Model）、Stanford模型，以及日本的半分布式水箱模型（Tank模型）、农田径流管理模型ARM模型（Agricultural Runoff Management）等。这些经典模型或多或少具备了一定面源污染模拟的作用，更重要的是为后续面源污染模拟的成熟和细化奠定了基础。

（2）发展阶段

20世纪末，由丹麦、法国及英国提出了SHE模型（Abbott et al.，2001），被公认为是最早的分布式水文模型，同时面源污染问题得到了进一步的重视，由此推动了分布式模型思路在面源污染负荷模拟的发展，代表性的模型包括流域面源污染模拟模型ANSWERS（Areal Non-point Source Watershed Environment Response Simulation）、关注农业面源污染的模型AGNPS（Agricultural Nonpoint Source Pollution），以及美国农业部研究所（USD-ARS）开发的农业管理系统化学污染物污染模型CREAMS（Chemicals，Runoff，and Erosion for Agricultural Management Systems），第一次将与面源污染相关的几个关键过程（水文过程、侵蚀过程和污染物迁移过程）进行了系统整合，成为面源污染模拟模型发展的标志性事件。后续的学者在此模型的基础上研究和开发出了诸多结构类似的其他模型，如EPIC模型、GLEAMS模型、SWRRB模型、SWAT模型等。美国农业工程师协会（ASAE）为了提高土壤侵蚀模拟的简便和准确性，开发了农田尺度水侵蚀预测模型WEPP模型（Water Erosion Prediction Project）。与此同时，传统的水土流失方程USLE也经过改进形成RUSLE（Revised Universal Soil Loss Equation），使模拟机理更加细化。

（3）完善和应用阶段

进入21世纪，在大型、复杂的机理模型不断完善改进的同时，计算机技术、GIS技术、信息技术、模拟算法、人工智能等新兴技术手段不断发展，使模型得以与这些新技术进行集成，面源模拟进入更快的发展期，并且成为后续一段时间发展的趋势。比如，Savabi等将GIS工作站与WEPP模型结合进行水土流失的评价。20世纪90年代后期，美国环保局（EPA）推动开发的BASINS（Better Assessment Science Integrating Point and Non-point source）、美国农业部开发的SWAT模型（Soil and Water Assessment Tool）、美国自然资源保护局和农业局联合开发的AnnGNPS（Annualized Agricultural Non-point Source）等，已经集空间信息处理、数学计算、数据库技术、可视化表达等功能于一体，形成了超大流域模型。这些模型如今被广泛地用于土壤侵蚀、污染物迁移转化研究，以及核定面源污染负荷的研究，同时通过这些模型的应用，为明确主要污染因子和污染关键源区、污染控制措施的制定提供了有力支撑，模型的成熟和丰富使其应用进一步发展成为系统管理和决策工具。

二、主要面源污染模拟模型

模拟是对面源通过人为设定情景和参数进行研究的方法，目前主要的面源负荷研究方式就是建立模型。准确的模型模拟不仅可以反映一定流域范围内面源污染的过程和特征，还可以对面源污染的发展趋势进行预测。自20世纪中后期以来，伴随着计算机技术的发展，数十种模型陆续涌现，在国际上影响较大且应用广泛，并经过研究人员多年的检验和不断优化完善，逐渐成为面源污染模拟的常用模型。凭借信息技术和"3S"技术的不断拓展，使这些模拟工作在日趋精准的同时，更加便捷、迅速和直观。本书收集汇总了目前在国内、外面源污染研究中常用的一些模型概况，以及其主要特点。

1. ANSWERS

ANSWERS（Areal Nonpoint Source Watershed Environment Response Simulation)模型是20世纪70年代针对欧洲平原地区研发的分布式模型，可模拟农业流域的径流量和泥沙流失。ANSWERS 2000则是在以前的ANSWERS模型基础上以GIS为平台，用泥沙连接性方程模拟侵蚀，将研究区域划分为方格网状，并且增加了模拟营养物转移和损失的组件，数据处理能力更为强大，结果也更为精确，但输入数据复杂，未考虑土壤中污染物运移、土壤与地表水之间的交换，适用于以壤中流为主的流域。

2. AGNPS

AGNPS（Agricultural Nonpont Sourse）模型为农业面源计算机模拟模型，是20世纪80年代由美国农业研究局和明尼苏达污染控制局共同研制开发的，该模型可模拟水文、泥沙、水质过程，以及土壤侵蚀和营养物流失。但该模型由于仅能模拟场次降雨，无法对流域内面源污染进行长期预测。AGNPS及前述的ANSWERS均为单次降雨事件模型，无法对流域内面源污染进行长期预测。

3. AnnAGNPS

AnnAGNPS（Annualized Agricultural Nonpont Sourse）模型由美国农业部在20世纪90年代末基于AGNPS进行改进开发，可结合地理信息技术快速提取生成地面资料，明显地减少了数据处理工作量，并且提高了模拟的质量，可供使用者完整评估集水区内农业管理措施的预期成效，并通过对集水区的地表径流、泥沙与化学面源污染负荷的连续模拟，评估分析最佳管理措施（BMPs）效益。

4. BASINS

BASINS（Better Assessment Science Integrating Point and Non-point Sources）模型由美国国家环保局于20世纪90年代末开发推出，用于支持流域的环境管理和污染治理政策制定和决策，经过多次改进，目前已更新到了4.0版本，其集成了多种模型的功能，以及GIS，用于流域的点源、面源模拟分析和评价，可以模拟在区域、流域等较大尺度范围内营养物、细菌、泥沙等多种污染物。

5. CREAMS

CREAMS（Chemicals, Runoff, and Erosion for Agricultrual Management System）模型由美国农业部农业研究所开发，与其他主流模型不同，此模型为目前较少出现的一种集总式模型，因此，其适用范围一般以农田、小区、小流域等小范围为主，可以模拟连续的营养物如总氮、总磷、生化需氧量等污染物过程。

6. EPIC

EPIC（Erosion Pproductivity Impact Calculator）模型可以利用逐日时间步长数据，连续地模拟特定的河道径流及侵蚀过程，以全面反映侵蚀生产量之间的关系。EPIC由多个物理模块组成，用于模拟侵蚀、植物生长、评估侵蚀成本、确定最佳管理策略等相关过程和经济组件，功能包括天气模拟、水文、侵蚀沉积、养分循环、植物生长、耕作、土壤温度、经济性与植物环境控制。由于侵蚀是一个相对缓慢的过程，EPIC可以模拟几百年来的情况。此外，EPIC能够根据对输出结果的影响来调整参数变量，然而，该模型既不能模拟流域潜流，也不能对沉积物迁移进行精细模拟。

7. GWLF

GWLF（Generalized Watershed Loading Function）即通用流域污染负荷方程（模型），是一个简单有效的集总参数流域模型，其对流域水文过程进行了一定简化，使计算使用更为简单，可以对流域尺度内不同时空的污染物状况进行快速计算分析。由于其对流域的较多简化，其模拟结果的精度受到一定影响，如对峰值的模拟。近年来，有学者对原始GWLF模型的算法和水文框架进行了改进，并加入了河道模块内泥沙悬浮、沉积过程，以及污染物衰减过程，提升了模型在空间属性基础上的通用性（齐作达等，2020）。

8. GLEAMS

GLEAMS（Groundwater Loading Effects of Agricultural Management System）模型即农田系统地下水污染负荷效应模型，对于不同强度的流量模拟都能适用，且可以模拟秒、分钟、日步长的径流过程，并在子流域范围内进行自动汇总。

9. HSPF

HSPF（Hydrological Simulation Program Fortran）模型是Robert于1981年在SWM模型基础上提出的，可用来模拟流域水文、水质，包括常见的污染物和有毒有机物，以及复杂的自然和人为排水网水力过程。该模型可对流域不同性质的透水地面、不透水地面及河流湖泊水库进行地表水文、水质模拟，模拟步长可以精确至1min。该模型假设污染物在受纳水体的断面上充分混合，且该模型模拟的物理过程需要许多经验统计资料，对资料的完整性与详细性方面要求较高（吴家林，2013）。另外，HSPF模型适用于大流域长期连续模拟，但只能模拟到各子流域不同土地利用类型污染负荷产生量，空间分辨率较低（金春林，2018）。

10. LSPC

LSPC（Loading Simulation Program in C++）LSPC是由美国环境保护署第三区开发的采矿数据分析系统（MDAS）派生而来的，它使用Microsoft Access数据库来管理模型数据和天气文本文件，以驱动模拟，建模所需的主要数据包括DEM高程数据、土壤类型图、土地利用类型图、气象数据库、点源排放数据等。该模型可基于GIS平台进行流域水文水质模拟，可以对透水地面、不透水地面、河流和完全混合型湖泊水库等多种地表水体进行文水、水质过程模拟。该模型可模拟的变量包括径流、沉积物、重金属及常规污染物，其模拟结果可以进一步用来指导流域最佳管理措施的制定与实施，并且还可以与其他模型耦合，如WASP和qual2等模型，以实现对复杂水环境问题的有效管理。

11. REMM

REMM（Riparian Ecosystem Management Model）即河岸带生态系统管理模型，能够模拟河岸带的水文、营养物迁移及植被的生长过程，模拟的步长可以达到每日，并且连续模拟时间可以超过100a（Lowrance et al，1998；范小华，2006）。模拟内容包括地表径流和浅地表径流水文变化情况，沉积物的转移和积累，碳、氮、磷元素的转移、去除、循环情况；植被的生长情况等，以评估不同缓冲带的长度、坡度、土壤类型、植被类型对水环境的影响，也可以通过在不同分区内设置不同的植被类型组合，以分析评价不同组合的缓冲带的拦截污染物效果。由于其涉及参数较多，应用REMM需要大量数据资料。

12. SWMM

SWMM（Storm Water Management Model）模型即暴雨洪水管理模型，最初由美国环保局提出（EPA），是一个基于水力学的降雨径流动态模型，主要用于城市某一单一降水事件或长期的水量和水质模拟，在世界范围内广泛应用于城市地区的暴雨洪水、合流式下水道、排污管道，以及其他排水系统的规划、分析和设计。模型包括径流模块、汇流模块、扩展的输送模块、调蓄/处理模块和受纳水体模块等主要模块（任伯帜，2006），其中径流模块部分综合处理各子流域所发生的降水、径流和污染负荷；汇流模块部分则通过管网、渠道、蓄水和处理设施、水泵、调节闸等进行水量传输。该模型可以跟踪模拟出不同时间步长任意时刻每个子流域所产生径流的水质和水量，以及每个管道和河道中水的流量、水深及水质等情况，模拟的水文过程包括时变降水量、地表水蒸发、积雪与融雪、洼地对降水的截留、不饱和土壤的降水下渗、降水下渗对地下水的补给、地下水与排水管道的交换水量、非线性水库法计算坡面汇流量、模拟各种使降水和径流量减少或延缓的各种微影响过程。其缺点在于无法精确定位化肥施用地点，且河道内污染物仅考虑了停留和一阶降解，同时对地下水的模拟结果并不理想。

13. STORM

STORM（Storm，Treatmeng，Overflow，Runoff Model）模型同样为一款分布式模型，其架构纳入了SCS径流曲线模型、USLE模型、累积冲刷模型及污染负荷模块，可以用来模拟城市单一降水事件的水量和营养物情况（总氮、总磷、生化需氧量、细菌等）。

14. SWAT

SWAT（Soil and Water Assessment Tool）模型是由美国农业部农业研究中心Jeff Amoid所开发的流域尺度模型（Neitsch S L，2009），由SWRRB(Simulator for Water Resources in Rural Basins)、GLEAMS（Groundwater Loading Effects of Agricultural Management System）、CREAMS（Chemicals，Runoff and Erosion fromAgricultural Management System）和ROTO（Routing Outlet To Output）、EPIC(Erosion Pproductivity Impact Calculator)以及QUAL2E等多个模型整合而来，是一个长时间序列的分布式流域水文模型（图2-1）。

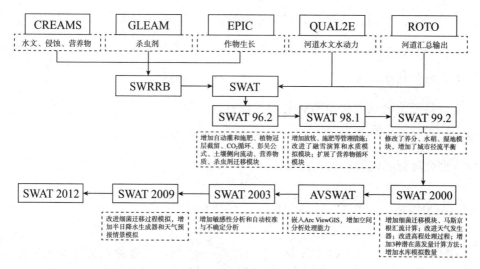

图2-1　SWAT模型发展历程（吴一鸣，2013）

　　模型开发的最初目的是预测评价在大中型流域复杂多变的土壤类型和土地利用方式及管理条件下，土地管理对水分、泥沙和化学物质的长期影响（孙瑞等，2010），在农业流域应用较为广泛，并且可在流域数据缺乏的地区建模，适用不同的土地利用方式、土壤类型及管理方式下的复杂流域。SWAT模型基于物理机制，可有效模拟多种物理化学过程，以及预测多种管理方式对不同时空尺度下复杂流域水文水质、沉积物、农业化学物质输出的影响，且当前已经开发出了适用于多种平台和软件的界面版本，集成遥感及地理信息系统，运算速度快，效率高，成为流域面源污染模拟研究的有效工具（张蕾，2009）。另外，SWAT模型与地理信息系统的集成有效提高模型结果表达、数据管理、参数提取等方面的效率，模拟的有效性、合理性已经通过大量的验证。该模型的缺点是不能模拟详细的基于事件的洪水和泥沙且水库演算出流过于简化。

15. WASP

WASP（Water Quality Analysis Simulation Program）模型于20世纪80年代提

出，模型包含水动力学模块、富营养化模块和有毒化学物质模块，其能够模拟河流、湖泊、水库、河口等大部分水体的稳态和非稳态的水质过程，可模拟的污染类型包括溶解氧、富营养化、温度、有毒污染物、有机物、简单的金属、汞等，且模块灵活，并具有很好的扩展性，能够和多种其他模型耦合。WASP模型的局限性在于其研究对象为完全混合的水体单元，而如排污口附近区域这样非完全混合区域的情景无法模拟。

16. MIKE

MIKE（11\21\3）源于丹麦，实际上是一款耦合了多种水文过程和程序的专业工程软件包，需要使用者付费购买，目前在国内应用较广泛。该耦合软件主要包括水动力（HD）、对流扩散（AD）、生态水质（ECO Lab）、降雨径流（RR）等模块，多用于建立特定区域的工程模型，用于模拟河流、湖泊、河口、海湾、海岸及海洋的水流、波浪、泥沙和环境，在河口海岸工程设计及研究中是很有效的辅助工具，正是"ECO Lab"模块的存在使该软件具备了有效的水环境模拟及评价功能，可以模拟污染物在地表地下水中的运移传输、线性或非线性吸附（解吸附）和一级降解过程。

17. HYDRUS

HYDRUS 同样是一款由多个水文过程和程序耦合形成的建模软件，其建成的模型工程能够较好地模拟二维和三维土壤水流、热量和溶质运移过程。此外，其还考虑了固着/分离理论，包括渗透理论，能够模拟病原体、胶体和细菌的运移。

综上所述，由于国外针对面源的模拟研究和模型开发起步早，以往较成熟和广泛应用的模型均由国外引入国内，在国内学者应用这些模型时，其适用性研究一直是重点，如何将这些外来模型本地化，使这些模型的参数体系和数据库更加精准地符合我国实际，也是后续模型改进优化的方向。而在借鉴国外模型的同时，国内也有研究者尝试开发适合我国数据条件的分布式水文模型，如夏军等（2003）建立了将（Digital Elevation Model, DEM）数字高程模型与水文非线性系统理论方法相结合，进行产流计算的分布式时变增益模型（DTVGM），已成功应用于我国黑河、马莲河和华北地区的潮白河流域，取得了较好的模拟效果。刘昌明等（2004）基于自行研发的HIMS模型在洛河卢氏以上、泾河、无定河及潮白河等流域，面向不同应用，定制了小时、日、月3个不同尺度的水文模型，取得了较为成功的应用。

第三节　SWAT模型概述

一、SWAT 模型基本原理

SWAT 模型是一种分布式机理模型，通过前人大量研究积累的河道、水体的物理和化学循环机制，表示和估算水体中污染物负荷量及其过程。模型内主要包括水文过程子模型、土壤侵蚀子模型和污染负荷子模型3个模块，可以进行日、月、年3种时间尺度的测算，同时连续长时段模拟流域的水文过程、水土流失、化学过程、农业管理措施和生物量变化，并且能预测在不同土壤条件、土地利用类型和管理条件下人类活动对上述过程的影响。水量平衡是流域内所有过程的驱动力，水文模拟分为陆地阶段和河网汇流阶段：陆地阶段主要是确定每个子流域进入主河道的水量、泥沙、营养物和杀虫剂负荷；河网汇流阶段主要指流域河网中的水流、泥沙等向出水口的运移过程。此外，SWAT模型还具有开源特征的优势，方便世界各地学者及技术人员根据不同的需求对模型进行开发和扩展，为模型的完善和推广带来极大的便利。

（一）模型组成

SWAT模型系统结构庞大，根据模拟目标可以划分为水文、土壤侵蚀和污染负荷3个部分，从模拟过程可以划分为水循环、气象、泥沙、土壤、营养物、农药、作物生长、操作管理8个子模块；污染负荷部分可对不同形态的氮和磷、BOD的转化过程进行模拟。模型内包括超过700个方程和1000个变量，同时包含土壤、植物、肥料、杀虫剂、污水处理单元5个内置数据库。

（二）各模块机理

根据SWAT模型的模拟流程，其内置的子模块可以划分为水文、气象、土壤、作物生长、农药、操作措施等子模块。以下分别对各子模块基本原理及功能进行说明。

1. 水文模块

模型的水文模块包括陆地阶段、河道演算阶段两部分，其中陆地阶段主要控制流域产水、产沙，以及流域化学物质和营养物质输送转移，包括水在大气、地表、土壤中的输移、渗流等过程；河道演算阶段主要控制所有物质的流域运移，包括水由陆地进入河道后，在河道内的迁移、汇流、蓄滞等过程，以及各形态营养物在其中的转化过程。因此，该子模块与泥沙污染物的输移和转化过程密切相关。

　　在SWAT模型中，水循环过程是最为主要的子模块。在该子模块中，覆盖了水文循环陆地阶段和水文循环汇流阶段两个阶段，其中水文循环陆地阶段包括产流、渗流、地下水、壤中流等几个过程，水文循环汇流阶段包括子流域（河道和坡面）汇流和蓄水体（水库、池塘、湿地等）汇流2个过程。此外，模型的产水过程是通过气温控制，流域气温决定了降水的形式、冰雪消融的程度和地下水的运移状况。当气温大于设置阈值时形成降水，反之则形成降雪；当土壤温度小于0℃时，地下水停止下渗和运移。

　　在SWAT模型中，针对陆地、河道水文过程的计算模拟流程如图2-2所示。

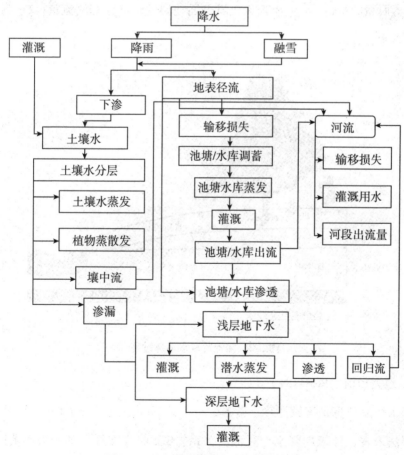

图2-2　SWAT模型水文过程模拟流程

（1）陆地阶段

① 水量平衡

在陆地上，流域范围内的水文过程主要包括降雨（雪）、蒸发蒸腾、地表径流、地下水、壤中水几个部分，各过程水保持总量平衡是SWAT模型的基础。SWAT模型模拟的陆域水文过程如图2-3所示。流域内的水量平衡方程如下：

$$SW_t = SW_0 + \sum_{i=1}^{t} (R_{day} - Q_{surf} - E_a - W_{seep} - Q_{gw})$$

式中：SW_t为第i天土壤最终含水量mm；SW_0为第i天土壤初始含水量，mm；t为时间（d）；R_{day}为第i天降水量，mm；Q_{surf}为第i天地表径流量，mm；E_a为第i天蒸发蒸腾量，mm；W_{seep}为第i天土壤剖面地层的渗透量和测流量；Q_{gw}为第i天地下水含量，mm。

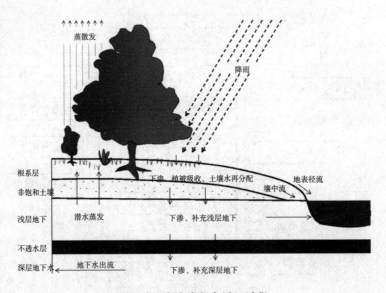

图2-3　陆地阶段水循环过程

② 地表径流（SCS-CN）

降水径流计算是流域泥沙、营养物模拟计算的基础，SWAT模型利用SCS曲线数值法来表达流域内降水与径流的关系。SCS曲线方程是基于多年美国境内流域降水、径流关系统计分析的结果，用于不同土地利用和土壤类型条件下计算连续下垫面的产流量。

$$Q_{surf} = 0 \quad (R_{day} < 0.2S)$$

$$Q_{surf} = \frac{(R_{day} - 0.2S)^2}{(R_{day} + 0.8S)} \quad (R_{day} > 0.2S)$$

$$S = \frac{25400}{CN} - 254$$

式中：Q_{surf}为地表径流量，mm；R_{day}为降水量，mm；S为最大可能滞留量（无量纲）；CN为日径流曲线数（无量纲，与坡度相关）。

③ 地下水

SWAT模型对流域内进入地下含水层中的水文过程通过如下公式进行计算：

$$Q_{gw,i} = Q_{gw,i-1} \exp(-a_{gw} \triangle t) + W_{rchrg} [1 - \exp(-a_{gw} \triangle t)]$$

式中：$Q_{gw, i}$为第i天地下水补给量，mm；$Q_{gw,i-1}$为第$i-1$天地下水补给量，mm；$\triangle t$为时间步长，d；a_{gw}为基流退水系数；W_{rchrg}为含水层补给量，mm，其计算公式如下：

$$W_{rchrg} = \left[1 - \exp(\frac{-1}{\delta_{gw}}) \right] \cdot W_{seep} + \exp(\frac{-1}{\delta_{gw}}) \cdot W_{seep,i-1}$$

式中：W_{seep}为第i天蓄水层补给量；δ_{gw}为补给滞后时间；$W_{seep,i-1}$为第$i-1$天蓄水层补给量。

④ 土壤水

壤中流主要发生于非均质或层次性土壤的透水层与相对不透水层界面上，在土壤饱和与非饱和产流的情况下均有可能发生，一般主要为饱和水流，也是形成洪水的主要部分。SWAT模型对降水渗入到土壤中的壤中流计算公式（动力存水）如下：

$$Q_{lat} = 24 \cdot H_O \cdot v_{lat} = 0.024 \cdot (\frac{2 \cdot SW_{ly,excess} \cdot K_{sat} \cdot sl_p}{\varphi_d \cdot L_{hill}})$$

式中：Q_{lat}为侧向流量，mm；$SW_{ly,excess}$为可流出饱和带的水量，mm，

$SW_{ly,excess} = SW_{ly} - FC_{ly}$，其中$SW_{ly}$为土壤层某日土壤含水量，$FC_{ly}$为土壤层土壤田间持水量；$K_{sat}$为第$i$天地下水补给量，mm/h；$\varphi_d$为土壤总孔隙度，$\varphi_d = \varphi_{soil} - \varphi_{fc}$，其中$\varphi_{soil}$为土壤孔隙度，$\varphi_{fc}$为土层达到田间持水量的土壤孔隙度；$L_{hru}$为坡长，m；$H_O$为相对饱和区厚度，$H_O = \dfrac{2 \cdot SW_{ly,excess}}{1000 \cdot \varphi_d \cdot L_{hill}}$；$v_{lat}$为出水口流速，$v_{lat} = k_{sat} \cdot s_{lp}$，其中，$K_{sat}$为土壤饱和导水率，$s_{lp}$为坡度的正切值。

⑤ 蒸散发

停留在土壤和树冠上的水分会有一部分蒸发进入环境，这部分水是陆地阶段水损失、转移出流域的重要途径，在某些地区和时段蒸散发的水分甚至大于径流量。蒸散发过程主要包括植被蒸腾、陆面蒸发和水面蒸发，而在土壤中，蒸发量利用潜在蒸散发和叶面指数估算。SWAT模型将土壤水蒸发和地表植被蒸、散发分开模拟，对土壤厚度和含水量建立指数关系计算。土壤蒸散发过程利用下述公式计算。

（a）潜在蒸散发量

SWAT模型内置了3种潜在蒸发计算方法：Penman-Monteith、Priestley-Taylor和Hargreaves-Samani（杨军军，2012）。

※植被蒸腾

SWAT模型采用林冠散发分析计算，公式如下：

$$E_t = \frac{E_0' \times LAI}{3.0} \quad 0 < LAI < 3.0$$
$$E_t = E_0' \quad\quad LAI > 3.0$$

式中：E_t为某日最大蒸散发量；E_0'为植被冠层自由水蒸发调整后的潜在蒸发量；LAI为叶面积指数。

（b）土壤蒸发量

SWAT模型在考虑土壤蒸散发时，首先需计算不同土壤层的土壤蒸发量，由土壤深度确定最大水分蒸发量，计算公式如下：

$$E_{soil,z} = E_s'' \cdot \frac{z}{z + \exp(2.374 - 0.00713 \cdot z)}$$

式中：$E_{soil,z}$ 为土壤深度 z 处的土壤蒸发量；E_s'' 为某日最大土壤水蒸发量；z 为土壤深度。式中的系数是用于确保土壤表层10 mm的土壤蒸发量占总蒸发量的50%，距土层100 mm的土壤蒸发量占总蒸发量的95%。

另外，对于不同深度的土层，土壤蒸发量根据土层上、下边界不同的土壤蒸发能力来确定：

$$E_{soil,ly} = E_{soil,zl} - E_{soil,zu} \cdot esco$$

式中：$E_{soil,ly}$ 为土层的土壤蒸发量；$E_{soil,zl}$ 为土壤层下边界蒸散发量；$E_{soil,zu}$ 为土壤层上边界的蒸散发量；$esco$ 为土壤蒸发补偿系数，是由于模型不允许不同土层之间可以进行蒸发互补，可能使最终计算的HRU蒸发量小于实际蒸发量，由此引入该补偿系数，当 $esco$ 值较小时，模型允许从较低层获取更多的水分用于蒸发。

水分的蒸散发持续消耗土壤中的水分，在土壤层的含水量低于田间持水量时，蒸散发需水量也减少，蒸散发需水量表达式如下：

$$E_{soil,ly} = E_{soil,ly} \cdot \exp\left[\frac{2.5 \cdot (SW_{ly} - FC_{ly})}{FC_{ly} - WP_{ly}}\right] \quad SW_{ly} < FC_{ly}$$

$$E'_{soil,ly} = E_{soil,ly} \quad SW_{ly} > FC_{ly}$$

式中：$E'_{soil,ly}$ 为调整后的土壤层蒸发需水量；SW_{ly} 为土壤层土壤含水量；FC_{ly} 为土壤层田间持水量；WP_{ly} 为土壤层的凋萎点含水量。

（2）汇流阶段

在径流进入河道后，SWAT可进一步演算径流量、泥沙、营养染物、农药等在河道内的循环过程。该阶段演算包括河道汇流演算、蓄水体演算两部分。SWAT模型模拟的河段水文过程如图2-4所示。

图2-4　河道阶段水循环过程

① 河道汇流演算

SWAT模型在水文响应单元内计算子流域汇流，其中包括汇流流速和汇流时间，均通过曼宁系数计算。其中汇流时间计算公式如下。

河道：

$$ct = \frac{0.62 \cdot L \cdot n^{0.75}}{A^{0.125} \cdot cs^{0.375}}$$

式中：ct为河道汇流时间，h；L为河道长度，km；n为河道曼宁系数；A为水文响应单元面积，km；cs为河道坡度，m/m。

坡面：

$$ot = \frac{0.0556 \times (sl \times n)^{0.6}}{s^{0.3}}$$

式中：ot为坡面汇流时间，h；sl为子流域坡面长度，m；n为河道曼宁系数；s为坡面坡度，m/m。

② 水库汇流

流域内在河道中的各类蓄水体水平衡过程主要包括入流、出流、降雨、蒸发、渗漏、引水等，水库演算包括水库出流、沉积演算、水库营养物质和杀虫剂演算。

根据马斯京根法计算，或由河道蓄水公式演算。

③ 沉积过程

河道中泥沙的输移受到沉积和冲刷两个过程作用，SWAT模型中泥沙的沉积过程通过流量、流速及河道坡度的函数进行计算，而水库中的沉积过程通过一个平衡方程进行估算，与沉积物的平衡含量及沉积物颗粒大小有关，流出水库的沉积物负荷与出水量及水库中悬浮物浓度相关。

④ 营养物循环

进入河道内的营养物输送由模型中的河道水质组件模拟，这个部分的模型基础为QUAL2E模型（Brown and Barnwell，1987），其可对河道内溶解和吸附在泥沙颗粒上的营养物质进行演算，确定其在水中的移动、沉降过程及负荷情况。同时在蓄水体如水库中，模型设置了一个简单的模型计算氮磷平衡，将磷作为富营养程度的受控营养物，建立与生物量之间的关系，演算水库的氮磷入水、出水负荷情况。

⑤ 农药循环

作为一种分布式的水文模型，SWAT模型内设组件没有模拟特定杂草、危害性昆虫及其他害虫对植物生长影响的功能，但是可以像营养物一样，将杀虫剂作为一种溶质，演算和汇总各水文响应单元中的杀虫剂过程，研究流域层面的农药、杀虫剂等化学物质的转移。SWAT模型模拟河道和蓄水体中的流入、流出、沉降、悬浮、扩散等过程。河道中的杀虫剂一部分为溶解态，另一部分为吸附态附着在泥沙颗粒上，其中溶解性杀虫剂伴随水文过程输移，而吸附在泥沙颗粒上的杀虫剂伴随泥沙输移和沉降，据此，SWAT模型引入CLEAMS模型中的方程来模拟杀虫剂转移过程，杀虫剂的运动受其溶解度、半降解、土壤有机碳吸附系数影响，植物子叶和土壤中的杀虫剂依其半降解指数呈指数降解。模型会在每次径流事件中计算水和泥沙转移的杀虫剂，当下渗发生时则每层土壤中都会计算渗滤的杀虫剂。

2. 气象过程模块

SWAT模型充分考虑了与径流及植物生长密切相关的气象过程，必需的气象数据包括降雨（Precipitation）、气温（Temperature）、湿度（Relative Humidity）、太阳辐射（Solar Radiation）、风速（Wind），作为初始资料输入模型，该子模块是流域内水文、泥沙、营养物迁移转化过程的驱动因素，是模型所需的初始参数之一，输入所需气象资料后，模型即对其进行处理并划分到各子流域和水文响应单元。

对于气象过程模块，最为重要的就是SWAT模型内的天气发生器（WGEN），在流域没有实测数据或实测数据不全时，需要通过天气发生器，生成缺失的日观测天气数据，也可以根据月统计气象参数模拟缺失的日天气数据。如果用户没有研究区域所需的天气生成器数据，则还需要新建立研究区的天气发生器数据库，根据流域内的气象资料，计算得到天气发生器需要的气象统计数据，作为天气发生器的输入数据。

天气发生器运行遵循一定的流程，如某天降水的发生直接影响当日的相对湿度、温度和太阳辐射，因此，天气发生器首先模拟降水，其次产生当日的最高气温、最低气温、太阳辐射和相对湿度，最后产生平均风速。天气发生器模拟产生以上日数据的前提是，必须在气象数据库中添加目标气象站的14类多年月平均气象参数及气象站点相关信息（如经纬度和海拔等）。

① 降水量

对于降水—径流模型，流域降水的计算至关重要。首先，根据一阶马尔科夫链模型计算流域降水发生的概率，公式如下：

$$P_i(D/W) = 1 - P_i(W/W)$$

$$P_i(D/D) = 1 - P_i(W/D)$$

式中：$P_i(D/W)$ 为某一降水日前日为非降水日的概率；$P_i(W/W)$ 为某一降水日前日为降水日的概率；$P_i(D/D)$ 为某一非降水日前日为非降水日的概率；

P_i（W/D）为某一非降水日前日为降水日的概率。利用这一结果，SWAT模型根据偏斜分布和指数分布两种方法模拟降水量，通常人们应用偏斜分布计算，公式如下：

$$R_{day} = \mu_{mon} + 2 \cdot \sigma_{mon} \cdot \left(\dfrac{\left[\left(SND_{day} - \dfrac{g_{mon}}{6} \right) \cdot \left(\dfrac{g_{mon}}{6} \right) + 1 \right]^3 - 1}{g_{mon}} \right)$$

式中：R_{day}为某日降水量；μ_{mon}为该日所在月的日平均降水量值；σ_{mon}为该日所在月的日降水量标准差；SND_{day}为日降水量的标准正态离差；g_{mon}为该日所在月降水量的倾斜系数。其中SND_{day}表达式为

$$SND_{day} = \cos(6.283 \cdot rnd_2) \cdot \sqrt{-2\ln(rnd_1)}$$

式中：rnd_1和rnd_2为0—1的随机数。指数分布函数适用于数据较少和缺失数据的区域，表达式为

$$R_{day} = \mu_{mon} \cdot \left(-\ln(rnd_1) \right)^{redxp}$$

式中：R_{day}为某日降水量值；μ_{mon}为该日所在月日平均降水量；rnd_1为0—1的随机数；r_{exp}为1—2的随机数。

②太阳辐射与温度

SWAT模型是基于各变量间产生过程的弱稳定性，模拟气候因子日最高、最低气温和日太阳辐射量，计算需要各变量的日盈余，通过日盈余量和气候资料月统计参数计算所得，表达式如下：

$$X_i(j) = AX_{i-1}(j) + B\varepsilon_i(j)$$

式中：$X_i(j)$为一个3×1矩阵，矩阵中各要素分别为第i天的日最高气温盈余（$j=1$），日最低气温盈余（$j=2$）和日太阳辐射盈余（$j=3$）；$X_{i-1}(j)$为第$i-1$天的日盈余矩阵；$\varepsilon_i(j)$为独立随机矩阵；A和B分别为3×3的序列相关性和互相关性矩阵。其中A和B的表达式为

$$A = M_1 \cdot M_0^{-1}$$

$$B \cdot B^T = M_0 - M_1 \cdot M_0^{-1} \cdot M^T$$

式中：上标为–1和T的矩阵分别为对应矩阵的逆矩阵和转置矩阵。M_0和M_1的表达式为

$$M_0 = \begin{bmatrix} 1 & \rho_0(1,2) & \rho_0(1,3) \\ \rho_0(1,2) & 1 & \rho_0(2,3) \\ \rho_0(1,3) & \rho_0(2,3) & 1 \end{bmatrix}$$

$$M_1 = \begin{bmatrix} \rho_1(1,1) & \rho_1(1,2) & \rho_1(1,3) \\ \rho_1(2,1) & \rho_1(2,2) & \rho_1(2,3) \\ \rho_1(3,1) & \rho_1(3,2) & \rho_1(3,3) \end{bmatrix}$$

式中：$\rho_0(j, k)$为日变量j与k间的相关系数，j和k可以设置为日最高气温1，日最低气温2或太阳辐射3；$\rho_1(j, k)$为次日变量j与k间相关系数值。

③ 相对湿度

SWAT模型利用公式Penman–Monteith计算日平均相对湿度，并据此确定潜在蒸发量。日平均湿度的计算中需多年月统计相对湿度数据。在已知温度下，相对湿度计算如下：

$$R_{hmon} = \frac{e_{mon}}{e_{mon}^0}$$

式中：R_{hmon}为多年某月平均相对湿度；e_{mon}为某月平均温度下月平均水汽压；e_{mon}^0为月平均温度下月平均饱和水汽压，分别由下述公式计算：

$$e_{mon}^0 = \exp\left[\frac{16.78 \cdot \mu tmp_{mon} - 116.9}{\mu tmp_{mon} + 237.3}\right]$$

$$e_{mon} = \exp\left[\frac{16.78 \cdot \mu dew_{mon} - 116.9}{\mu dew_{mon} + 237.3}\right]$$

式中：μtmp_{mon}为月平均温度，℃；μdew_{mon}为月平均露点温度，℃。

④ 风速

SWAT模型中引用下述公式计算日平均风速，公式如下：

$$\mu_{10m} = \mu wnd_{mon} \cdot (-\ln(rnd_1))^{0.3}$$

式中：μ_{10m}为月平均风速，m/s；μwnd_{mon}为多年平均风速，m/s；rnd_1为0—1的随机数。

3. 土壤侵蚀模块

流域内的土壤侵蚀过程伴随着降水和径流产生，其产生的泥沙也是营养物等颗粒的载体。SWAT模型内纳入修正通用土壤流失方程（MUSLE）计算流失的侵蚀量或泥沙负荷，方程如下：

$$m_{sed} = 11.8 \cdot (Q_{surf} \cdot q_{peak} \cdot A_{hru})^{0.56} \cdot K_{USLE} \cdot C_{USLE} \cdot P_{USLE} \cdot LS_{USLE} \cdot CFRG$$

式中：m_{sed}为土壤侵蚀量（t）；Q_{surf}为地表径流量（mm/h）；q_{surf}为洪峰流量，m³/s；A_{hru}为水文响应单元（HRU）面积，hm²；K_{USLE}为土壤侵蚀因子；C_{USLE}为植被覆盖和管理因子；P_{USLE}为保持措施因子；LS_{USLE}为地形因子；CFRG为粗糙度因子。

4. 营养物循环模块

SWAT模型针对的营养物质包括流域内各种形态的氮、磷、生化需氧量、叶绿素a、细菌等，反映在陆地阶段水体和土壤中这些营养物的迁移和转化过程。

（1）氮循环过程

SWAT模型计算陆地阶段地表径流氮损失，其中包括吸附态、溶解态氮两种形态，最终确定地表各水文响应单元（HRU）氮的输入输出，同时考虑了此过程中各形态氮素的转化，进而确定陆地阶段各水文响应单元内不同形态氮素的输入输出（图2-5）。

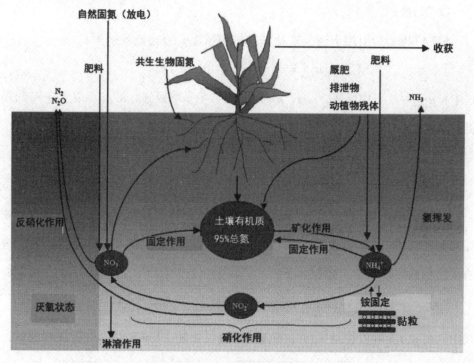

图2-5　各类氮形态转化循环示意

① 吸附态氮迁移方程

在模型计算中，有机氮、有机磷和吸附态氮由泥沙携带移动，硝态氮、亚硝态氮、氨氮和溶解态磷随地表径流或地下径流等进入河道。不同吸附态的氮在此过程中的分布转移通过下述公式计算：

$$N_{abso-surf} = 0.001 \cdot \rho_{orgN} \cdot \frac{m}{A_{hru}} \cdot \varepsilon_N$$

式中：$N_{abso-surf}$ 为通过地表径流流失的吸附态氮，以N计，kg/hm²；ρ_{orgN} 为土壤表层有机氮浓度，mg/m³；ε_N 为氮富集系数，即地表径流中有机氮浓度与土壤表中有机氮浓度比值；A_{hru} 为当前水文响应单元的面积，hm²。

② 溶解态氮迁移方程

溶解态的氮根据径流形态通过不同的公式分别得到进入地表径流、侧向流、渗流中的溶解态氮负荷。

$$N_{solu-mobi} = \frac{NO_{3ly} \cdot \exp\left[\dfrac{-W_{mobi}}{1 - \theta_e \cdot SAT_{ly}}\right]}{W_{mobi}}$$

式中：$N_{solu-mobi}$ 为自由水中硝态氮浓度，kg/mm；NO_{3ly} 为土壤中硝态氮含量，kg/hm²；W_{mobi} 为土壤中自由水的量，mm；θ_e 为空隙度；SAT_{ly} 为土壤饱和含水量。

由上述公式，可得到地表径流流失的溶解态氮负荷计算公式为

$$NO_{3surf} = \beta_{NO_3} \cdot N_{solu-mobi} \cdot Q_{surf}$$

式中：NO_{3surf} 为通过地表径流流失的硝态氮，kg/hm²；β_{NO_3} 为硝态氮渗流系数；Q_{surf} 为地表径流，mm。

由上述公式，可得侧向流流失的溶解态氮负荷计算公式为

距离地表 10 mm 以上土层：

$$NO_{3lat-ly} = \beta_{NO_3} \cdot N_{solu-mobi} \cdot Q_{lat-ly}$$

距离地表 10 mm 以下土层：

$$NO_{3lat-ly} = N_{solu-mobi} \cdot Q_{lat-ly}$$

式中：$NO_{3lat-ly}$ 为通过侧向流流失的硝态氮，kg/hm²；β_{NO_3} 为硝态氮渗流系数；Q_{lat-ly} 为侧向径流，mm。

由上述公式，渗流流失的溶解态氮计算公式为

$$NO_{3perc-ly} = N_{solu-mobi} \cdot W_{perc-ly}$$

式中：$NO_{3perc-ly}$ 为通过渗流流失的硝态氮，kg/hm²；$W_{perc-ly}$ 为渗流量，mm。

③ 各种形态氮的转化

氮以不同形态的化学组分参与循环过程，根据不同的化学特征，在有氧水环境中，氮形态包括各种有机氮、氨氮、硝酸盐氮、亚硝酸盐氮（图2-6）。SWAT模型通过公式计算各形态氮的变化量，确定其输入输出负荷。

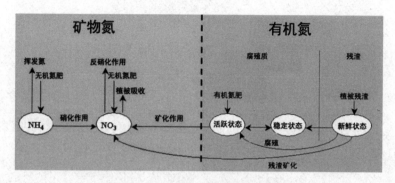

图2-6 有机氮、无机氮转化示意

有机氮：水体中1d内，有机氮的形态变化通过下述公式计算：

$$\Delta orgN_{str} = \left(\alpha_1 \cdot \rho_\alpha \cdot a\lg ae - \beta_{N,3} \cdot orgN_{str} - \sigma_4 \cdot orgN_{str} \right) \cdot TT$$

式中：$\Delta orgN_{str}$ 为有机氮浓度的变化量，mg/L；α_1 为藻类生物量中的氮含量，mg/mg；ρ_a 为当地藻类的死亡速度，/d；$algae$ 为1d开始时藻类生物的含量，mg/L；$\beta_{N,3}$ 为有机氮转化为氨的速度常数；$orgN_{str}$ 为1d开始时有机氮的含量，mg/L；σ_4 为有机氮的沉淀系数；TT为氮在河段中的运动时间，d。

氨氮：河道中有机氮的矿化和河床泥沙汇总氮的扩散都会使氨量增加，当 NH_4^+ 转化为 NO_2^- 或被藻类吸收时，氨含量就会降低。水体中1d内，氨氮的变化由下式计算：

$$\Delta NH_{4str} = \left(\beta_{N,3} \cdot orgN_{str} - \beta_{N,1} \cdot NH_{4str} + \frac{\sigma_3}{1000 \times depth} - fr_{NH_4} \cdot \mu_\alpha \cdot a\lg ae \right) \cdot TT$$

式中：ΔHN_{4str} 为氨氮变化量，mg/L；$\beta_{N,3}$ 为有机氮转化为氨氮的速率常数，/d；$orgN_{str}$ 为1d开始时有机氮的含量，mg/L；$\beta_{N,1}$ 为氨氮氧化速度常数，/d；HN_{4str} 为1d开始时氨氮含量，mg/L；σ_3 为沉淀物的氨氮释放速度，〔mg/(m⁻² · d)〕；$depth$ 为河道中的水深，m；fr_{NH_4} 为藻类的氨氮吸收系数；α_1 为藻类生物量中的氮含量，mg/mg；μ_a 为藻类的生长速度，/d；$algae$ 为1d开始时藻类生物的含量，mg/L；TT为氮在河段中的运动时间，d。

亚硝酸盐：亚硝酸盐被氧化为硝酸盐的速度要远快于氨氮转化为亚硝酸盐的速度，因此，水体中亚硝酸盐含量很少。1d内，亚硝酸盐的变化由下述公式计算：

$$\Delta NO_{2str} = \left(\beta_{N,1} \cdot NH_{4str} - \beta_{N,2} \cdot NO_{2str}\right) \cdot TT$$

式中：ΔNO_{2str} 为亚硝酸盐变化量，mg/L；$\beta_{N,2}$ 为由亚硝酸盐转化为硝酸盐的氧化速率常数，/d；NO_{2str} 为1d开始时亚硝酸盐含量，mg/L；TT为氮在河段中的运动时间，d。

硝酸盐：1d内，硝酸盐的变化由下述公式计算：

$$\Delta NO_{3str} = \left(\beta_{N,2} \cdot NO_{2str} - (1 - fr_{NH_4}) \cdot \alpha_l \cdot \mu_\alpha \cdot a\lg ae\right) \cdot TT$$

式中：ΔNO_{3str} 为硝酸盐变化量，mg/L；其他参数意义同上。

（2）磷循环过程

SWAT 模型采用 L–W算法计算陆地阶段地表径流磷损失，包括吸附态、溶解态磷两种形态，最终确定地表各水文响应单元（HRU）磷的输入输出，同时考虑了此过程中各形态磷素的转化，进而确定陆地阶段各水文响应单元内不同形态磷素的输入输出。SWAT 模型内模拟的陆地阶段各类磷形态转化循环过程如图2-7所示。

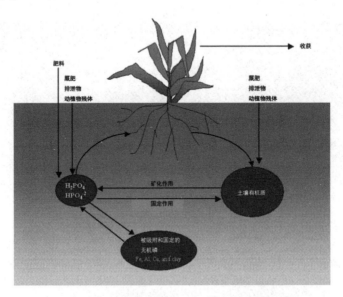

图2-7 SWAT模型模拟各类磷形态转化循环过程

① 吸附态磷迁移方程

$$sedP_{surf} = 0.001 \cdot C_{sedP} \cdot \frac{sed}{A_{hru}} \cdot \varepsilon_{P-sed}$$

式中：$sedP_{surf}$ 为有机磷流失量，kg/hm²；C_{sedP} 为有机磷在表层土壤（10mm）中的浓度，kg/t；sed为土壤流失量，t；A_{hru} 为水文响应单元面积，hm²；ε_{P-sed} 为磷富集系数。

② 溶解态磷迁移方程

$$P_{solu-surf} = \frac{m_{solu-surf} \cdot Q_{surf}}{\rho_b \cdot h_{surf} \cdot k_{d,surf}}$$

式中：$P_{solu-surf}$ 为通过地表径流流失的溶解态磷，以P计，kg/hm²；$m_{solu-surf}$ 为土壤表层的溶解态磷，kg/hm²；Q_{surf} 为地表径流量，mm/h；ρ_b 为土壤表层溶质浓度，mg/m³；h_{surf} 为地表层土壤深度，mm；$k_{d,surf}$ 为土壤磷分配系数，即土壤表层中溶解态磷浓度与地表径流中溶解态磷浓度比值。不同磷形态的转化过程如图2-8所示。

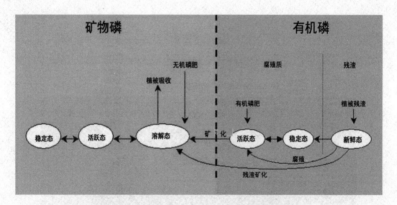

图2-8　有机磷、无机磷形态转化过程

5. 植物生长

SWAT模型通过一个简单的植被生长模型来模拟流域内所有的植被覆盖类型。模型能够区别一年生植物和多年生植物。一年生植物的生育期始于种植日期终于收获日期，或者积累的热量单元等于植物的潜在热量单元；多年生植物能够全年维持其根系系统，仅在冬季进行冬眠，当日均气温超过最低基准温度时又会重新开始生长。植物生长模型能够分析水分和营养物从根系的迁移、蒸发及生物生产量，植物生长过程的氮、磷含量通过该部分组件中的供需分析法进行估算，植被对氮、磷的需求状况则根据实际浓度和数据库确定的浓度差值计算，植被的能量截留受叶面积指数和日辐射的影响，日生物量的增长根据截留的能量转化计算。SWAT模型内置了作物生长数据库，其中的参数包括植被名称、最大叶面积指数、适宜生长温度、辐射利用率、收获指数、冠层高、根系深度、气孔导度、各生长季碳氮摄取量等。

6. 操作管理

操作管理活动是影响各类水文、泥沙、营养物负荷的重要因素，也是SWAT模型模拟和评价的重点。SWAT模型设置了灵活的参数输入环节，可以在每个水文响应单元中设定和修改各类农事、城镇操作管理措施，并定义各种作物生长季节的起始日期及耕作日程，设置灌溉、肥料农药施用、污水处理单元的参数，从而生成模拟所需的输入文件。同时，模型内置了肥料、农药等农业管理的数据库，既可以直接调用数据库中的参数，也可以修改农药、化肥等的属性。对于作物种植操作，除了确定作物种类，在生长结束时，生物量产量可以有3种处理方式，即从水文响应单元去除（收获）、作为残渣留在地表（割除），仅收获作物果实并保留其他部分；对于灌溉、施肥、农药操作，除了选择其种类等基本属性，还可以进行放牧、自动施肥和灌溉，以及每种可能的用水管理事项。对于城镇管理操作，可以确定污水处理单元的类型、效果等多项参数。

（三）数据库

SWAT模型预置了庞大丰富的数据库，根据其特性可以划分为属性数据库、空间数据库两类，按照要素数据库可以分成水文、气象、点源、土壤、土地利用类型、植物、肥料、农药、污水处理单元、耕作管理、城镇类型等。其中，空间数据库和一部分属性数据库需要使用人员根据研究流域情况导入模型，还有一部分属性数据库在不同的SWAT版本内已由开发者预置于模型内，供使用者选择或修改。这些数据库收集了以往大量研究所获取的参数，但其地域均为北美，因此，国内研究人员使用过程中，需要对这些数据库及参数进行验证和必要的校正，以确保模拟结果更加符合本地实际，详见表2-1。

表2-1　SWAT模型数据库情况

类型	数据库名称	格式类型	备注
空间数据库	数字高程模型（DEM）	GRID	用户导入
	土地利用	Shape 或 GRID	用户导入
属性数据库	气象资料	DBF	用户导入
	土壤类型	Shape 或 GRID	模型预置
	点源数据库	DBF	模型预置
	水质数据	DBF	用户导入
	水文数据	DBF	用户导入
	耕作操作数据库	DBF	模型预置
	污水处理单元数据	DBF	模型预置
	农药数据库	DBF	模型预置
	肥料数据库	DBF	模型预置
	植物数据库	DBF	模型预置
	城镇数据库	DBF	模型预置

1. 土壤数据库

土壤属性决定地表径流、土壤侵蚀和渗流等水文过程，是SWAT模型确定流域水循环和营养物迁移转化特征的重要依据。SWAT模型中土壤属性数据分为两大类，一类是土壤物理属性数据，主要包括土壤水文单元（HYDGRP），饱和渗透系数（SOL_K），土层的有效含水量（SOL_AWC），土壤湿容重（SOL_BD），土壤侵蚀K因子（USLE_K），有机碳含量（SOL_CBN），粉粒、沙砾、黏粒、石砾的含量，土壤分层的厚度及各层对应的质地分级；另一类是土壤化学属性数据，包括土层中的硝酸盐初始浓度（SOL__NO_3）、有机氮（SOL_ORGN）、可溶性磷（SOL_LABP）、有机磷（SOL_ORGP）等参数，决定污染物的生成，可通过模型初次运行赋予初始浓度。

　　由于模型需要的这些土壤物理、化学属性数据数量多，通常在研究区域内无法全部收集到，实测过程也会耗费非常大的时间和精力，目前多采取文献查阅借鉴和计算的方法获取相关参数。而模型的开发者结合以往的研究成果，针对美国土壤，建立了适合美国本土的土壤属性数据库（SWAT_US_Soils.mdb），其包含了212种土壤的属性数据，每种土壤类型均内置了表2-2所列的参数，供使用者选择，也可以根据所研究流域的实际情况对参数进行编辑校准。

表2-2　土壤属性数据参数清单

参数名称	释义	注释	参数名称	释义	注释
SNAM	土壤名称	—	SOL_K	土壤饱和导水率饱和水力传导系数	单位：mm/h
NLAYERS	土壤分层数	—	SOL_CBN	土壤中有机碳含量	由有机质含量×0.58
HYDGRP	土壤水文学分组	A\B\C\D	CLAY	黏土含量/%	直径 < 0.002mm 的土壤颗粒
TEXTURE	土壤层结构	—	SILT	壤土含量/%	直径为 0.002—0.05mm 的土壤颗粒
ANION_EXCL	阴离子交换孔隙度	模型默认值为 0.5	SAND	砂土含量/%	直径为 0.05—0.2mm 的土壤颗粒
SOL_ZMX	土壤剖面最大根系深度	单位：mm	ROCK	砾石含量/%	直径 > 0.2mm 的土壤颗粒

参数名称	释义	注释	参数名称	释义	注释
SOL_CRK	土壤最大可压缩量，以所占总土壤体积的分数表示	模型默认值为0.5	SOL_ALB	地表反射率（湿）	模型默认为0.01
SOL_Z	各土壤层底层到土壤层表层的深度	单位：mm，最后一层为前几层深度之和	USLE_K	USLE方程中土壤侵蚀力因子	—
SOL_BD	土壤实密度	单位：mg/m³ 或 g/cm³	SOL_EC	土壤电导率	单位：dS/m，模型默认为0
SOL_AWC	土壤层有效持水量	—			

此外，在土壤数据库各项参数中，许多参数的标准为美国制，在国内应用，需要进行标准转换和算法换算。例如，土壤粒径级配数据是土壤其他参数计算的基础数据，SWAT模型中的土壤粒径分类方式是采用美国农业部（USDA）的美国土壤物理质地分类标准，而与我国现行采用的分类标准不同，因此，在国内需要将现有粒径级配数据从国际制转为模型适用的美国制。以下列出了需要根据研究区域的实际情况进行转换和换算的主要土壤参数及方法。

（1）土壤质地转换

目前，我国应用的土壤颗粒分类标准是国际制，需要对流域土壤颗粒分类转换为SWAT模型采用的美国制粒径分类。两种分类标准见表2-3。

表2-3　土壤质地分类标准对照

土壤质地分类	粒径范围 /mm	
	国际制	美国制
黏土	< 0.002	< 0.002
壤土	0.002—0.02	0.002—0.05
砂土	0.02—2	0.05—2
砾石	> 2	> 2

（2）土壤水文学分组

SWAT模型中的土壤水文学分组（HYDGRP）为根据美国国家自然资源保护局（NRCS）分类准则，将土壤的渗透属性分为A、B、C、D 4类。分类标准见表2-4。

表2-4　土壤水文学分类标准

土壤渗透系数/（mm/h）	土壤渗透性质描述	对应土壤水文学类别
7.26—11.43	土壤渗透性较强、导排水能力强，主要由砂砾石组成	A
3.81—7.26	土壤渗透性中等，导排水能力中等	B
1.27—3.81	土壤渗透性较弱，导水能力较弱	C
0—1.27	土壤渗透性很弱，倒水能力很弱，主要由黏土组成	D

其中，土壤渗透系数通过下述公式计算得到：

$$X = (20Y)^{18}$$

式中：X 为渗透系数；Y 为土壤平均粒径，mm。当沙土含量为0时，其平均颗粒直径为0.01mm；当沙土含量为100%时，其平均颗粒直径为0.3mm。当黏土含量等于100%时，其平均颗粒直径为0.002mm。沙土含量每增加10%时，其平均颗粒直径就增加0.03mm。

（3）软件计算确定

在参数中，土壤层结构（TEXTURE）、土壤可利用的有效水（SOL_AWC）、饱和水力传导系数（SOL_K），通常利用美国农业部开发的土壤水特性软件（Soil Plant Atmosphere Water，SPAW），根据已知的黏土（Clay）、砂土（Sand）、有机物（Organic）、盐度（Salinity）、砾石（Grave）等参数计算获得。

（4）土壤湿密度

土壤湿密度（SOL_BD）反映天然状态下，单位体积的土壤的质量（土粒的干质量和孔隙中天然水分的质量之和），通常利用如下公式计算：

$$\rho_b = 0.471 + Clay \times 4.11$$

式中：ρ_b为土壤湿密度，g/cm³；Clay为黏土含量，%。

（5）土壤有机碳含量

土壤有机碳含量（SOL_CBN）利用如下公式计算：

$$\rho_{orgc} = \rho_c \times 0.58$$

式中：ρ_{orgc}为土壤有机碳含量，%；ρ_c为土壤总有机物含量，%。

（6）土壤侵蚀力因子

土壤侵蚀力因子（USLE_K）通过Williams方程计算获得，公式如下：

$$K_{usle} = f_{csand} \cdot f_{cl\text{-}si} \cdot f_{orgc} \cdot f_{hisand}$$

$$f_{csand} = 0.2 + 0.3 \cdot esp\left[-0.0256 \cdot m_s \cdot \left(1 - \frac{m_{silt}}{100}\right)\right]$$

$$f_{cl-si} = \left(\frac{m_{silt}}{m_c + m_{silt}}\right)^{0.3}$$

$$f_{orgc} = 1 - \frac{0.25 \cdot \rho_{orgc}}{\rho_{orgc} + \exp\left[3.72 - 2.95 \cdot \rho_{orgc}\right]}$$

$$f_{hisand} = 1 - \frac{0.7 \cdot \left(1 - \frac{m_s}{100}\right)}{\left(1 - \frac{m_s}{100}\right) + \exp\left[-5.51 + 22.9 \cdot \left(1 - \frac{m_s}{100}\right)\right]}$$

式中：f_{csand}为粗糙沙质土壤质地土壤侵蚀因子；$f_{cl\text{-}si}$为黏壤土土壤侵蚀因子；f_{orgc}为土壤有机质因子；f_{hisand}为高沙质土壤侵蚀因子；ms为沙土的百分含量，%；m_{silt}为壤土的百分含量，%；m_c为黏土百分含量，%；ρ_{orgc}为土壤有机碳含量，%。

（7）其他土壤层属性参数确定

其他部分土壤物理属性参数可通过查阅流域以往文献获取，包括层数（NLAYERS）、土壤剖面最大根系深度（SOL_ZMX）、土壤表层到土壤地层深度（SOL_Z）、阴离子交换孔隙度（ANION_EXCL）、土壤最大可压缩量（SOL_CRK）、地表反射率（SOL_ALB）、电导率（SOL_EC）等。

2. 土地利用类型数据库

SWAT模型需要用户提供土地利用类型分布及数据，与SWAT模型中对不同土地利用类型的算法建立关联，因此合理确定区域土地利用类型很重要。土地利用方式直接决定了土地下垫面的性质和地表景观的结构，反映着人类社会活动和自然条件的改变对流域水文、营养物的影响，也是流域模拟的基础依据。由于SWAT模型内置的土地利用数据库其类型分类方式为美国标准，使用者导入的土地利用类型与内设的土地利用类型并不一定一致，使用时需要进行重分类，以转换为美国标准的土地利用类型，模型会对土地利用类型进行归并，为每种类型赋予单独的代码，应用到后续水文响应单元生成中。

3. 肥料数据库

SWAT模型的开发者结合以往的研究成果，在模型中预置了多达54种化肥及生物肥料（粪肥）的特性数据（FERT.DAT），其中化肥43种，粪肥11种，每种肥料类型均内置了下述所列参数供使用者选择，同时可以根据需要对这些参数进行修改校正，使模型的肥料参数设置变得非常便捷。表2-5是模型中需要的肥料参数情况。

表2-5 肥料数据库参数清单

参数名称	中文释义	简要说明	参数名称	中文释义	简要说明
IFNUM	模型中的肥料代码	用于模型识别肥料种类	FORGP	肥料中的有机磷含量	单位：kg/kg
FERTNM	肥料名称	—	FNH3N	氮肥中的无机氮含量	单位：kg/kg
FMINN	肥料中的无机氮含量	单位：kg/kg，包含硝酸盐氮和氨氮	BACTPDB	肥料中长持续性细菌浓度	单位：cfu/g

参数名称	中文释义	简要说明	参数名称	中文释义	简要说明
FMINP	肥料中的无机磷含量	单位：kg/kg	BACTLPDB	肥料中短持续性细菌浓度	单位：cfu/g
FORGN	肥料中的有机氮含量	单位：kg/kg	BACTKDDB	细菌的分配系数	—

注：参考 J.G. Arnold et al：SWAT-io-documentation-2012，2012。

4. 农药数据库

农药（杀虫剂/毒素）是SWAT模型模拟评估流域影响的重要因子。SWAT模型的开发者将常见的农药（杀虫剂/毒素）相关参数预置了数据库（PEST.DAT），引入了177种杀虫剂和农药，每种农药类型均内置了下述所列参数，通过这些相关参数变量控制其在流域内的运移。在研究流域内喷洒农药带来的影响时，供使用者选择，同时可以根据需要对这些参数进行修改校正。以下是模型中预置的农药参数情况（表2-6）。

表2-6　农药数据库参数清单

参数名称	中文释义	简要说明	参数名称	中文释义	简要说明
IFNUM	使用	—	HLIFE_F	叶片上的农药半衰期	可用于代表农药在叶片上的转化分布
PNAME	农药名称	—	HLIFE_S	土壤中的农药半衰期	可用于代表农药在土壤中的转化分布
SKOC	土壤吸附系数	单位：(mg/kg)/(mg/L)，转换为以土壤中有机碳含量定义	AP_EF	农药喷洒效率	—
WOF	植物冠层农药流失比例	可用于代表农药的损失量	WSOL	农药在水中的溶解度	单位：mg/L 或 ppm

注：参考 J.G. Arnold et al，SWAT-io-documentation-2012，2012。

5.植物数据库

SWAT模型的开发者将在北美及其他区域常见的地表植被、农作物及土地利用方式涉及的水文、营养物参数预置了数据库（CORP.DAT），引入了多达79种常见作物（按生长期类型分别被划分为暖季型一年生豆科植物、冷季型一年生豆科植物、多年生豆科植物、暖季型一年生植物、冷季型一年生植物、多年生植物、树木）、18种土地利用类型的特性数据，每种植物类型均内置了表2-7所列的参数，供使用者选择，同时可以根据需要对这些参数进行修改校正，使模型的土地利用参数设置变得非常便捷。以下是模型中预置的植物参数情况。

表2-7　植物数据库参数清单

参数名称	中文释义	简要说明	参数名称	中文释义	简要说明
IDC	土地覆盖/植物分类识别码	模型通过定义该分类确定模拟过程	PLTPFR（1）	发芽阶段磷摄取参数1	单位：kg/kg，用于模型计算植物成熟期生营养物的摄入
DESCRI-PTION	土地覆盖/植物分类全称	—	PLTPFR（2）	半成熟阶段磷摄取参数2	单位：kg/kg，用于模型计算植物半成熟期生营养物的摄入
BIO_E	生物量/辐射能量利用效率	单位面积太阳辐射量生成的干生物质量（MJ/m²），模型给出了默认值，需要结合特定区域实验确定	PLTPFR（3）	成熟阶段磷摄取参数3	单位：kg/kg，用于模型计算植物成熟期生营养物的摄入
HVSTI	最适宜生长条件下的收获指数	收获操作中移除的生物量占总生物量的分数	WSYF	收获指数下线	单位：kg/hm²或/（kg·hm²）
BLAI	潜在叶面积指数	反映旱作农业生长季植被的平均地面覆盖密度，由页面覆盖面积除以地面积	USLE_C	通用土壤侵蚀方程中的C因子最小值	模型给出了默认值

续表

参数名称	中文释义	简要说明	参数名称	中文释义	简要说明
FRGRW1	某叶面积指数下的热量占总热量比例	对应该作物生长曲线上叶面积指数开始上升的点	GSI	叶片最大气孔传导率	单位：m/s，指在高太阳辐射及低饱和差状态下
FRGRW2	某叶面积指数下的热量占总热量比例	对应该作物生长曲线上达到最大叶面积指数的点	VPDFR	某一气孔传导度下的饱和差	模型给出了默认值
LAIMX1	某叶面积指数下的叶面积指数占总叶面积比例	对应该作物生长曲线上叶面积指数开始上升的点	FRGMAX	某一气孔传导度下饱和差占所有气孔导度的比例	—
LAIMX2	某叶面积指数下的叶面积指数占总叶面积比例	对应该作物生长曲线上达到最大叶面积指数的点	WAVP	单位饱和差增量下的辐射利用效率下降率	—
DLAI	某叶面积指数下的热量占总热量比例	对应该作物生长曲线上叶面积指数开始减少时的点	CO2HI	某一辐射利用效率下一定高度处大气二氧化碳浓度	单位：μL/L，模型可用于评估气候变化的影响
CHTMX	最大冠层高度	数据库中默认值取以往研究记录的最大值	BIOEHI	某一辐射利用效率下的生物量与能量比例	—
RDMX	最大根系深度	单位：m	RSDCO_PL	植物残留物的分解系数	模型设默认值
T_OPT	植物最适宜生长温度	单位：℃，数据库中默认值取以往研究记录相似植物值	ALAI_MIN	植物在休眠期的最小叶面积指数	—

参数名称	中文释义	简要说明	参数名称	中文释义	简要说明
T_BASE	植物生长基温	用于模型内计算植物平均每日累积热量	BIO_LEAF	每年休眠期转化为残留物的生物量占累积生物量分数	仅使用树木
CNYLD	产物中氮含量	单位：kg/kg，表示植物中的营养元素分布	MAT_YRS	树种的树龄	—
CPYLD	产物中磷含量	单位：kg/kg，表示植物中的营养元素分布	BMX_TRESS	森林最大生物量	单位：ton/ha
PLTNFR（1）	发芽阶段氮摄取参数1	单位：kg/kg，用于模型计算植物发芽期营养物的摄入	EXT_COEF	消光系数	模型计算拦截到的有效光合辐射量
PLTNFR（2）	半成熟阶段氮摄取参数2	单位：kg/kg，用于模型计算植物半成熟期生营养物的摄入	BMDI-EOFF	生物量的转化分数	模型设默认值
PLTNFR（3）	成熟阶段氮摄取参数3	单位：kg/kg，用于模型计算植物成熟期生营养物的摄入	—	—	—

注：参考 J.G. Arnold et al：SWAT-io-documentation-2012，2012。

6. 水文数据库

SWAT模型需要使用者根据子流域划分情况及模拟需要，导入入流（inlet）、出流（outlet）及点源（point），逐日、逐月、逐年实测数据，形成模型的水文资料数据库。这些数据既可以用于流域水循环的初始参数，也可以作为模拟结果的验证数据。

同时，由于流域内的点源排污口其污染在排放时间、数量和位置上基本连续稳定，且具有可控性，SWAT模型可以将这些点源污染排放口视为点源（point）添加到流域中。

7. 气象数据库

SWAT模型可以由使用者按照模型格式导入流域内气象站的逐日气象实测数据进行模拟，包括降雨（Precipitation）、相对湿度（Relative Humidity）、太阳辐射（Solar Radiation）、风速（Wind）、温度（Temperature）5类参数。当流域内气象资料不完整时，需利用模型自带的气象数据库（天气发生器）进行缺失的逐日气象数据模拟，天气发生器需要使用者单独制作，根据已有的多年月均气象资料统计计算，包含14类气象参数（表2-8）。

表2-8　气象数据库参数列表

参数名称	释义	参数名称	释义
TMPMX	多年某月平均最高气温	PR_W1	多年某月非降水日到降水日的概率
TMPMN	多年某月平均最低气温	PR_W2	多年某月降水日到降水日的概率
TMPSTDMX	多年某月最高气温标准差	PCPD	多年某月平均降水天数
TMPSTDMN	多年某月最低气温标准差	RAINHHMX	多年某月最大 0.5h 降水量
PCPMM	多年某月平均降水量	SOLARAV	多年某月平均太阳辐射
PCPSTD	多年某月降水量标准差	DEWPT	多年某月平均露点温度
PCPSKW	多年某月降水量的斜率	WNDAV	多年某月平均风速

天气发生器数据库内各参数的计算方式如下。

（1）多年某月平均最高气温

$$\mu m x_{mon} = \frac{\sum_{d=1}^{N} T_{mx,mon}}{N}$$

式中：$\mu_{mx,\,mon}$为多年某月平均最高气温，℃；N为多年某月日最高气温记录数量；$T_{mx,\,mon}$为多年某月逐日最高气温值，℃。

（2）多年某月平均最低气温

$$\mu mn_{mon} = \frac{\sum_{d=1}^{N} T_{mn,mon}}{N}$$

式中：μmn_{mon}为多年某月平均最低气温，℃；N为多年某月日最低气温记录数量；$T_{mn,\,mon}$为多年某月逐日最低气温值，℃。

（3）多年某月最高气温标准差

$$\sigma mx_{mon} = \sqrt{\frac{\sum_{d=1}^{N}(T_{mx,mon} - \mu mx_{mon})^2}{N-1}}$$

式中：σmx_{mon}为多年某月最高气温标准差；其他参数意义同上。

（4）多年某月最低气温标准差

$$\sigma mn_{mon} = \sqrt{\frac{\sum_{d=1}^{N}(T_{mn,mon} - \mu mn_{mon})^2}{N-1}}$$

式中：σmn_{mon}为多年某月最低气温标准差；其他参数意义同上。

（5）多年某月平均降水量

$$\overline{R}_{mon} = \frac{\sum_{d=1}^{N} R_{day,mon}}{yrs}$$

式中：$\overline{R}_{mon}$为多年某月平均降水量，mm；yrs为计算月降水量的时间长；$R_{day,\,mon}$为多年某月逐日降水量。

（6）多年某月降水量标准差

$$\sigma_{mon} = \sqrt{\frac{\sum_{d=1}^{N}(R_{day,mon} - \overline{R}_{mon})^2}{N-1}}$$

式中：σ_{mon} 为多年某月降水量标准差；$R_{day,mon}$ 为多年某月逐日降水量；其他参数意义同上。

（7）多年某月降水量斜率

$$g_{mon} = \frac{N \cdot \sum_{d=1}^{N}(R_{day,mon} - \overline{R}_{mon})^3}{(N-1) \cdot (N-2) \cdot (\sigma_{mon})^3}$$

式中：g_{mon} 为多年某月降水量斜率；N 为多年某月日降水记录数；σ_{mon} 为多年某月降水量标准差；其他参数意义同上。

（8）多年某月平均降水概率

降水量计算公式见前述第三节气象过程模块介绍。

（9）多年某月平均降水天数

$$\overline{d}_{wet,i} = \frac{days_{wet,i}}{yrs}$$

式中：$\overline{d}_{wet,i}$ 为多年某月平均降水天数；yrs 为计算降水参数的时间段长度；$days_{wei,i}$ 为计算时间段某月降水天数总和。

（10）多年某月最大 0.5h 降水

该参数需要根据气象站多年数据进行统计计算。

（11）多年某月平均太阳辐射

$$\mu rad_{mon} = \frac{\sum_{d=1}^{N}H_{dew,mon}}{N}$$

式中：μrad_{mon}为多年某月日太阳辐射记录天数；$H_{day, mon}$为多年某月日太阳辐射量；N为多年某月日太阳辐射记录天数。目前，国内有太阳辐射记录的气象站点较少，太阳辐射观测数据多是后期增加的观测值或新建站点记录，如果所在流域没有太阳辐射记录数据，需进行计算，有研究根据日照时数与日太阳辐射间的函数关系，应用相关公式计算。

（12）多年某月平均露点温度

$$\mu dew_{mon} = \frac{\sum_{d=1}^{N} T_{dew,mon}}{N}$$

式中：μdew_{mon}为多年某月露点温度日记录天数；$T_{dew, mon}$为某月日露点温度；需要说明，该参数并未纳入我国气象站点的常规观测数据，需要应用其他方式计算获得。有研究采用Liersch提出的公式由日气温、饱和水气压等观测值计算。

（13）多年某月平均风速

$$\mu wnd_{mon} = \frac{\sum_{d=1}^{N} \mu_{wnd,mon}}{N}$$

式中：μwnd_{mon}为多年某月平均风速，m/s；N为多年某月风速日记录天数；$\mu_{wnd, mon}$为多年某月日平均风速，m/s。

由于气象数据计算量大，SWAT模型开发者还提供了dew02、pcp STAT等工具，计算符合模型需要的气象统计数据。

8. 城镇数据库

SWAT模型中汇总预置了不同类型城镇相关参数的数据库（URBAN.DAT），用于模拟流域内城镇水土过程，城镇用地的类型主要分为10种，分别是高密集住宅用地、中等密集住宅用地、低密集住宅用地、密集商业用地、分散商业用地、重工业用地、轻工业用地、飞机场、交通用地、市政用地。每类用地类型均内置了下述所列参数。表2-9是模型中预置的城镇数据库参数情况。

表2-9　城镇数据库参数清单

参数名称	中文释义	简要说明	参数名称	中文释义	简要说明
IUNUM	类型代码	用于模型识别城镇类型	URBCOEF	冲刷系数	单位：/mm，代表不透水区表面受径流的冲刷影响
URBNAME	类型名称	用于模型识别具体城镇土地类型	DIRTMX	不透水区固体最大累积量	单位：kg/km
URBFLNM	城镇土地类型全名	具体城镇土地类型的全称	THALF	不透水区固体累积时长	指累积量从0到半沉降（1/2DIRTMX）的时间
FIMP	不透水区占城镇总区域的比例	包括流域内各种城镇土地类型	TNCONC	不透水区固体中的总氮负荷	单位：mg/kg
FCIMP	有水力联系的不透水区占城镇总区域的比例	—	TPCONC	不透水区固体中的总磷负荷	单位：mg/kg
CURBDEN	城镇中街边石的长度密度	单位：km/hm²，长度为街道总长度×2	TNO₃C-ONC	不透水区固体中的硝酸盐负荷	单位：mg/kg
URBCN2	不透水区的径流曲线数	指SCS Ⅱ条件下	—	—	—

注：参考J.G. Arnold et al：SWAT-io-documentation-2012，2012。

9. 污水处理单元数据库

SWAT模型内预置了很多常规、特殊的污水处理单元参数数据库（SEPTWO.DAT），引入了Siegrist、McCray等（2005）在实测基础上得到的26种常见污水处理系统的特性数据，每种污水处理单元类型均内置了下述所列参数。这些参数可以用于确定流域内污染物负荷进入河道的过程，供使用者选择，同时可以根据需要对这些参数进行修改校正。表2-10是污水处理单元数据库情况。

表2-10　污水处理单元数据库参数清单

参数名称	中文释义	简要说明	参数名称	中文释义	简要说明
IST	某一污水处理设施类型代码	用于模型识别污水处理设施类型	NH_4	化粪池中氨氮浓度	单位：mg/L
SPTNAME	污水处理类型名称	—	NO_3	化粪池中硝酸盐浓度	单位：mg/L
SPTFUL-INAME	污水处理单元名称	—	NO_2	化粪池中亚硝酸盐浓度	单位：mg/L
IDSPTTYPE	污水系统分类	模型内设置了常规、高级、故障三类设施状态以区别污染物处理效果	TP	化粪池中总磷浓度	单位：mg/L
SPTQ	化粪池污水流量	单位：m³/d，模型中仅给出了美国范围内的推荐值	PO_4	化粪池中磷酸盐浓度	单位：mg/L
BOD	化粪池中生化需氧量浓度	单位：mg/L	ORGP	化粪池中有机磷浓度	单位：mg/L
TSS	化粪池中总悬浮固体浓度	单位：mg/L	FCOLI	化粪池中大肠杆菌浓度	单位：cfu/100mL
TN	化粪池中总氮浓度	单位：mg/L	—	—	—

注：参考J.G. Arnold et al：SWAT-io-documentation-2012，2012。

10. 耕作管理数据库

耕作过程中，土壤中的各类营养物、泥沙、细菌等发生成分、分布、形态的变化，并最终完成再分配。SWAT模型内置了多种耕作管理情景参数数据库（TILL.DAT），包含74种耕作操作中使用到的常见方法或工具的信息，每类耕地工具均内置了下述所列参数。此外，除了以上具体耕作工具的信息，数据库中还包括了4种对不同田间残留物管理情况的参数。耕作管理参数情况见表2-11。

表2-11　耕作数据库参数清单

参数名称	中文释义	简要说明	参数名称	中文释义	简要说明
ITNUM	耕作代码	用于模型识别耕作操作	EFFMIX	耕作操作的混合效率	表示混合的土壤物质占所有物质分数
TILLNM	耕作类型代码	用于模型识别具体耕作活动	DEPTIL	耕作操作的混合深度	单位：mm

注：参考 J.G. Arnold et al：SWAT-io-documentation-2012，2012。

二、模型运行流程

SWAT模型运行根据基础资料的输入情况，依次进行子流域划分、水文响应单元生成、气象数据导入和生成、数据库及输入文件生成、模拟执行5个环节；在运行过程中，需要详细的输入数据驱动和支持，主要的初始数据包括水流域的地形数据、土壤类型、土地利用、气象数据、径流和水质数据，以及与面源污染产生相关的操作管理数据。以下依次简要介绍各环节的操作。

（一）子流域划分

建立SWAT模型工程的第一步即对流域研究范围进行界定和划分。进行的操作包括地形数据处理，流域水系河道生成，子流域划分及出、入水口设置。

1. 地形数据处理

目前，最新版本的SWAT模型已经可以在多种界面进行操作，并结合GIS软件进行地形数据的处理，可以使用数字高程模型（Digital Elevation Model）作为流域地形数据导入模型中。数字高程模型数据的分辨率可以根据模拟需要选择不同的范围。

2. 流域水系河道生成

模型根据导入的数字高程模型，自动进行流域地形坡度分析，生成流域内的坡向、水流流向、流域分水线，进而自动提取流域河网水系两汇水区域，建立河道结构拓扑关系。

3. 子流域划分及出、入水口设置

在这个环节中，研究者可以确定单个子流域的大小，以引导模型自动划分整个流域的子流域，通常单个子流域划分越小，模拟相对越精细，但子流域及水文响应单元会影响处理速度，也有研究显示其面积调整大小存在一个范围，超出此范围模拟效果反而会降低。在确定子流域后，可以根据研究需要进一步确定出口（outlet）、入口（inlet）、交汇口，同时可以为每个子流域创建一个点源或手动添加。

（二）水文响应单元划分

水文响应单元（HRU）是SWAT模型的最小模拟单元，每个水文响应单元都由模型赋予不同的参数值。水文响应单元划分主要依据各已划分的子流域内的土地利用类型、土壤结构和坡度信息，通过分别进行重分类（Reclassify）和叠加（Overlay），最终生成每个水文响应单元的参数组合，以反映其不同土地覆盖/植物及土壤的蒸散发量和其他水文条件差异。为了防止模型划分的水文响应单元过于复杂而影响模拟效率，模型允许使用者对各参数的面积阈值进行确定，以简化水文响应单元的复杂度，当流域中某一土地利用类型、土壤类型和坡度的面积比小于设置的最小阈值时，该种类型则不会考虑，接着再将余下的面积重新按照比例进行计算。

1. 土地利用（地表覆盖）数据处理

SWAT模型根据流域内土地利用类型进行不同流域参数的设置。由于SWAT模型使用的土地利用分类为FAO方式，对于国内的土地利用数据，还需要对照FAO土地利用分类标准进行重分类，以满足模型运行需要。

2. 土壤数据处理

SWAT模型通过对美国本土各类土壤属性数据进行汇总，预置了土壤属性数据库，然而该数据库内的土壤类型及属性值与美国之外的其他区域有所差异，并不能直接应用到世界其他地区中。因此，对于国内的模拟应用来说，除了要划分好所研究流域的土壤类型，还要对照SWAT模型的土壤数据库参数需要，对不同类型土壤赋予属性参数，建立流域自己的数据库。在完成土壤数据库建立后，针对流域内的土壤类型进行重新分类。

此外，ArcSWAT界面提供了非常灵活的土壤属性编辑功能，使使用者可以对已有的土壤属性数据库进行修改编辑，也可以新增土壤属性数据。

3. 坡度信息

对于子流域内坡度变化较大的情形，SWAT模型需要对该子流域内的坡度进行分级，以简化水文响应单元划分。使用者需要根据模型界面提示的坡度范围，选择坡度的分级数量以及每级的坡度界值（单位：%）。完成这些坡度定义后，即将坡度在子流域范围内进行分类，赋到每个水文响应单元中。

在形成流域各水文响应单元的叠加参数后，使用者可以确定水文响应单元的分布，可以选择"为各子流域指定一个HRU"，或者"为各子流域指定多个HRU"。其中，前者由模型自动根据各子流域内的主导土地利用类型、土壤类型和坡类确定该子流域参数组合，后者则需定义土地利用、土壤及坡度3类数据的所占面积百分比阈值（某一类型土地利用类别、土壤类别、坡度类别占子流域同要素总面积的百分数），模型根据该阈值，对小于阈值的类别进行清除，并重新分配其余类别的面积百分数。对于大多数模拟应用，通常推荐的阈值是土地利用阈值20%、土壤阈值10%、坡度阈值20%。

（三）气象资料输入

在ArcSWAT界面中，模型将气象资料的加载单独分离了出来。使用者需要一次性分别将降雨、温度、气温、日照、风速5项参数导入模型中，并确定各气象站点位置，以确保模型内将流域内的气象测站与监测数据相关联。在输入实测数据系列的同时，必须确定用于生成各种气象参数的天气发生器数据，其数据来源有两种，包括模型预置的数据库或使用者自建。

（四）输入文件创建

SWAT模型在执行某一特定模拟工程前，必须对流域的初始值进行定义，而对于ArcSWAT界面，有严格的操作流程，在前述流程完成后，后续操作才会被激活。在气象资料加载成功后，其余的模型输入文件即可创建。对于一个特定模拟工程，各类输入表格一经创建即始终存在，无须重复操作创建；而如果在这些文件创建后，修改了前述操作环节，如子流域划分、水文响应单元划分，则需重新进行创建，因为这些初始创建的输入文件参数就是基于流域划分情况和土地利用、土壤、坡度特征组合情况。模型需要创建的初始文件类型如下（见表2-12）。

表2-12 SWAT模型输入文件创建清单

文件名称	英文名称	文件标识	文件名称	英文名称	文件标识
主配置文件	Configuration File	.fig	土壤化学参数表	Soil Chemical Data	.chm
土壤参数表	Soil Data	.sol	坑塘参数表	Pond Data	.pnd
气象参数表	Weather Generator Data	.wgn	河道水质参数表	Stream Water Quality Data	.swq

续表

子流域通用参数表	Subbasin General Data	.sub	水处理参数表	Septic Data	.sep
水文响应单元通用参数表	HRUGeneral Data	.hru	工作参数表	Operations Data	.ops
主河道参数表	Main Channel Data		流域通用参数表	Watershed General Data	.bsn
地下水参数表	Groundwater Data	.gw	流域水质参数表	Watershed Water Quality Data	.wwq
用水参数表	Water Use Data	.wus	流域主文件	Master Watershed File	.cio
管理操作参数表	Management Data	.mgt	—	—	—

在上述SWAT模型所需的各类参数输入表创建完成后，需要对创建的这些参数表中的默认数据进行修改编辑。对于ArcSWAT界面，模型已根据各种输入文件的特点，将其涉及的参数进行了梳理分类，提供了多个参数编辑器，包括点源排放编辑器（Point Source Discharge）、入流排放编辑器（Inlet Discharge）、水库编辑器（Reservoirs）、子流域参数编辑器（Subbasins Data）、流域参数编辑器（Watershed Data）。在完成这些参数修改编辑后需要重写，逐一对各参数输入表所列的参数进行设置和编辑，在完成参数设置后，就可以运行模型模拟程序，也可以在需要修改时重新编辑并执行重写。

（五）模拟运行设置

在完成一系列模拟参数输入后，还需要对模型的模拟规则进行设置，包括模拟的时段（Period of Simulation）、模拟采用的时间步长、模型预热期、模拟的项目等，并且确定关键的驱动因子——降雨在流域内的分布方案。

完成模拟运行设定后，还需要完成输出设置，确定输出的文件类型及输出项目，将SWAT模型即将生成的输出文本文件导入工程Access数据库中。

三、率定与验证

（一）模型模拟的不确定性

水文模型作为研究流域水文循环过程及其演化规律的重要工具，对高度复杂的水文过程的概念化和抽象化，采用相对简单的数学公式或物理方程描述各种水文过程，往往存在"失真"现象，这必然导致水文模型存在一定的不确定性。水文模型的不确定性按来源大体可分为4类，即模型输入资料不确定性、模型结构不确定性、模型参数不确定性和模型率定资料的不确定性，这些不确定性直接影响水文循环系统模拟的不确定性。从物理、数学层面探讨、研究大型复杂的水文循环系统的不确定性，以及通过不确定性研究来改善模拟精度，成为当今国际水文科学研究的前沿课题。

目前已有许多不确定性分析方法应用于各流域，例如，极大似然不确定性分析方法(GLUE)、参数求解方法(Para Sol)和基于马尔科夫链−蒙特卡罗算法的贝叶斯推断方法（MCMC）等（杨军军，2012），综合分析了模型输入、参数和模型结构的不确定性。

（二）模型模拟的敏感性

敏感性反映了模型输出结果随模型参数的改变而变化的程度或敏感性程度，是一个无量纲的参数指标。由于模型初始化运行时所使用的各项参数值为默认值，这些值往往与实际情况存在差异，需要对这些参数进行优化校准。鉴于SWAT模型内参数数量巨大，因此对参数进行校准的前提工作就是对这些参数开展敏感性分析，通过敏感性分析筛选出对模拟结果影响较大的一个或多个参数，作为率定的对象，从而降低模型率定过程的工作量，同时还可以在一定程度上降低模型的不确定性，提高模型率定效率。

ArcSWAT 2012之前的模型操作版本内置了敏感性分析功能，采用拉丁超立方单次单因子分析方法（Latin Hypercube–One factor At a Time），该方法将拉丁超立方采样（LH）的全局性和单次单因子（OAT）采样的参数确定性相结合，融合了两种方法的优点。其中，LH采样法首先对需要采样的参数进行m等分，同时确保抽样时每个被划分值域范围只能有$1/m$的出现可能性，其次对每个值域范围进行随机抽样取值，且仅能抽样一次，最后模型对参数进行随机组合，运行m次并对其结果进行多元线性回归分析；OAT敏感性分析方法是模型每运行一次只有一个参数取值发生变化，模型运行$n+1$次即可获取n个参数中某一参数的敏感度值，故该方法可以明确地将模拟结果的变化归因于某一参数的变化。由于某一参数的变化是在保持其余参数不变的前提下进行的，其余参数的取值会影响该参数变化所带来的影响，故也称局部敏感性。

模型的ArcSWAT 2012版本，不再内置敏感性分析功能，取而代之的、应用较多的敏感性分析程序是SWAT-CUP(SWAT Calibration and Uncertainty Programs)，该程序是专门为SWAT模型率定而开发的计算机程序，应用基于拉丁超立方采样的目标函数多元回归值，评价模型参数敏感度。该程序包括了GLUE、Para Sol、SUFI2、MCMC和PSO5个子程序，可一并实现对SWAT模型的敏感性分析、率定、不确定性分析和验证。

SWAT-CUP的敏感度评价指标有两个，包括t检验(t–test)、p值。

t检验：反映的是在其他参数变化的情况下，模型某一参数的变化所产生的目标函数的平均变化量，属于基于线性假设的相对敏感度，t检验提供了某一参数对于目标函数的部分敏感度大小。"t检验"的绝对值越大说明参数的敏感性越高。表达式如下：

$$g = \alpha + \sum_{i=1}^{m} \beta_i b_i$$

式中：g为目标函数值；α为待定常数；b_i为第i个敏感性分析的参数；β_i为该参数的待定系数。该表达式为多元回归方程，即多个自变量同时控制一个因变量，计算中首先通过超立方采样，确定参与计算的各参数取值。根据算法，如果参与计算的参数个数为i，则程序至少需要迭代$i+1$次来完成待定参数的确定；如果迭代次数大于$i+1$次，程序通过最小二乘法确定最终的β_i取值。

p值（p-value）：是指在原假设为真的前提下，出现该样本或比该样本更极端的结果的概率之和，即做显著性检验，用于判断原假设是否成立。在这里，p值用于假设参数是不敏感的，p值的值越接近于0则表明参数的敏感性越高。实践中多数研究者将p值小于0.05的参数选为最敏感的参数，即观测值与模拟值之间的差异由抽样误差所致的概率小于0.05，并据此确定参数是否为敏感参数并进行率定校准。我们用SAS、SPSS等专业统计软件进行假设检验计算。

（三）模型率定

SWAT模型在模拟出一段时期的水文、营养物等结果后，需要对照流域实测资料，对模型参数进行反向、反复地调整优化，也称为调参，从而使模型参数与实际情况不断接近。模型的ArcSWAT 2012及之后的版本界面不再内设自动率定功能，仅保留了手动率定，由于手动率定耗时长、工作量大，目前多应用SWAT-CUP程序的率定功能完成。SWAT-CUP程序内置的4种子程序均可实现SWAT模型率定，只是算法各不相同。各子模型原理如下。

SWAT-CUP程序应用粒子群优化算法（Particle Swarm Optimization，PSO）进行率定。作为一种仿生学进化方法，源于人们对自然界蚂蚁、鸟群、蜜蜂、鱼群等群体行为机制的研究，故又称群智能(Swarm Intelligence)。该算法原理简单，涉及参数较少，易于操作，已成功应用于多个领域。

算法假设如下情景：在一维求解空间中，粒子x_i（x_{i1}，x_{i2}，$\cdots$，x_{in}，$\cdots$，x_{iD}）以一定的速度v_i（x_{i1}，x_{i2}，$\cdots$，x_{in}，$\cdots$，x_{iD}）寻求最优解。算法通过随机假设一组解（x_1，x_2，$\cdots$，x_N，N为粒子个数）开始，然后粒子根据自己的飞行经验和群体的飞行经验，通过目标函数（objective function）计算解的适宜度

值，评价解的好坏，确定个体最优解（pbest$_{id}$）和全局最优解（gbest$_{id}$）并记录它们的位置，再根据速度更新公式和位置更新公式更新自己的飞行速度和位置，通过迭代算法最终找出问题的最优解。

速度更新公式：

$$v_{id} = v_{id} + c_1 \cdot rand \cdot (pbest_{id} - present_{id}) + c_2 \cdot rand \cdot (gbest_{id} - present_{id})$$

位置更新公式：

$$x_{id} = x_{id} + v_{id}$$

式中：v_{id}为当前粒子速度；c_1、c_2分别为粒子对自身和群体的学习因子，c_1决定了粒子对自身经验的学习程度，c_2决定了粒子对群体其他粒子的学习程度，一般取$c_1=c_2=2$；$rand$为0—1的随机数，用来实现粒子个体和群体行为的微扰动，避免粒子陷入局部最优；$present_{id}$为粒子当前位置。

通常率定需要按照一定的逻辑进行，空间顺序上遵循先上游后下游，先支流后干流的原则。R^2与Ens均满足大于0.5的判定标准，即认为模拟结果是可信的。

（四）模型验证

SWAT模型经过不确定性、敏感性分析及参数率定之后，模型所有参数已经达到了最接近实际的最优状态，然而该状态或许仅能代表率定时段的水文状态，未必是流域水循环、营养物循环的真实过程，出现"异参同效"现象。据此，为了检验模型参数率定结果，进一步保证模型的准确性，还需将该种参数状态下的模型用于另一时段的径流、营养物等模拟，并依旧将模拟结果同实测值进行比较，计算相关目标函数取值是否达到满意程度。这一新的模拟时段，即验证期。模型的验证是应用不可或缺的一环，是模型开展其他相关模拟研究（如径流情景模拟、洪水过程线和洪水预报等）的前提。

模型验证的操作同前述率定过程，首先需将率定过程获得的一个或多个最优参数代入已确定的SWAT模拟工程中，代入方式包括替换（v）、倍增（r）、增加（a）；其次调整模拟时段，在另一个水文时段内对流域进行重新模拟；最后将模拟的水文、营养物结果与实测结果进行对比，分析其误差及精度。若模拟结果与实测数据的关系满足统计要求，则基本可以认为模型建立的水文、营养物过程是符合流域实际的，可以用来反映流域内的水文、营养物特征，并评价不同操作管理情况给流域带来的影响。

四、SWAT 模型在流域面源污染研究中的应用

SWAT模型开发之初，美国环保局（EPA）、美国国家海洋和大气管理局（NOAA）、美国农业部（USDA）等机构将其应用到了多个项目中，以评估气候改变和管理措施对土地利用、面源负荷及农药污染物的影响。同时，国外研究者也针对大量流域应用SWAT开展研究，应用的空间尺度包括从几十千米的小流域到几千千米的大流域，如在得克萨斯州的博斯克河流域、阿拉巴马州中东部 Saugahatchee流域等开展了非点源污染物的模拟研究，另有欧洲、亚洲、澳洲等国家陆续出现了成功应用的报道。国内，近些年在长江流域、黄河流域、淮河流域、辽河流域、海河流域及西北内陆河流域等主要流域干、支流上，以及太湖、洞庭湖、洱海、三峡等大型湖库水体上均出现了应用SWAT模型进行面源污染模拟的研究报道。不断涌现的研究成果，证明了SWAT模型可以在多个不同的流域模拟流量、沉积物及营养物质，可以进行总氮、总磷污染关键区域识别分析，也可以分析不同管理模式设置对流域面源的影响。

随着模型的不断成熟，SWAT模型由最初的流域径流、泥沙模拟，越来越趋向评估流域尺度下的面源污染，分析其时空分布进而识别关键污染区域和关键污染期，也用于分析和评价污染控制管理措施对水环境的影响。针对SWAT模型的流域面源模拟和研究应用主要集中在以下3个方面。

（一）对流域的面源污染时空分布研究及关键污染区域识别

明确流域内的面源时空分布和关键区域，对开展流域污染控制和管理有重要意义，是SWAT模型在面源研究中最多的应用方向，依托该模型，国内很多流域（区域）确定了面源污染物的时空分布规律和关键源区。例如，韩柳（2020）利用SWAT模型对湟水流域青海段进行了面源污染模拟研究，指出湟水流域青海段总氮负荷主要来自工业源，总磷负荷主要来自农业源，同时从时间上看，湟水青海段总氮污染负荷春季（3—5月）主要来自工业源和生活源，夏季（6—8月）主要来自农业源，秋季冬季主要来自工业源，总磷污染负荷年内四季均主要来自农业源；从空间上看，湟水流域青海段总氮、总磷的主要产污区集中在湟水主要支流和干流两岸的耕地。唐达方等（2010）发现汛期苏南丘陵区的面源污染中总氮和总磷负荷量最大，并且流域内的氮磷负荷量与径流量变化趋势基本一致。范丽丽等（2008）发现2003年三峡库区大宁河流域西部面源污染产生量显著高于东部。欧阳威等（2014）发现巢湖地区柘皋河流域面源磷污染负荷的增加主要集中在农田区域。翟玥（2012）、金春玲（2018）等在洱海流域识别了洱海流域重点农业污染源和污染村镇。吴家林（2013）在大沽河流域发现降雨量是影响大沽河流域氮、磷排放量大小的重要因素之一，并且发现五沽河地区是影响胶州湾水质的关键影响源区。李家科等（2008）应用SWAT模型模拟和分析了渭河流域华县断面以上流域径流量、泥沙及面源氮污染负荷特征。张秋玲等（2010）发现太湖杭嘉湖地区稻田与油菜田氮磷负荷与降雨量和降雨强度呈正相关。王亚军（2008）发现湟水流域暴雨所产生的土壤侵蚀和营养物质流域问题十分严重。李家科等（2008）利用模型揭示了渭河流域的泥沙和氮负荷输出主要集中在汛期，且氮负荷的空间分布和土壤流失主要与河网密集度、降雨强度、土地利用及土壤类型等因素有关。

国外相关的应用总体上较国内更早，而研究思路和方法与国内基本一致。例如：Narasimhan等（2010）在得克萨斯州的水库发现总氮和总磷的85%均源于面源污染，其中农田贡献的沉积物、总氮、总磷负荷分别超过43%、23%、42%，河道侵蚀贡献的沉积物负荷约为35%；Pai（2011）等发现美国阿肯色州的伊利诺伊河流域24%的面源污染区的产沙量、总量、硝态氮的贡献率分别为49%、33%、27%；Li（2004）等在美国新罕布什尔州某一森林流域发现枯枝落叶层和土壤有机物中有93%的矿化氮进入溪流；Rosenthal等（1999）根据美国得克萨斯州中部流域的产流量、产沙量和营养负荷量空间分布特征确定了水质监测站。

综上所述可以发现，依托SWAT模型模拟，各地区的面源污染特征均存在共性，一是在时间尺度上，验证了流域尺度上总氮和总磷的输出与降雨和径流显著相关，且负荷大小通常为丰水年＞平水年＞枯水年；二是在空间尺度上，验证了面源污染负荷分布与地形、坡度和土壤类型相关，且降雨集中、农田较多的地区单位面积面源负荷密度较大，更容易成为流域污染负荷的富集区域和关键区域。

1. 不同情景和管理操作对面源污染的影响

土地利用变化、气候变化、管理操作的变化对面源污染的影响，也是SWAT模型应用的另一个主要领域。土地利用类型及气候等的改变会引起土壤、水文状况等改变，进而影响流域内面源污染负荷的迁移转化及最终产出。

（1）管理操作影响方面

张磊（2021）在洙溪河流域通过建立多种情景模拟，对比非工程措施和工程措施效果，发现植被缓冲带、植草河道等工程措施污染物的削减效果更好，削减率达到50%—70%，而化肥削减、免耕等非工程措施对污染物的去除效果有限均低于10%；Sun等（2016）研究发现韩国Haean高原农业流域1m宽度的植被过滤带可降低约16%的泥沙含量、施肥量降低10%可减少氮磷负荷约4.9%，稻草覆盖措施显示径流减少6%，可降低4%的泥沙量与1.3%的TP负荷输出量；

王琼（2015）在小清河设置点源、面源两种情景，评价了总量控制方案对流域总氮、总磷削减率的贡献；Bulut等（2008）在Uluabat湖流域发现流域内施肥量分别减少20%和50%时，入湖量分别降低约6%和16%；刘孝利等（2009）利用模型证明黑龙江省黑土区农业小流通过改变施肥方式、彻底去除除草、修建缓冲带，可使有机氮、磷负荷分别减少32.71%和50.69%；Santhi（2006）等应用SWAT模型开展了美国得克萨斯州溪流域水质管理规划（WQMPS）执行前后效果模拟，发现该流域泥沙、氮、磷负荷可以分别削减1%、2%、8%—9%；Pandey（2009）等运用模型模拟了180种不同管理措施组合对印度东部小流域面源污染负荷的影响，发现保护性耕作为最佳措施，而磁盘犁耕作措施造成流域产沙量和养分流失量最大，免耕措施产沙量最小；Schilling（2009）等发现艾奥瓦州和明尼苏达州交界处Des Moines河流域单位面积化肥使用量从170kg/hm²降至50kg/hm²时，该流域的硝酸盐可减少38%；Michal等（2008）模拟了美国俄克拉荷马州Wister湖流域实行牧场保护措施的效果，发现该流域植被覆盖增加1.9%，产沙量可减少3.5%。

（2）气候影响方面

Israel A等（2021）发现美国Old Woman Creek流域的降雨、气温变化对流域内的面源污染变化影响较明显；杨军军（2012）在湟水流域青海段用SWAT模型研究径流特征时发现流域约77.5的降水消耗于流域蒸发，河道径流量仅占总降水量的22.5%，且土地利用变化对流域径流量影响较小，降水量是影响流域径流量大小的主要因素；刘昌明等（2009）对流域面积超过40万hm²的大流域进行模拟发现气候变化对径流量有显著影响；陈利群等（2007）对黄河源区气候变化和土地覆被对径流的影响，发现气候变化是径流减少的主要原因；Eckhardt等（2003）应用模型对欧洲的山区流域开展了气候变化对地下水和径流补给的模拟，并对温室气体排放和气候敏感性通过参数化进行未来情景的模拟；夏智宏等（2010）应用模型对汉江流域30年的逐月径流进行了模拟，以全球变化背景下可能出现的25种不同气候变化模式为假设条件，模拟出各假设气候变化模式下汉江流域水资源状况，研究了水资源对气候变化的响应程度；还有研究者如Heuvelmans（2005）等运用SWAT模型来评价土地利用对CO_2排放量的影响，能够用来评价LCA（Life Circle Assessment）中的土地利用的影响；贺国平等（2006）指出，北京地区过去10a气候变化造成研究区域年径流量减少了约66.7%。

（3）土地利用影响方面

Jha（2010）等发现美国Squaw流域内的硝酸盐负荷受土地利用类型的影响较大，适度的退耕还草措施可削减硝酸盐负荷，其中水土流失区47%、流域上游16%、河漫滩8%；郝芳华等（2004）发现了洛河流域上游不同子流域个数、土地利用方式及降雨强度下径流量和泥沙的影响；宋艳华等（2008）发现陇西黄土高原华家岭南河流域草地比森林植被涵养水源的作用更强；朱伟峰等（2009）在三江平原蛤蟆通河流域发现土地利用类型的污染产出依次为耕地＞水域＞林地＞荒地，土壤类型面源污染产出依次为草甸土＞自浆土＞沼泽土＞暗棕壤；荣琨等（2009）发现福建省晋江西溪流域自20世纪70年代至2001年，随着耕地减少、园地增多，总氮、总磷分别增长了72%、104%，而若实行退耕还林，则泥沙、总氮、总磷负荷可分别减少38.7%、34.9%、44.2%，但对径流影响不大；王秀娟等（2011）发现湖北省香溪河流域随着耕地的减少、林地的增加，总氮负荷整体呈降低趋势。

进一步综合上述成果可以发现，在SWAT模型模拟过程中，不同研究区域的情景、管理操作所产生的面源污染变化也存在共性，如土地利用类型对面源污染负荷的影响较大，污染负荷流失量依次为耕地＞农村居民点＞果园＞林地；不同土地类型的单位面积负荷输出依次为耕地＞林地＞草地；农业用地面积、操作管理强度的增加，普遍会增加流域面源污染负荷的产出。

2. 模型的验证优化

SWAT模型运行所需的初始参数、基础资料较多，许多研究者在应用过程中，针对不同的基础资料对模型模拟结果的影响进行了研究，从而不断优化模型最佳状态。

（1）地形资料方面

从数字高程模型的精度对面源污染影响的模拟研究可以看出，分辨率虽对产流量影响不大，但对产沙量和营养负荷的影响较大。例如，任希岩等（2004）在黄河流域通过4种分辨率的DEM数据（100m、200m、300m、400m）模拟，发现400m与100m的DEM数据相比产流量相差不大，产沙量差异大于42%；Chaubey等（2009）在美国阿肯色州Moores溪流域研究了30m、100m、150m、200m、300m、500m、1000m共7种分辨率下的硝态氮和总磷模拟情况，发现径流量和硝态氮负荷随着DEM数据分辨率的降低而减少，但总磷不同。

（2）土地利用资料方面

以往的模拟研究结果显示，土地利用覆盖数据的分辨率对流域的产流量、产沙量和养分负荷的影响较大。Cotter（2003）等发现土地利用图分辨率对美国阿肯色州Morres溪流域产流量影响不显著，对产沙量、硝态氮负荷和总磷分辨率影响较大。有研究人员也指出，不同精度的土地利用图会影响到土地利用类型的分布，从而影响水文响应单元的计算汇总。

（3）土壤资料方面

模拟研究结果同样表明，土壤类型数据的比例和分辨率对流域的产流量影响不大，而对产沙量和养分负荷的影响较大。因为不同精度的土壤图会影响到土壤的分类，从而影响水文响应单元的计算汇总。例如，Chaplot（2005）对美国艾奥瓦州Lower Walnut溪流域进行研究时发现，土壤类型数据分辨率对氮磷负荷影响较大，对径流量影响较小，更大的比例尺所得到的模拟结果要更精确。而也有部分不同区域的研究结论存在相反的情形。

（4）气象数据方面

Chaplot等（2005）应用不同疏密程度的雨量站数据，从流域尺度研究降雨的空间变异及其对模型的预测水量、泥沙、溶质通量的影响，指出高密度测站的输入是必要的，密度过低会导致预测结果不准确。

（5）流域划分方面

很多研究发现不同子流域划分方案下流域的产流量变化较小，而产沙量和营养负荷的变化则较大，同时子流域的划分数量和大小存在一个阈值，当超出这个阈值时，子流域划分层次对产沙量和营养负荷的模拟影响不大（吴家林，2013）；胡连伍等（2007）针对丰乐河流域模拟时发现不同子流域划分方案对径流影响较小，对泥沙、营养物影响显著，而当子流域数量超出一定范围时会导致模拟结果误差很大。有些学者试图解释这一现象而开展进一步研究，其中，Fitz Hugh和Mackay（2000）应用该模型对美国威斯康星州Pheasant Branch流域研究时发现，当子流域数量增加时，出口的泥沙量变化不大，因为河道的泥沙输送能力有限，但是产沙量明显减少，径流对水文响应单元（HRU）面积较为敏感，产沙量随之呈线性变化，而且在聚合土地面积时并未考虑地表的连接性。

（6）参数校准方面

Griensven等（2006）通过将拉丁超立方和单次单因子采样方法相结合采样，经过有限次运行对模型中大量的参数进行敏感度分析，对模型中的水流水质参数（包括径流、悬浮物、总氮、总磷、硝酸银、氨）进行校准，该方法也是目前SWAT模型最为普遍的率定方法；Eckhardt等（2001）尝试在一个中尺度流域上应用SWAT模型与随机优化算法和洗牌复化算法相结合，通过限制每次模型的参数变化数量来实现各参数的独立率定，最终使SWAT模型成功进行自动率定；Zhang等（2008）将SWAT-CUP程序中内置的不同率定子程序算法做了比较，分析了各种算法的优、劣势和模型率定效果。这里需要说明的是，不同流域的差异性，导致不同流域甚至同一流域内的不同时段其参数值也会不同，每个流域都需要进行参数的灵敏度分析，以确定最重要的参数，而不能简单地套用其他流域的结果。

3. 模型的扩展应用

SWAT模型除了可单独模拟流域面源特征，也可以与经验模型或其他模型进行关联耦合，以扩展模拟精度和应用领域。例如：Arabi等（2006）通过对模拟结果做分析，发现子流域的划分尺度大小能影响径流量泥沙量和污染物负荷输出的模拟；王中根等（2003）在黑河莺落峡以上流域引入SWAT模型，验证了模型中融雪和冻土功能的应用比较适合我国西北寒区；王中根等（2003、2011）以SWAT模型为基础在海河流域建立了COD与BOD（生化需氧量）的线性关系，通过修改SWAT中的BOD模拟模块实现COD的模拟，同时结合MODFLOW和SWAT各自最小水文计算单元，实现了地表水和地下水的耦合模拟；Gitau等（2006）通过与遗传算法（Ga）和BMP工具集成，应用于美国纽约Cannonsville水库流域，核算出该流域每削减0.6kg溶解性磷需1美元；Secchi等（2007）结合相关经济模型研究发现，在不同保护措施下，艾奥瓦州流域每年水质保护成本为3亿—5.97亿美元。

4. 面源污染机制研究

经验证精度满足流域面源污染迁移转化过程的模型，可以用来分析流域内的污染迁移过程机制。然而，由于SWAT模型引进国内较晚，目前仍处于验证研究阶段，故应用该模型进行反推溯源和机制研究的报道较少。已见的报道如张秋玲等（2010）发现太湖杭嘉湖地区稻田与油菜田氮磷流失负荷与降雨量和降雨强度呈正相关，Luo等（2009）利用SWAT模型在Otestimba Creek流域模拟了农田农药的迁移转化过程，Bouraoui等（2008）研究表明肥料施用时间与降雨时间的一致性是氮磷营养物土壤渗漏的主要原因。

5. 模拟预测预报

SWAT模型的预测模拟功能应用相对较少。Israel A（2021）等针对美国的Old Woman Creek流域，分别设置了21世纪初近期（2018—2045年）、21世纪中期（2046—2075年）和21世纪末（2076—2100年）3个时段，研究各时段内季节变化给流域带来的影响，预测发现21世纪初到中叶及21世纪末，不同时段之间的过渡期内流域预测径流量均呈上升趋势，且丰、枯水期的转换时间将从冬季向春季转移，春季的最大流量时间将会从4月提前到3月，同时到21世纪末，径流量较当前增加33.7%，受此影响，泥沙、营养物也相应发生变化，预测未来流域最高的营养物负荷将出现在春季，其次是冬季、夏季和秋季。受制于气象、土地利用、土壤、操作管理等相关基础资料的精度和完整性限制，目前国内尚未见到应用SWAT模型开展流域面源污染未来趋势模拟预测的研究报道。

五、SWAT 模型的局限性

在大量应用SWAT模型开展面源污染模拟的研究不断出现的同时，模型的局限性也不断被研究人员发现。一是在机制方面，SWAT模型由于功能多样、模块多样，涉及大量公式、参数，在这些公式中许多也是依据以往研究成果积累起来的统计经验规律，其结果存在很多固有的不确定性，尤其在较复杂的流域内进行模拟中，许多复杂的因素和过程模型无法详细表达，仅能做概化处理，由此进一步增加了不确定性。二是很多参数的定义和分级并未采用国际统一标准，给参数的获得和转化带来了困难，且模型中的默认值仅在北美地区得到验证，在世界其他地区未必适用，由此制约着模型的使用范围和效果。三是在模型的适用性方面，有研究显示在国内某些特定的区域、特定时段，SWAT模型模拟结果并未能与实际很好地对应，如在个别平原地区，由于水系较为复杂，面源流失模拟效果并不理想，另有北方个别区域降水过程对模型精度的影响较大。四是受制于国内面源污染的相关参数资料欠缺、污染物迁移转化机制的基础研究相对缺乏和滞后，导致SWAT模型在我国水环境污染方面的研究应用尚在摸索完善阶段，很多参数不能直接照搬，需要依据国内实际情况进行优化。

六、湟水流域面源污染研究情况

湟水流域地处甘肃、青海两省交界处，随着沿线人口聚集和经济增长，特别是工业、农业、城镇建设快速发展和人口迅猛增加，流域沿线的生产生活活动强度日益增大，且污染环节越发复杂，导致的污染排放和环境问题也日益凸显，环境风险隐患不断增加。例如，2015年发生的兰州市自来水异味事件，起因就是湟水中游的水电站排淤行为，使闸坝下沉淀淤积的污染物短时集中下泄，导致水体水质异常，出现恶臭味，直接影响到下游湟水及黄河干流多个集中式饮用水水源地，给下游居民带来了恐慌。在当前生态环境保护日益受到重视的时代背景下，湟水流域的污染问题及特征研究多年来也不断增加。

1. 污染来源及贡献研究

受地形的制约，湟水流域人口均沿河而居，因此生产生活活动集中于河谷阶台地，由此导致了污染物易于聚集并进入河道。多年来相关研究显示，由于人口沿河而居，农业生产活跃，畜禽养殖规模化标准化进程不足，生活生产过程的废水排放、农田施肥、畜禽养殖活动是流域内的主要污染排放来源。例如：周玮（2012）的研究结果显示，湟水青海段内养殖是流域营养物的重要来源，规模化养殖数量有限，农户散养所占比例依然很高；邱瑀（2017）认为，湟水河青海段水体受工业和生活排放污水的影响显著，面源污染对河流水质的影响可能低于点源污染，且普通点源即城镇生活污水和工业废水排放是总氮的主要污染来源；王乃亮等（2018）对湟水流域甘肃段的生态环境调查研究结果显示，流域内的农业面源、城乡生活面源是主要的污染排放源，该河段丰水期水质受粪大肠菌群影响更为明显、枯水期水质受生化需氧量影响更为明显；吴君等（2012）研究发现地表水径流量的大小对流域水质影响很大，对入河的污染物稀释作用明显。

2. 污染时空分布规律研究

污染物的时空分布受流域内的人口分布、地形、气候、土地利用影响明显，其规律研究一直是研究人员的关注点。湟水流域上游青海段约占总流域面积的90%，青海省约 60%的人口、52%的耕地和 70%以上的工矿企业均分布在湟水流域（曹海英，2017），尤其在西宁段，是湟水流域人口最密集的区域，也是污染负荷集中的区域，因此以往关于湟水流域水环境及污染的研究多聚焦于青海段。

在污染物区域分布上，多数研究显示湟水上游西宁区域作为流域主要的人口活动集中地，是污染负荷的主要集中区域，如葛劲松等（1995）在21世纪末指出湟水（上游）的主要污染源于西宁市，排放的污染物对湟水海东段的水质产生了决定性影响。进入21世纪以来，这一特征似乎变化不大，如邱瑀等（2017）的研究也证实了这一说法，指出相对于湟水上游和下游，中游西宁市段污染较重；王雅琼等（2016）研究显示湟水民和县（甘肃—青海交界）水体中COD、氨氮、铬和镍均存在超过《地表水环境质量标准》（GB 3838—2002）IV类水质限值的情况。湟水民和桥（甘青交界）断面的氨氮负荷主要源于扎马隆—西钢桥段，总氮主要源于报社桥—小峡桥段，其中支流点源是氨氮的主要污染源。

在污染物年内变化规律方面，邱瑀等（2017）对湟水青海段水质进行分析后，认为湟水河年内6—10月水质明显优于其他时间；王雅琼等（2016）指出湟水民和段年内呈枯水期＞平水期＞丰水期的规律，且氨氮为最重要因子，超标（Ⅳ类）倍数在2—3倍，并指出枯水期污染较丰水期重与枯水期湟水河径流量大幅度减小、农业灌溉用水量增加有关，而丰水期铬超标的主要原因是5—10月是各种厂矿的主要经营时间；周玮（2012）针对湟水青海段的研究发现，沿湟水干流各断面的总磷、氨氮污染物浓度多年来总体呈下降趋势，而支流的个别断面氨氮浓度呈上升趋势。在甘肃段，湟水流域丰水期评价河段水质受粪大肠菌群影响更为明显，枯水期评价河段水质受生化需氧量影响更为明显。

在污染物日变化规律方面，雷菲等（2017）通过水质实测分析显示湟水青海西宁段氨氮全天超标，且凌晨到上午低，中午到深夜高，推测游离态的氨或铵离子类污染物在凌晨到上午排放量很小，而在中午到深夜有间歇性地大量排放，这一结论揭示出该河段内的氨氮污染很可能与上游的居民生活污水排放密切相关，生活污水排放严重；曹海英（2017）则指出，湟水西宁段水体的亚硝酸盐氮浓度变化同样存在夜晚低、白天略高的规律，与大多数工矿企业在白天运作、夜晚停止作业有关；李辉山等（2016）指出，湟水西宁城区段COD呈现白天高、晚上低的规律，并指出有机污染物的排放是间歇性的，分析与居民的作息时间基本一致。

随着污染防治工作的不断深入，尤其是"十三五"规划以来，伴随水污染防治行动、化肥农药减量增效行动、清废行动、农村人居环境整治等一系列大力度的环境整治工作推进，以及水利水保工程的不断完善，湟水整个流域内的畜禽养殖、农业生产、农村生活污水垃圾得到了有效的治理，有效地削减了污染物的排放量及入河量。

第三章 湟水流域下游污染源及负荷分析

湟水流经青海、甘肃两省，其中甘肃段全长68.8km，地表水流经武威市天祝县，兰州市永登县、红古区、西固区，临夏州永靖县共3个市（州），5个行政县（区）。湟水流域甘肃段5个行政县（区）工业生产、农业生产及人居生活过程中产生的污染物对湟水地表河流水质产生了一定的影响，其中工业生产、农业生产、人居生活中产生的各类废水进入地表河流后，对湟水流域水环境影响较大。本章基于2020年全国第二次污染源普查的数据及2021年第七次全国人口普查的相关数据，分析判断湟水流域甘肃段5个县（区）工业生产、农业生产、人居生活产生的污染物对湟水流域地表河流污染情况。

第一节　湟水流域下游污染源概述

根据湟水流域甘肃段自然条件、社会环境、人居分布情况，分析判断湟水流域地表河流主要污染源为工业点源、生活污染源及农业面源共3个方面。

一、工业点源概况

根据官方统计资料，截至2020年底，湟水流域甘肃段5个行政县（区）共有矿山开发、冶金机电、钢铁生产、有色金属、装备制造、生物制药、食品加工等多个行业的生产企业230多家，其中兰州市西固区、临夏州永靖县2个县

（区）工业生产企业较多，达140多家，武威市天祝县、兰州市红古区和永登县3个县（区）工业生产企业相对较少，不足100家。

正常情况下，湟水流域甘肃段5个行政县（区）工业生产企业产生的生产生活废水通过污水处理设施净化处理后部分净化水综合利用，部分生产生活废水化处理后进入城市污水管网，最后排入湟水流域地表河流。工业生产过程中产生的废水主要污染因子有化学需氧量、氨氮、总氮、总磷，部分生产企业生产废水中还存在重金属污染因子及特征污染因子，污染物的排放对湟水流域地表河流生态环境产生了影响。

根据2020年全国第二次污染源普查的统计数据，湟水流域甘肃段5个县（区）231家生产企业存在污染物产生及排放情况，污染物主要以废水的形式产生及排放。5个县（区）生产企业配套189套废水处理设施，整个流域设有排污口80个，年废水排放量约2676.6874万立方米。

湟水流域甘肃段排污企业统计及污染物排放情况见表3-1。

表3-1　湟水流域甘肃段排污企业统计及污染物排放情况

县区	企业数量／个	废水治理设施／套	废水排放口个数／个	废水排放量／万立方米
天祝县	30	18	2	0.6330
永登县	32	35	21	16.8537
红古区	29	38	11	326.2052
西固区	78	88	36	2069.6648
永靖县	62	10	10	263.3307
总计	231	189	80	2676.6874

二、生活污染源概况

生活污染源是指人群生活过程中产生的污染物发生源，主要包括生活用煤、生活废水、生活垃圾、生活噪声等污染源，生活污染源主要集中在城镇生活区域及农村人口密集区。对地表河流产生影响较大的生活污染源主要是人居生活过程中各类洗涤污水、生活垃圾、人体排泄物等污染物,主要以液体形式进入河流,对河流产生一定的污染。

湟水流域下游段分布有民和县、天祝县、永登县、红古区、西固区、永靖县,其中有22个乡镇分布在湟水流域湟水水系及大通河水系沿岸,人居生活过程中产生的污染物对湟水流域地表河流水质产生了一定的影响。以甘肃境内为例,依据第七次全国人口普查,湟水流域甘肃段5个县(区)区常住人口为1168035人,其中城镇人口为786759人,农村人口为381276人,而湟水流域19个乡镇人口为248078人,占湟水流域甘肃段5个行政县(区)总人口的21.2%(具体人口分布情况见本书第一章第八节)。人居生产生活过程中产生污染物主要是集中居住区人群洗涤洗漱废水、人体排泄物及其他生活废水等。废水中主要污染因子为化学需氧量、氨氮、总氮、总磷,除此之外,还有悬浮物、有机物及病原体等物质。

三、农业面源污染概况

农业面源污染是指在农业生产和农村生活过程中产生的污染物,通过地表径流或者土壤渗入的方式引起的有机物或者氮磷污染。主要包括化肥、农药、畜禽养殖、农膜地膜、固体废弃物等污染形式。这些污染物主要源于农业生产中施肥、喷药、畜禽及水产养殖、农村人居生活等活动。农业面源污染是最重要且分布最广泛的面源污染,农业生产活动中的氮素和磷素等营养物、农药及其他有机或无机污染物,通过农田地表径流和农田渗漏形成地表和地下水环境污染。

湟水流域下游农业面源污染物主要源于农业种植及畜禽养殖两个农业生产活动。在农业种植方面,湟水流域甘肃段的天祝县、永登县、永靖县为农业生产重点县(区),粮食、油料、蔬菜、中草药等农业种植面积较广,其中永登县种植面积规模最大，而西固区、红古区农业种植面积相对较小。因此，在农业面源污染方面，天祝县、永登县、永靖县农业面源污染对湟水流域地表水体的污染贡献值较大，而红古区和西固区对湟水流域地表水体农业面源污染相对较小。在畜禽养殖方面，湟水流域天祝县、永登县、永靖县、民和县4个县畜禽养殖规模较大，其中甘肃境内天祝县作为牧业产业大县，牛、羊养殖规模最大，永登县和永靖县养猪规模相对较大，而红古区和西固区养殖业相对较小，牛、羊、猪的养殖规模相对较小。因此，天祝县、永登县、永靖县在畜禽养殖方面产生的污染物量相对较大，而红古区、西固区畜禽养殖产生的污染物量相对较少。

湟水流域5个县（区）农业种植情况及畜禽养殖情况见表3-2、表3-3。

表3-2　湟水流域甘肃段农业种植规模

县区	主要农作物种植面积 /hm²					合计
	粮食	油料	蔬菜	中草药	果园	
天祝县	12380	2120	7030	3160	100	24790
永登县	40810	4050	10620	2630	1590	59700
红古区	1100	70	6530	0	810	8510
西固区	360	40	3230	20	1140	4790
永靖县	14850	790	4920	1540	570	22670
合计	69500	7070	32330	7350	4210	120460

表3-3　湟水流域甘肃段畜禽养殖规模

县区	牛存栏量 / 头	羊存栏量 / 只	猪存栏量 / 头
天祝县	125400	801400	20600
永登县	15100	383000	149700
红古区	6500	46000	17000
西固区	1800	17900	13800
永靖县	10600	137700	112400
合计	159400	1386000	313500

第二节　湟水流域下游污染排放分析

一、工业污染源调查分析

本节收集梳理了湟水流域下游甘肃境内的工业污染源，涉及红古区、永登县、西固区，天祝县、永靖县5个县（区）工业生产过程中的生产生活废水，废水中的主要污染因子为化学需氧量、氨氮、总氮、总磷。在"十三五"末进行的全国第二次污染源普查工作中，对湟水流域5个县（区）产生及排放的工业废水量、污染因子进行了详细调查，区域内的具体情况如下。

1. 废水

湟水流域下游甘肃段的5个行政县（区）中，西固区工业企业生产过程中废水产生及排放量最大，年废水排放量高达2000万立方米以上；其次为红古区和永靖县，年工业生产过程中废水排放量在500万立方米左右；兰州市永登县工业生产中年废水排放量相对较少，年排放量不足100万立方米。5个县（区）

中，天祝县为农牧业生产县，工业生产企业少，年废水产生量和排放量很少，年外排废水量不足1万立方米。

湟水流域下游甘肃段内城市工业废水排放情况见图3-1。

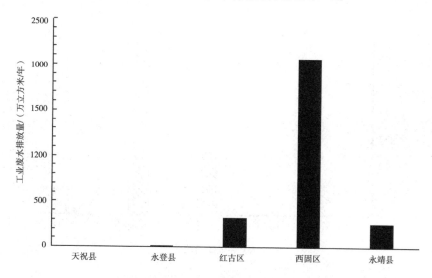

图3-1　湟水流域下游甘肃段内城市工业废水排放情况

2. COD

COD既称化学需氧量，又称化学耗氧量，是利用化学氧化剂（如高锰酸钾）将水中可氧化物质（如有机物、亚硝酸盐、亚铁盐、硫化物等）氧化分解，然后根据残留的氧化剂的量计算出氧的消耗量。COD的单位为mg／L，其值越小，表明水质污染程度越轻。

根据调查，湟水流域甘肃段5个县（区）中工业生产过程中产生的废水均含有COD，其中兰州市西固区工业生产废水COD产生量最大，年产生量在6000t以上；其次红古区工业生产过程中COD年产生量相对较大，年产生量在2000t以上；永靖县、永登县、天祝县3个县工业生产过程中COD年产量相对较少，在1000t以下。工业生产过程中废水通过净化处置后，废水中COD含量降低，排放量有所减少，其中西固区年COD排放量在1000t以上，红古区COD年排放量在

500t左右，永靖县、永登县、天祝县3个县COD排放量在200t以下，其中天祝县COD排放量最少，年排放量不足1t。

湟水流域下游甘肃段内工业生产COD产生及排放情况见图3-2。

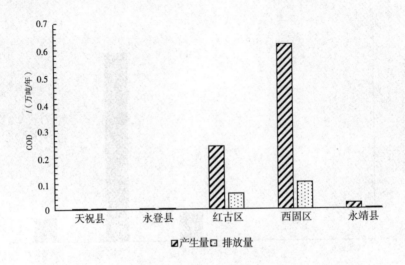

图3-2 湟水流域下游甘肃段内工业生产COD产生及排放情况

3. 氨氮

地表水体和地下水体中以硝酸盐氮（NO_3）为主，氨氮是指以游离氨（NH_3）和铵离子（NH_4^+）形式存在的氮，受污染水体的氨氮叫作水合氨，也称非离子氨。非离子氨是引起水生生物毒害的主要因子，而铵离子相对基本无毒。氨氮是水体中的营养素，可导致水富营养化现象产生，是水体中的主要耗氧污染物，对鱼类及某些水生生物有毒害。

湟水流域甘肃段5个县（区）工业生产过程中产生的废水经过监测均含有氨氮，其中西固区和红古区2个区工业生产过程中氨氮产生量较高，年氨氮产生量在100t以上；其次永靖县、天祝县、永登县3个县工业生产过程中氨氮产生量相对较少，年氨氮产生量在50t以下。工业生产废水经过净化处理后，氨氮含量有所降低，排放量也有所减少，其中西固区和红古区工业生产废水排放过程中氨氮排放量在10t以上，永靖县、永登县、天祝县3个县工业生产废水氨氮年排放量降低至10t以下，其中天祝县和永登县氨氮排放量很少，在2t以下。

湟水流域下游甘肃段内工业产业氨氮产生及排放情况见图3-3。

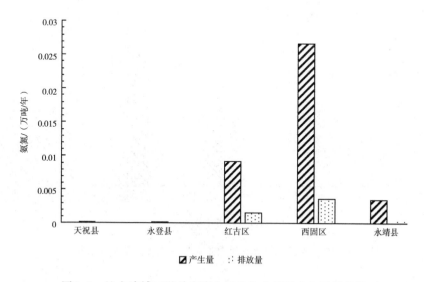

图3-3 湟水流域下游甘肃段内工业生产氨氮产生及排放情况

4. 总氮

总氮是衡量水质污染程度的一项重要指标，总氮主要由氨氮、有机氮、硝酸盐氮和亚硝酸盐氮组成。总氮含量越高，表明水质污染程度越严重。

湟水流域甘肃段5个县（区）中工业生产过程中产生的废水均含有一定量的总氮污染因子。调查显示，西固区年工业生产过程中总氮产生量最高，年产量在600t以上；其次红古区总氮年产生量在100t以上；而永靖县、永登县、天祝县3个县工业生产过程中总氮年产生量相对较低，在100t以下，其中天祝县、永登县总氮年产生量很低，在20t以下。废水中的总氮经过生物处理法、化学法、离子交换法等方法净化处置后，总氮含量明显降低，总氮排放量明显减少，其中红古区总氮年排放量降低至40t左右，永靖县、永登县、天祝县总氮年排放量降低至20t以下，但西固区总氮处置效果较差，总氮排放量在550t左右，西固区需要加强工业生产过程中废水的总氮净化处理。

湟水流域下游甘肃段内工业生产总氮产生及排放情况见图3-4。

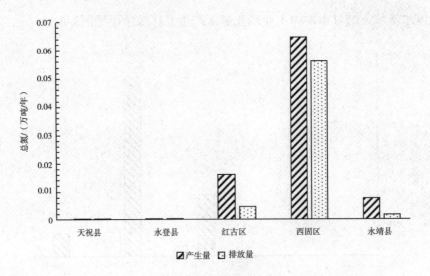

图3-4　湟水流域下游甘肃段内工业生产总氮产生及排放情况

5. 总磷

总磷是衡量水质标准的一项重要指标，水中磷可以元素磷、正磷酸盐、缩合磷酸盐、焦磷酸盐、偏磷酸盐和有机团结合的磷酸盐等形式存在。其主要来源为生活污水、化肥、有机磷农药及近代洗涤剂所用的磷酸盐增洁剂等。磷酸盐会干扰水厂中的混凝过程。水体中的磷是藻类生长需要的一种关键元素，过量磷是造成水体污秽异臭，使湖泊发生富营养化和海湾出现赤潮的主要原因。

根据调查，湟水流域甘肃境内5个县（区）中工业生产过程中产生的废水中均含有总磷，其中西固区、红古区总磷年产生量相对较高，在15t以上；永靖县、永登县、天祝县3个县总磷年产生量相对较低，在5t以下。工业生产废水总磷经过消解处置后，废水中总磷含量有所降低，排放量有所减少，其中西固区总磷年排放量在10t以上；红古区总磷年排放量在5t以下；永靖县、永登县、天祝县3个县总磷年排放量很低，在1t以下。

湟水流域下游甘肃段工业生产总磷产生及排放情况见图3-5。

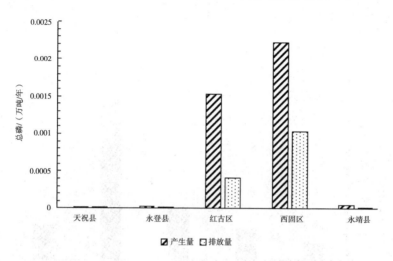

图3-5　湟水流域下游甘肃段内工业生产总磷产生及排放情况

二、生活污染源调查分析

生活污染源是指人群居住产生的污染物发生源，主要包括生活用煤、生活废水、生活垃圾、生活噪声等污染源，而进入湟水的面源污染物主要以废水的形式排入。2020年，全国第二次污染源普查中，对湟水流域（甘肃段）天祝县、永登县、红古区、西固区、永靖县5个县（区）城镇生活污水排放量及化学需氧量、氨氮、总氮、总磷污染因子进行调查分析，具体调查情况如下。

1. 废水

湟水流域甘肃段天祝县、永登县、红古区、西固区、永靖县5个县（区）中，西固区人居生活污染源废水排放量最多，年排放量为1200万立方米左右；其次为红古区，生活废水年排放量为400万立方米左右；永登县、永靖县人居生活废水年排放量在200万立方米以上；天祝县人居生活废水年排放量最少，在150万立方米左右。

湟水流域下游甘肃段的人居生活废水排放情况见图3-6。

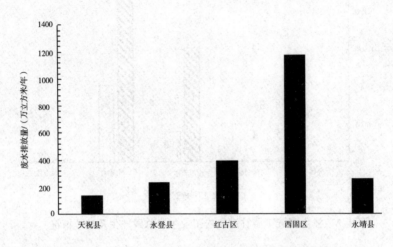

图3-6　湟水流域下游甘肃段内人居生活废水排放情况

2. COD

湟水流域甘肃段5个县（区）中，西固区人居生活废水COD年产生量最大，在5000t以上；其次为红古区，COD年产生量2000t以上，永靖县COD年产生量在1000t以上；天祝县和红古区生活废水COD年产生量相对较少，在1000t以下。生活废水通过净化处置后，废水中COD含量明显降低，排放量也有所减少，其中西固区、永靖县COD年排放量约400t；天祝县、永登县、红古区COD年排放量在200t以下；天祝县生活源废水COD年排放量最少，不到100t。

湟水流域下游甘肃段内人居生活废水COD产年及排放情况见图3-7。

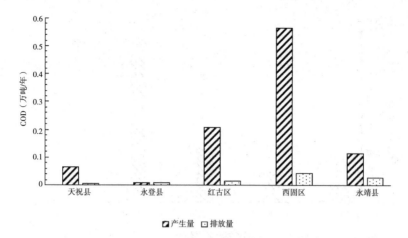

图3-7　湟水流域下游甘肃段内人居生活废水COD产生及排放情况

3.氨氮

根据调查，湟水流域甘肃段天祝县、永登县、红古区、西固区、永靖县5个县（区）中，西固区城市生活废水中产生的氨氮量最多，年产生量为600t；其次为红古区，氨氮年产生量在200t以上；永登县和永靖县2个县（区）氨氮年产生量相对较少，在100t左右；天祝县人口数据相对较少，人居生活废水产生量少，氨氮年产生量也相对较少，在100t以下。人居生活废水通过净化处置后，废水中氨氮含量有所降低，湟水流域生活废水氨氮排放量有所减少，其中西固区人居生活废水氨氮年排放量降至100t左右，红古区氨氮年排放量降至100t以下，天祝县、永登县、永靖县3个县氨氮年排放量降至20t以下。

湟水流域下游甘肃段内人居生活废水氨氮产生及排放情况见图3-8。

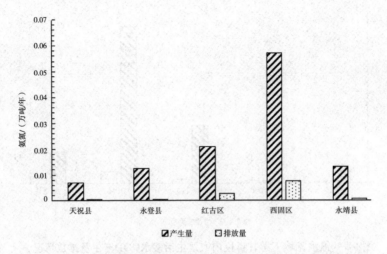

图3-8 湟水流域下游甘肃段内人居生活废水氨氮产生及排放情况

4. 总氮

湟水流域甘肃段天祝县、永登县、红古区、西固区、永靖县5个县（区）中，西固区城市生活废水源产生的总氮最多，年产生量在700t以上；其次为红古区，总氮年产生量在200t以上；永登县、永靖县总氮年产生量在200t以上；天祝县生活源废水总氮年产生量较少，在100t以下。湟水流域各县（区）生活废水通过采取一定的措施处理后，废水中总氮污染因子排放量明显减低，其中西固区总氮年排放量约200t以上；天祝县、永登县、红古区、永靖县总氮年排放量在100t以下，其中天祝县总氮年排放量最少，在40t以下。

湟水流域下游甘肃段内人居生活废水总氮产生及排放情况见图3-9。

5. 总磷

湟水流域甘肃段5个县（区）中，西固区人居生活废水总磷年产生量最多，在500t以上，其次为红古区，人居生活废水总磷年产生量200t以上，永登县、永靖县2个县（区）人居生活废水总磷年产生量在100t以上；天祝县人居生活废水总磷年产生量最少，在100t以下。人居生活废水经过净化处理后，废水中总磷含量明显降低，废水外排总磷排放量有所减少，其中西固区总磷年排放量降至50t左右；永登县、红古区2个县（区）人居生活废水总磷年排放量降至在50t以下；天祝县、永靖县2个县人居生活废水总磷年排放量最少，在20t以下。

湟水流域下游甘肃段内人居生活废水总磷排放情况见图3-10。

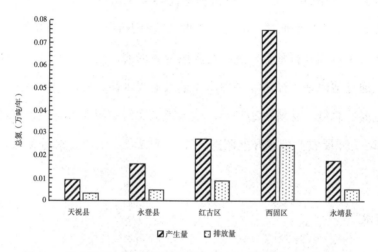

图3-9　湟水流域下游甘肃段内人居生活废水总氮产生及排放情况

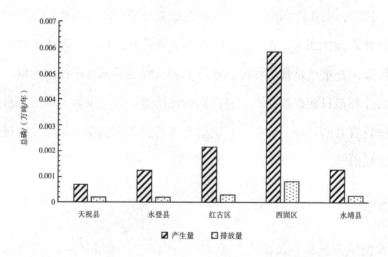

图3-10　湟水流域下游甘肃段内人居生活废水总磷产生及排放情况

三、农业面源污染调查分析

湟水流域甘肃段共有兰州市、武威市、临夏回族自治州3个行政市（州）、5个行政县（区），5个县（区）农业生产占比相对较大，尤其是天祝县、永登县、永靖县3个县农业种植和畜禽养殖业相对比较发达，因此，农业种植和畜禽养殖产生的面源污染物对湟水流域地表河流水生态环境影响较大。

农业种植过程及畜禽养殖过程对区域地表河流产生的环境污染主要是废水的直排或通过地表地下径流等多种途径进入地表水体，废水中主要污染因子是COD、氨氮、总氮、总磷。2020年，全国第二次污染源普查对湟水流域甘肃段5个县（区）开展农业染源开展调查，湟水流域农业生产废水污染物产生及排放情况如下。

1. 废水

农业面源污染不同于工业点源和人居生活源，产生的污染物可以集中收集，统一排放，农业面源污染物排放相对比较分散，废水的排放量很难准确调查统计并计算。2020年，在全国第二次污染源普查工作中，湟水流域甘肃段农业面源污染调查重点是畜禽养殖、水产养殖、农业灌溉可统计的种植，而对于零散的农业种植只能根据化肥、有机肥的使用进行科学推算，对于废水排放量则很难进行有效的计算，因此，本次研究没有将农业面源污染废水的排放量列入研究序列内。

2. COD

湟水流域天祝县、永登县、红古区、西固区、永靖县共5个县（区）中，永登县农业种植面积规模较大，天祝县畜禽养殖规模较大，因此永登县、天祝县农业面源污染废水产生量相对较大，废水中COD产生量也相对较大，据调查，永登县废水中COD年产生量在40000t以上；天祝县年COD年产生量在

20000t以上；西固和永靖县农业种植和畜禽养殖规模相对较小，农业面源废水产生量相对较少，废水中COD年产生量也相对较少，在5000t左右。据调查，虽然5个县（区）农业面源废水中COD年产生量相对较高，但经过污水综合处理后，外排的COD量相对较少。除永登县农业面源废水中COD排放量约5000t外，天祝县、西固区、红古区、永靖县农业面源废水中COD排放量均低于5000t。

湟水流域下游甘肃段内农业面源污染COD产生及排放情况见图3-11。

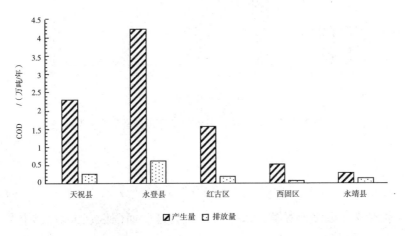

图3-11　湟水流域下游甘肃段内农业面源污染COD产生及排放情况

3. 氨氮

湟水流域甘肃段5个县（区）区中，永登县农业种植规模及畜禽养殖规模较大，因此农业面源污染废水产生量较大，废水中氨氮产生量最高，氨氮年产生量在400t以上，天祝县、西固区、红古区、永靖县4个县（区）农业种植及畜禽养殖规模相对较小，农业面源污染废水中氨氮年产生量较少，在100t左右，其中西固区氨氮年产生量最少，约10t。农业生产及畜禽养殖过程产生的废水经过沉淀及净化处理后，废水中氨氮含量明显降低，其中永登县农业生产过程中氨氮年排放量在50t左右，天祝县、西固区、红古区、永靖县4个县（区）

农业生产及畜禽养殖过程中氨氮年排放量在20t左右。

湟水流域下游甘肃段内农业面源污染氨氮产生及排放情况见图3-12。

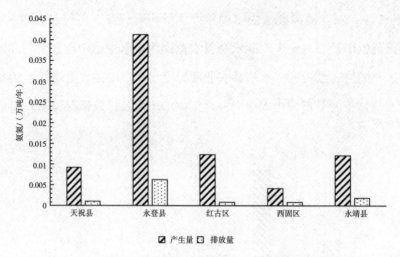

图3-12　湟水流域下游甘肃段内农业面源污染氨氮产生及排放情况

4. 总氮

湟水流域甘肃段天祝县、永登县、红古区、西固区、永靖县5个县（区）中，永登县农业面源污染总氮年产生量相对较多，在2000t以上，天祝县、永登县、红古区、永靖县总氮年产生量相对较少，在1000t以下。从总氮年排放量分析，5个县（区）农业面源污染废水总氮处理效果较好，总氮年排放量相对较低，各县区总氮年排放量低于500t以下，其中西固区总氮年排放量最低，在100t以下。

湟水流域下游甘肃段内农业面源污染总氮产生及排放情况见图3-13。

5. 总磷

湟水流域甘肃段5个县（区）中，永登县农业生产及畜禽养殖面源污染废水产生的总磷较大，年产生量约500t以上，天祝县、红古区、西固区、永靖县4个县（区）农业生产及畜禽养殖污染废水总磷年产生量相对较少，在200t以下。农业面源污染废水经过综合处理后，废水中总磷排放量有所降低，其中永登县农业面源污染总磷年排放量在80t左右，天祝县、红古区、西固区、永靖县4个县（区）农业面源污染总磷年排放量在50t左右。总体上，各县区农业生产及畜禽养殖等活动总磷排放量降低。

湟水流域下游甘肃段内农业面源污染总磷产生及排放情况见图3-14。

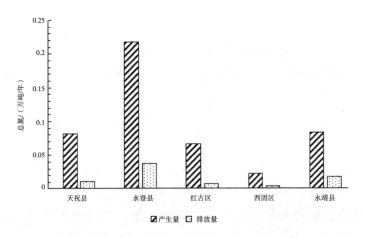

图3-13　湟水流域下游甘肃段内农业面源污染总氮产生及排放情况

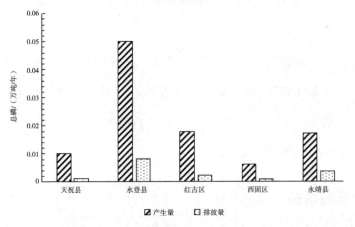

图3-14　湟水流域下游甘肃段内农业面源污染总磷产生及排放情况

第三节　湟水流域下游污染负荷分析

湟水流域甘肃段5个工业点源、农业面源、生活源产生的污染源以废水的形式进入湟水流域地表水体，而废水中常规的污染物主要有化学需氧量、氨氮、总氮、总磷，这4种污染因子对湟水流域地表水体产生了一定的污染。

2020年，在全国污染普查工作中，对湟水流域甘肃段5个县（区）开展了污染源调查，主要调查了5个县（区）工业生产、农业生产及人居生活过程中化学需氧量、氨氮、总氮、总磷4种污染因子的产生量及排放量，分析判断4种污染因子对湟水流域地表水体的影响程度。

1. COD 排放情况

湟水流域甘肃段5个县（区）中，永登县生产生活过程中排入地表河流的化学需氧量最大，年排放量占整个湟水流域甘肃段化学需氧量排放的38%；其次，天祝县、红古区、永靖县3个县（区）化学需氧量年排放量占整个湟水流域甘肃段化学需氧量排放量的16%—18%，化学需氧量排放相对比较均衡，西固区年化学需氧量排放相对较少，占整个湟水流域甘肃段化学需氧量排放量的11%。

湟水流域甘肃段5个县（区）COD排放情况占比见图3-15。

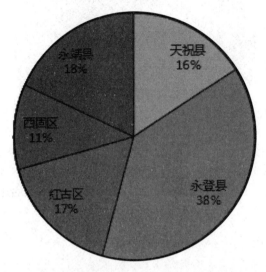

图3-15 湟水流域甘肃段5个县（区）COD排放情况占比

2. 氨氮排放情况

湟水流域甘肃段5个县（区）中，西固区和永登县2个县（区）年氨氮排放量基本持平，氨氮排放量占整个流域氨氮总排放量的25%—26%，表明西固区、永登县氨氮排放对湟水流域地表水体的污染相对较大；其次，永登县和永靖县氨氮年排放量占整个流域氨氮总排放量的20%，天祝县氨氮排放量相对较少，年排放量占整个湟水流域甘肃段氨氮总排放量的9%，表明天祝县氨氮排放对湟水流域地表水体的污染影响最小。

湟水流域甘肃段各县（区）氨氮排放情况占比见图3-16。

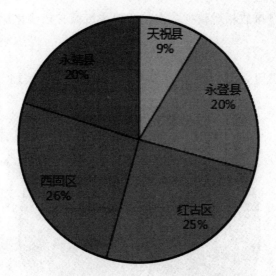

图3-16 湟水流域甘肃段县（区）氨氮排放情况占比

3. 总氮排放情况

湟水流域（甘肃段）5个县（区）中，永登县总氮排放量最多，年总氮排放量占湟水流域甘肃段总氮排放量的40%，表明永登县总氮排放对湟水流域地表水体的污染相对比较严重；其次永靖县总氮排放量占湟水流域甘肃段总氮排放量的21%；天祝县、红古区、西固区总氮排放量基本持平，分别占湟水流域甘肃段总氮排放量的12%、13%、14%，表明天祝县、红古区和西固区总氮排放对湟水流域地表水体的污染程度基本相同。

湟水流域甘肃段各县（区）总氮排放情况占比见图3-17。

4. 总磷排放情况

湟水流域甘肃段5个县（区）中，永靖县年总磷排放量相对较高，占湟水流域甘肃段总磷排放量的32%，表明永靖县对湟水流域总磷的污染相对较大；其次西固区和永登县总磷排放相对较高，分别占整个湟水流域年总磷排放量的

22%、24%；天祝县和红古区年总磷排放量相同，占整个湟水流域年总磷排放量的11%，表明天祝县和红古区对湟水地表水体的总磷污染相对较轻。

湟水流域甘肃段各县（区）总磷排放情况占比见图3-18。

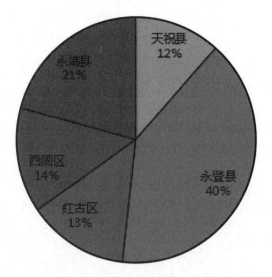

图3-17 湟水流域甘肃段各县（区）总氮排放情况占比

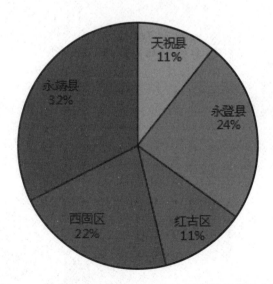

图3-18 湟水流域甘肃段各县（区）总磷排放情况占比

第四章　湟水流域下游面源污染负荷分析

第一节　湟水流域下游污染来源分配比例

　　根据调查，对湟水流域下游形成污染的主要污染物为废水，主要污染因子为化学需氧量、氨氮、总氮、总磷。本节对湟水流域工业点源、农业面源、生活源3种形式的污染源进行污染负荷来源比例的评估计算，模拟比算有污染源输入和无污染源输入时流域出口污染负荷的变化情况，从而估算各污染源对流域出口污染负荷的贡献情况。将湟水流域下游按照县（区）行政区划划分为天祝县、永登县、红古区、西固区、永靖县共5个区域进行分析，湟水各区域空间分布如图4-1所示，结果见图4-2。

　　湟水流域下游天祝县、永登县、红古区、西固区、永靖县5个县（区）对湟水的主要污染因子为化学需氧量、氨氮、总氮、总磷。对湟水流域化学需氧量来源进行负荷分析，天祝县、永登县、红古区、永靖县4个县（区）化学需氧量以农业面源排放为主，西固区则以工业点源排放为主。对湟水流域氨氮来源进行负荷分析，天祝县、永登县、永靖县3个县（区）氨氮以农业面源源排放为主，其次为生活源排放；红古区、西固区氨氮以生活源排放为主。对湟水流域总氮来源进行负荷分析，天祝县、永登县、永靖县总氮以农业面源排放为主，其次为生活源排放；西固区总氮则以工业点源排放为主，其次为生活源排放，农业面源氨氮排放很少；红古区生活源、农业面源、工业点源总氮排相对比较均衡，差异性较小。对湟水流域总磷来源进行负荷分析，天祝县、永登县、红古区、永靖县4个县（区）总磷以农业面源排放为主；其次天祝县生活源总磷排放占比较大；红古区工业点源总磷排放占比较大；永登县、永靖县工业点源、生活源总磷排放占比很小；西固区工业点源、农业面源、生活源总磷排放占比比较均衡，差异性较小。

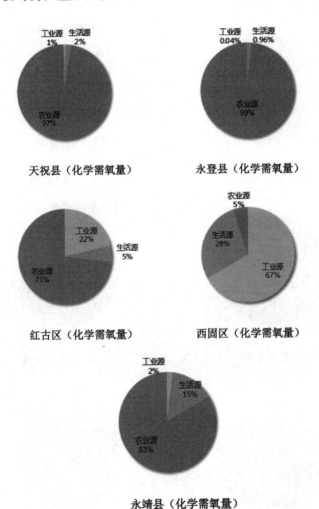

图4-1　湟水流域下游主要区县化学需氧量污染来源构成

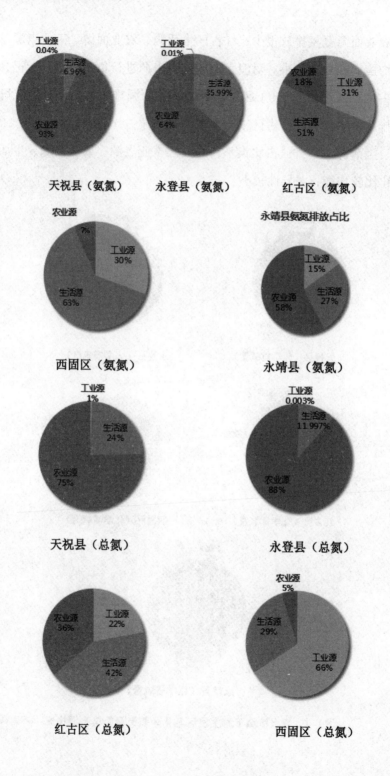

天祝县（氨氮）　　永登县（氨氮）　　红古区（氨氮）

西固区（氨氮）　　　　　　永靖县（氨氮）

天祝县（总氮）　　　　　　永登县（总氮）

红古区（总氮）　　　　　　西固区（总氮）

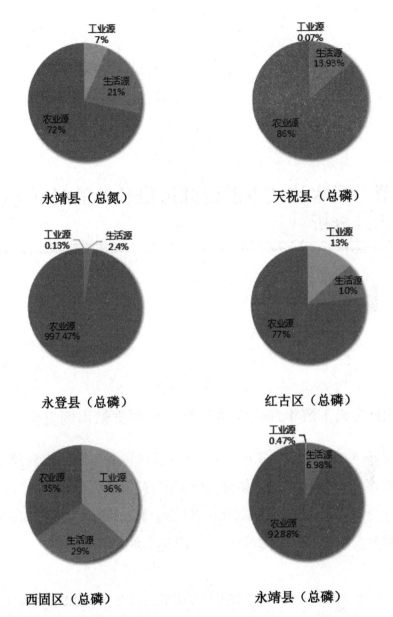

图4-2 湟水流域下游5个县（区）氨氮、总氮、总磷污染物来源构成

第二节 湟水流域下游面源污染负荷的时间差异性分析

一、湟水流域下游年内化学需氧量污染源贡献比例变化

利用SWAT模型对湟水流域甘肃段各个县区污染负荷逐月进行模拟，以流域下游各县（区）输出结果体现，在污染负荷模拟期（2020年）内，化学需氧量污染负荷逐月构成比例变化如图4-3所示。不同月份污染来源比例具有显著差异，且呈一定规律性变化，下面从季节角度分析不同状态下污染源的比例构成。

对不同季节湟水流域下游甘肃段化学需氧量污染负荷来源比例构成进行分析，结果如图4-4所示。不同季节下的化学需氧量污染负荷比例存在差异性，但差异性不显著，春季（3—5月）流域内化学需氧量污染负荷生活源占比相对较大，其次为工业源和农业源。进入夏季（6—8月）、秋季（9—11月），农业面源污染负荷占比逐渐增加，而工业源、生活源占比有所下降，表明夏季农业耕作活动频繁，降水量增多，随着雨水径流排入水体的面源氮污染贡献明

显，农业面源负荷占比的增加与北方夏秋季节农业耕作及降雨量呈正相关。进入冬季（12—2月）后，降雨量降低，农业耕作活动减少，而人群生活、工业生产活动不变，因此，冬季湟水流域各个区域农业面源负荷降低，生活源和工业点源相应增加。

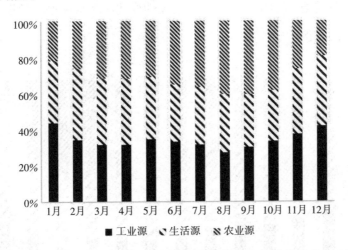

图4-3　湟水流域下游甘肃段化学需氧量逐月负荷来源贡献比例（2020年）

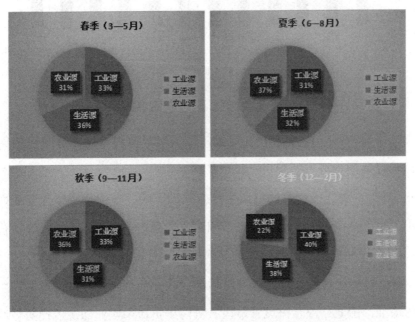

图4-4　不同季节湟水流域下游甘肃段化学需氧量负荷来源贡献比例（2020年）

二、湟水流域下游年内氨氮污染源贡献比例变化

对湟水流域甘肃段氨氮进行污染负荷模拟，在污染负荷模拟期（2020年）内，氨氮污染负荷逐月构成比例变化如图4-5所示。不同月份湟水流域氨氮污染来源比例具有显著差异，且呈一定规律性变化，下面从季节角度分析不同状态下污染源的比例构成。

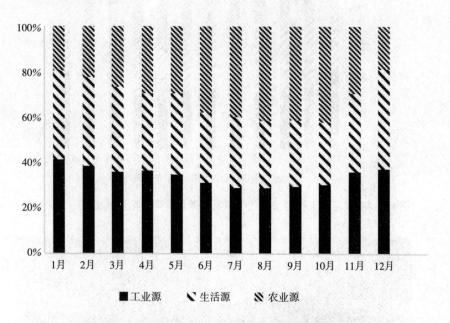

图4-5　湟水流域下游甘肃段氨氮逐月负荷来源贡献比例（2020年）

与化学需氧量污染源的分析相似，对不同季节湟水流域甘肃段内氨氮污染负荷来源比例构成进行分析，结果如图4-6所示。在春季（3—5月）和冬季（12—1月），受气候因素及农业生产方式的影响，氨氮污染负荷农业面源占比较小，而工业活动、人群生产生活相对比较稳定，因此，氨氮污染负荷工业点源、生活源占比相对较高。进入夏季（6—8月）和秋季（9—11月），北方农业生产活动增强，同时降雨量明显增加，农业面源污染增加，氨氮产生量和排放量增加，因此，湟水流域甘肃段氨氮污染负荷中农业面源占比明显增加，而工业生产、人群生活没有发生变化，污染物氨氮产生量和排放量没有发生明

显的变化，因此，进入夏秋季节，氨氮污染物负荷农业面源占比增加，工业点源、生活源相应地有所降低。

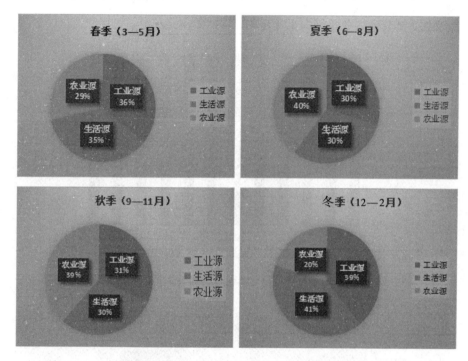

图4-6　不同季节湟水流域下游甘肃段氨氮负荷来源贡献比例（2020年）

三、湟水流域下游年内总氮污染源贡献比例变化

在污染负荷模拟期（2020年）内，总氮污染负荷逐月构成比例变化如图4-7所示。不同月份湟水流域总氮污染来源比例具有显著差异，且呈一定规律性变化，下面从季节角度分析不同状态下污染源的比例构成。

与氨氮污染源的分析相似，对不同季节湟水流域甘肃段内总氮污染负荷来源比例构成进行分析，结果如图4-8所示。在春季（3—5月），湟水流域总氮负荷来源贡献占比最大的是工业点源，其次为生活源，农业面源总氮排放量相对较少。进入夏季（6—8月）和秋季（9—11月），受气候因素（降雨量）及农业生产方式的影响，农业面源污染物总氮排放量有所增加，占比有所增大。

进入冬季（12—1月），湟水流域农业面源总氮排放量明显降低，相应的工业点源和生活源总氮排放量占比增加。4个季节中，农业面源总氮排放季节性明显，发生了变化，因此，导致工业点源、生活源占比发生了一定的变化。

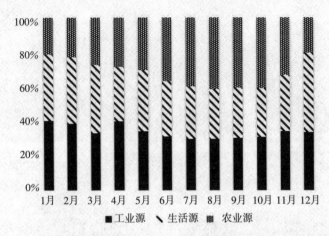

图4-7　湟水流域下游甘肃段总氮逐月负荷来源贡献比例（2020年）

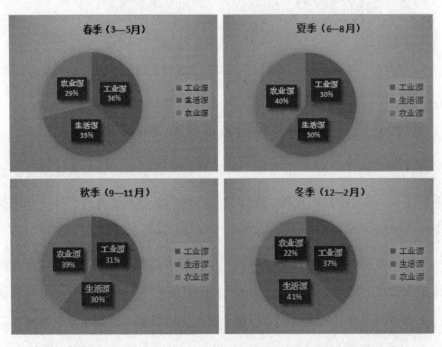

图4-8　不同季节湟水流域下游甘肃省段总氮负荷来源贡献比例（2020年）

四、湟水流域年内总磷污染源贡献比例变化

在污染负荷模拟期（2020年）内，总磷污染负荷逐月构成比例变化如图4-9所示。不同月份湟水流域总磷污染来源比例具有显著差异，且呈一定季节性变化规律，下面从季节角度分析不同状态下污染源的比例构成。

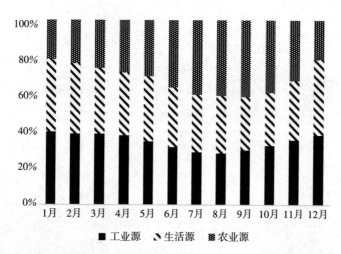

图4-9　湟水流域下游甘肃段总磷逐月负荷来源贡献比例（2020年）

与总氮污染源的季节性变化分析类似，对不同季节湟水流域下游甘肃段总磷污染负荷来源比例进行分析，结果如图4-10所示。不同季节湟水流域总磷污染负荷比例具有各自的特点。在春季（3—5月），流域内污染源总磷负荷主要来自工业点源和生活源，而农业面源总磷负荷来源占比较少。进入夏季（6—8月）和秋季（9—11月），受气候因素（降雨量）及农业生产方式的影响，流域内污染源总磷负荷主要来自农业面源，农业面源占比增加，在生活源和工业点源总磷排放量不变的情况下，占比有所降低。进入冬季，流域内农业面源污染物排放量有所减少，而在工业点源和生活源总磷排放量不变的情况下，占比有所增加。表明4个季节内，工业点源和生活源总磷排放量变化不大，但农业面源总磷排放量有所变化，因此，4个季节内工业点源、生活源、农业面源总

磷排放占比有所变化，总体规律是夏、秋两个季节农业面源总磷占比高，冬、春两个季节农业面源总磷占比较低。

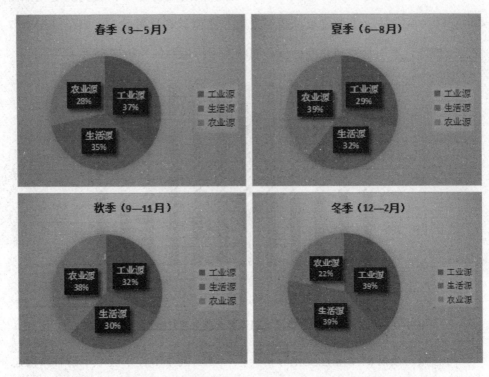

图4-10　不同季节湟水流域下游甘肃段总磷负荷来源贡献比例（2020年）

五、湟水流域下游面源污染负荷的空间差异性分析

湟水流域年平均降水量为314mm，降水量大的地区均分布在海拔较高的山区。气候和地形导致这一地区土壤侵蚀较大，尤其是在湟水流域林地和草地占比较大的区域主要以土壤侵蚀最为显著。全流域多年平均产沙量为140万吨，总氮、总磷的产污负荷特征相似，主要产污区集中在湟水流域耕地耕作区域及人口分布密集区域，如永登县、红古区及西固区，主要支流和干流两岸的耕地，尤其分布在北川河、塘川河2条支流两岸的耕地，还有湟中县南部的一些

支流，以及西宁站至民和站的湟水干流两岸的耕地中。总氮、总磷负荷的最大强度分别达到17.38t/km²和3.88t/km²。流域总氮和总磷的年平均负荷达到5323t和543t，其中大通县和互助县的污染物输出贡献最大，分别占总负荷的23.1%和20.4%。整个流域的农田主要分布在这两个县，且降雨和地形同样使两个县的土壤侵蚀加剧，从而造成更多的农业源排放。

第五章 湟水流域下游面源污染过程模拟应用

　　近年来，对湟水流域面源污染源调查及相关研究以实地监测和现场调查为主，但实地监测和现场调查耗时低效，且工作量大，成本较高，因此相关的研究积累并不多见，且调查及研究结果并不能全面系统地反映流域面源污染的时空变异特征。而借助现代计算机技术和信息技术的最新成果，通过建模，可以有效解决传统监测耗时费力的问题，节省更多的人力、物力，同时提高面源污染分析的准确性和全面性。由此，为了全面和准确地反映湟水流域甘肃段范围内的面源污染特征，本章针对湟水流域甘肃段汇水范围，集成GIS技术与SWAT模型，结合统计学方法，将系统介绍湟水流域甘肃段面源污染模型的构建过程及分析过程，并通过模型模拟结果来阐述流域面源污染负荷的时空特征，识别关键源区和关键影响因子，同时对区域面源污染防治措施、效果评估及对策制定提供指导和借鉴。

第一节　模拟目标与方法

一、模拟目标

　　针对湟水流域下游段面源污染现状，集成GIS技术与SWAT模型，结合统计学方法，对湟水流域下游段面源污染过程及主要影响因素进行模拟，识别流域面源污染负荷特征、关键源区和关键影响因子，评估区域面源污染防治措施及效果，以进一步深化对黄河流域上游高原山谷地区面源污染过程和规律的认识，同时为"十四五"期间深入打好污染防治攻坚战、推动流域面源污染综合治理提供科学依据，也为开展相关流域面源污染过程模拟预测探索新模式。

二、技术路线

　　湟水流域下游面源污染源调查研究以基础研究加数据库构建和模型分析为主，首先，采用传统的模式进行基础研究，对湟水流域下游段区域水质变化、污染源现状进行调查，对污染源负荷进行分析；其次，进行SWAT数据库构建，分别构建空间数据库和属性数据库；最后，对SWAT模型进行模拟分析，重点分析面源污染规律、面源关键影响因子及面源关键源区。具体研究技术路线见图5-1。

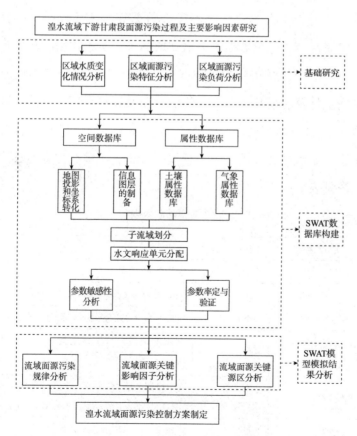

图5-1　面源模拟分析技术路线

三、模型数据库构建

（一）数据需求与来源

　　SWAT模型在ArcGIS平台上以ArcSWAT的扩展模块方式嵌入，使SWAT模型有了更方便的地理信息处理平台。翔实有效的数据和全面完整的数据库是SWAT模型运行成功的前提条件，因此，在构建流域面源污染模型之前，需要广泛收集流域内影响面源污染特征的相关基础数据，根据模型需要对数据进行整理，建立流域特定的面源污染数据库，形成模型运行所需的输入参数。

　　SWAT模型运行所需的参数非常多，需分类建立相应的数据库。数据库主要包括空间数据库和属性数据库两大类，其中空间数据库包含数字高程模型数据（DEM）、土地利用数据、土壤类型数据等，属性数据库包含土地利用属性表、土壤属性表、气象数据表、水文数据等。对于在ArcGIS平台上运行的ArcSWAT模块，还需上述矢量化的数据集，从而实现SWAT模型的分布式模拟功能，在空间上计算和反映面源污染物的分布及迁移特征。目前，满足模型模拟需要的地理信息数据产品已经非常丰富，且大部分可以通过购买等方式获得。对于本次湟水流域的面源污染特征模拟分析，本节利用到的具体基础数据信息及其来源见表5-1。

表5-1　SWAT模型基础数据信息统计

数据库	数据名称	精度	格式	数据来源
空间数据库	DEM	30m	.img	地理空间信息云
	土地利用图	30m	.tif	国家地球系统科学数据共享服务平台
	土壤类型图	30m	.tif	世界和谐土壤数据库（HWSD）的中国土壤数据集
属性数据库	土地利用属性表	—	.txt	国家地球系统科学数据共享服务平台
	土壤属性表	1km	.xlsx	世界土壤数据库（HWSD）的中国土壤数据集
	气象数据	1/8°逐日	.txt	美国环境预报中心CFSR数据库；SWAT模型中国大气同化驱动集（CMADS V1.2）
	水文数据	4测站	.xlsx	流域内水文站历史监测数据

续表

数据库	数据名称	精度	格式	数据来源
其他数据库	污染源数据	—	.xlsx	生态环境管理部门历年统计数据
	水质数据	4测站	.xlsx	生态环境管理部门历年统计数据

（二）数据预处理及数据库构建

1.地图投影设置

为确保所模拟的流域范围内各类环境属性数据能够准确地叠加组合，SWAT模型严格要求所有输入的空间数据必须具有统一的地理投影和坐标系统。本节将获取的DEM、土地利用图、HWSD土壤图等所有空间数据坐标统一转换为WGS_1984_UTM_Zone_48N，保证各类属性数据能够准确地在流域内相互叠加。

2.DEM数据预处理及子流域生成

DEM是指对二维地理空间上具有连续变化的地理现象，通过有限的地形高程数据实现对地形曲面的数字化模拟，是地形属性表达形式为高程时的数字地形模型。DEM包含流域丰富的地貌、地形等特征信息，能够通过DEM数据提取到大量的诸如流域边界、坡度、坡向、河网水系等地表形态信息。

SWAT模型借助ArcGIS在DEM数据基础上读取湟水流域范围内的坡度、坡向等矢量信息，采用D8方法、最陡坡度原则和最小集水面积阈值的方法，计算获取流域内的河网分布及河道参数，并划分子流域，将流域分割为几个水文学上相互联系的子流域，以便后续在SWAT流域模拟中应用。本研究所采用的DEM数据来自地理空间信息云平台，水平分辨率为30m。经过处理，流域内根据河网分布及汇水特征共划分为33个子流域，其中第9、第30、第31、第32号子流域覆盖面积最大，第9号子流域位于大通河上游，面积占区域总面积的

7.42%；第30、第31、第32号子流域位于湟水干流下游，主要为黄土丘陵地带，在区域总面积中的占比分别为6.65%、5.87%、7.93%。流域内地形及子流域划分情况见图5-2、图5-3，表5-2，各子流域所涉及的行政区域对应关系见表5-3。

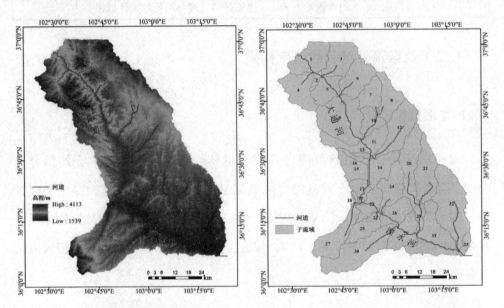

图5-2 湟水流域下游地形情况　　　图5-3 湟水流域下游子流域划分情况

表5-2 湟水流域下游子流域基本信息

子流域	面积 /hm²	占比 /%	子流域	面积 /hm²	占比 /%
1	19272.24	4.02	12	23818.32	4.96
2	2369.79	0.49	13	1684.53	0.35
3	18652.77	3.89	14	13337.64	2.78
4	18613.80	3.88	15	11535.66	2.40
5	12787.11	2.66	16	3237.30	0.67
6	18559.35	3.87	17	6711.21	1.40
7	11955.51	2.49	18	459.99	0.10
8	14744.97	3.07	19	1214.55	0.25
9	35608.59	7.42	20	22932.72	4.78
10	10018.98	2.09	21	22147.47	4.62
11	18041.85	3.76	22	10533.87	2.20

续表

子流域	面积/hm²	占比/%	子流域	面积/hm²	占比/%
23	406.26	0.08	29	4561.29	0.95
24	16330.05	3.40	30	31888.71	6.65
25	11510.64	2.40	31	28164.78	5.87
26	12332.88	2.57	32	38032.92	7.93
27	20041.74	4.18	33	3314.70	0.69
28	14995.80	3.13	合计	479817.99	100

表5-3　湟水流域下游子流域与行政区域基本对照关系

河段	子流域	涉及乡镇	涉及村庄
大通河	1	炭山岭镇	—
	2	赛拉隆乡	—
	3	炭山岭镇	—
	4	赛拉隆乡	—
	5	赛拉隆乡	—
	6	炭山岭镇	—
	7	民乐乡	—
	8	民乐乡	—
	9	连城镇、赛拉隆乡	铁家台社区、浪排村、连城村、东河沿村、淌沟村
	10	民乐乡	八岭村、卜洞村、黑龙村、铁丰村、下川村
	11	连城镇、河桥镇、通远乡、东坪乡、芦花乡	丰乐村、永和村、明家庄村
	12	通远乡、河桥镇	河桥村、南关村、牌楼村、晓林村、上坪村、边岭村、团庄村、青岭村
	13	连城镇	牛站村
	14	河桥镇、窑街街道、七山乡	南关社区、马莲滩村、团结村、马军村、乐山村、红山村、大沙村、上街村
	15	河桥镇	七里村、蒋家坪村、四渠村
	16	河桥镇、东坪乡	连铝社区
	17	河桥镇、窑街街道、海石湾镇、北山乡	敖塔村、主卜村

河段	子流域	涉及乡镇	涉及村庄
湟水	18	川口镇	史纳村
	19	川口镇	享堂村
	20	七山乡	长沟村、庞沟村、官川村、苏家峡村、地沟村、前山村、鱼盆村、雄湾村、岢岱村
	21	七山乡	—
	22	海石湾镇、川口镇、马场垣乡	上海石村、虎头崖村
	23	马场垣乡、红古镇	马场垣村
	24	七山乡、红古镇	旋子村、王家口村、米家台村、薛家村、苏家峡村
	25	马场垣乡、川口镇	—
	26	红古镇、马场垣乡乡	水车湾村、新建村、红古村、新庄村、红古社区—（南）翠泉村、团结村、金星村、香水村、马聚垣村、磨湾子村、下川口村
	27	川口镇、巴州镇	—
	28	花庄镇、西河镇、红古镇	湟兴村、杨家炮台、花庄村、苏家寺村、柳家村、青土坡、北山村、洞子村、王家庄村、白土路村—（南）白川村、二房村、红城村、陈家湾村、沈王村、红庄湾村
	29	花庄镇	—
	30	隆治乡、总堡乡	桥头村、张家村、铁家村、前山村、后山村、河嘴村、李家村、白武家村、永坪村、顶顶山村、秦家岭村、台尔哇、总堡村、哈家
	31	花庄镇、平安镇、西河镇	上车村、河湾村、岗子村、夹滩村、新安村、复兴村、张家寺村、中和村、上滩村、达家河沿、若连村、平安村—（南）滩子村、周家村、瓦房村、福川村、黄新村、司家村
	32	平安镇、七山乡、苦水乡	仁和村
	33	平安镇、达川镇、盐锅峡镇	岔路村、上车村、石城子、幸福村（高层住宅小区）—（南）焦家村

3. 土地利用数据处理及数据库构建

土地利用一定程度上反映了人类活动对流域产生的影响，土地利用方式直接影响流域的产汇流。作为下垫面数据，土地利用数据影响产流、产沙，同时，不同用地类型的营养物排放量、利用率也不尽相同，对流域产污有很大影响。

本书采用的土地利用数据来自国家地球系统科学数据共享服务平台，是利用USGS Landsat 8地表反射率数据经处理得到的地理信息产品，水平分辨率为30m，利用研究区域边界对获得的土地利用数据进行裁剪，得到与DEM数据相同边界的土地利用格栅图。结合实地调查，湟水流域下游段范围内各土地利用类型多年来变化相对较小，考虑到其他所需的诸如水质、水文等数据在时间上的匹配，最终选择2015年区域土地利用类型数据制作本次模拟的土地利用数据库。该数据中的地表覆被（土地利用）类型划分情况见表5-4。

表5-4　地表覆被（土地利用）类型划分情况

序号	分类代码	地表覆被（土地利用）类型	序号	分类代码	地表覆被（土地利用）类型
1	10	旱地	17	121	常绿灌木林
2	11	禾本旱地	18	122	落叶灌木林
3	12	树本旱地	19	130	草地
4	20	水浇地	20	140	地衣与苔藓
5	50	常绿阔叶林	21	150	稀疏植被 (fc<0.15)
6	60	落叶阔叶林	22	152	稀疏灌木植被 (fc<0.15)
7	61	开放落叶阔叶林 (0.15<fc<0.4)	23	153	稀疏禾本植被 (fc<0.15)
8	62	密闭落叶阔叶林 (fc>0.4)	24	180	湿地
9	70	常绿针叶林	25	190	不透水面
10	71	开放常绿针叶林 (0.15< fc <0.4)	26	200	裸地
11	72	密闭常绿针叶林 (fc >0.4)	27	201	硬质裸地
12	80	落叶针叶林	28	202	非硬质裸地
13	81	开放落叶针叶林 (0.15< fc <0.4)	29	210	水体
14	82	密闭落叶针叶林 (fc >0.4)	30	220	永久性冰雪
15	90	混交林	31	250	填充值
16	120	灌木林	—	—	—

　　由于SWAT模型中预设的土地利用类型代码分类与所获取的土地利用数据分类方式并不一致，需对应地类进行转换。本书采用的土地利用数据分类经过投影、裁剪后，对照SWAT模型内置的土地利用类型进行重新分类，建立本流域的土地利用类型查找表，并在SWAT模型中进行重分类处理，形成研究区域地表覆盖类型清单，分类对应情况见表5-5。需要说明的是，在SWAT模型中内置的土地利用类型属性库对耕地、城市用地等土地利用类型进行了参数概化，是针对美国本土进行构建的，本书涉及的湟水流域下游甘肃段范围内以往并无相关的参数可参考，考虑到不同国家之间在各种地类的参数性质上差异并不明显，因此本次模拟不再单独建立相应的参数，直接调用SWAT模型中的 crop 和 urban 文件。

表5-5　区域土地利用（地表覆被）类型及分类对应清单

地类	分类代码	SWAT代码	地类	分类代码	SWAT代码
旱地	10	AGRL	草地	130	RNGE
禾本旱地	11	AGRL	稀疏植被	150	HAY
水浇地	20	AGRL	湿地	180	WETL
常绿阔叶林	50	FRSE	不透水面	190	URML
落叶阔叶林	60	FRSD	裸地	200	BARR
开放落叶阔叶林	61	FRSD	硬质裸地	201	BARR
常绿针叶林	70	FRSE	非硬质裸地	202	BARR
灌木林	120	RNGB	水体	210	WATR
落叶灌木林	122	RNGB	—	—	—

　　分类后区域内的土地利用类型为10种，包括耕地、林地、草地、村镇住宅用地、湿地、裸地（荒地）和水域等。最终经过重分类后，得到的流域土地利用类型状况见表5-6、图5-4。可以看出，流域范围内主要的用地类型为耕地，约占整个区域面积的45%，广泛分布在湟水、大通河沿线河谷阶地地带，也是区域面源污染的主要源区；其次依次为草地、森林（包括乔木、灌木林），分别约占整个区域面积的33%、20%，草地广泛分布在区域内的山地丘陵地带，森林主要分布在北部大通河上游区域。其余类型的地表覆盖面积很少，总共仅

占区域面积的2%。

表5-6 湟水流域下游各子流域土地利用类型状况　　单位：hm²

子流域	AGRL	FRSE	FRSD	RNGB	RNGE	HAY	WETL	URML	BARR	WATR
1	4925.95	8532.64	2508.04	0.18	3016.67	1.44	18.73	34.03	15.67	51.59
2	138.12	1950.43	141.27	—	128.58	0.18	0.09	1.71	6.39	4.05
3	2847.31	7838.26	2333.90	—	5556.76	2.25	0.27	38.18	6.66	4.68
4	1186.44	11764.86	2028.04	0.45	3617.50	1.62	0.18	5.85	0.09	16.84
5	900.21	8310.61	1114.68	—	2416.20	0.09	1.80	4.32	19.09	25.66
6	4652.32	5165.54	1441.98	—	7296.68	1.17	0.27	6.03	3.33	0.09
7	6972.99	939.11	508.27	0.09	3527.19	3.33	0.09	8.10	1.53	—
8	8125.85	1238.67	355.47	3.69	4910.91	38.45	4.23	53.75	20.35	—
9	5491.48	21624.50	2992.09	2.52	5233.52	12.70	9.90	70.05	57.17	130.11
10	5613.22	2546.57	880.13	—	970.53	0.36	0.54	11.71	0.27	—
11	11453.15	2429.88	968.19	0.63	2873.69	2.43	19.09	257.96	7.20	37.46
12	14567.78	28.45	137.85	0.45	8969.15	9.09	1.71	105.26	7.02	1.89
13	1439.72	0.36	7.56	0.18	76.44	0.45	8.19	129.03	3.78	19.54
14	8487.17	8.64	26.56	3.51	4450.99	12.61	2.16	307.93	39.89	3.96
15	10171.35	12.07	109.31	—	1121.89	1.53	2.70	115.07	3.60	3.15
16	2566.20	1.26	4.86	0.18	272.01	4.23	24.04	287.76	20.98	57.17
17	5054.16	187.10	190.52	3.15	811.16	16.93	12.79	327.56	51.59	59.16
18	321.80	0.36	0.27	0.45	78.87	0.99	4.77	45.02	6.84	0.81
19	854.29	6.03	11.34	3.06	149.01	10.44	16.12	145.05	18.28	1.44
20	7778.02	12.16	65.37	1.17	15075.78	1.44	0.63	3.87	4.23	—
21	5724.59	4.68	24.22	4.77	16374.95	11.34	1.26	—	11.25	—
22	6718.99	3.87	0.99	3.33	2253.95	26.83	41.60	1371.29	39.98	77.61
23	302.62	—	—	—	54.38	0.36	5.22	30.43	4.59	8.82
24	7266.42	2.70	15.22	0.36	8908.46	5.67	2.43	95.80	40.07	—
25	10135.43	3.51	6.93	–	1303.32	0.36	0.63	62.58	2.25	0.63
26	6200.72	0.27	1.26	2.07	5445.65	24.49	41.78	460.64	97.15	64.20
27	13587.80	3473.44	1433.06	0.27	1232.90	4.41	3.06	300.73	8.01	6.75
28	9826.05	0.81	2.79	0.36	4520.77	7.11	42.23	451.55	70.32	80.31
29	1041.84	—	—	0.18	3479.65	0.72	0.63	3.87	36.20	0.18
30	24503.14	2820.02	1241.82	0.09	3044.85	3.69	4.32	201.06	56.63	26.92
31	15660.85	21.70	7.11	1.35	11119.91	21.43	89.68	989.71	125.42	139.83
32	10521.51	1.71	15.04	8.19	27231.95	10.17	10.08	120.74	129.93	0.09
33	2016.42	—	0.09	0.36	957.84	5.67	30.07	248.42	26.74	30.52
合计	217053.93	78930.22	18574.25	41.06	156482.13	244.01	401.30	6295.08	942.53	853.48

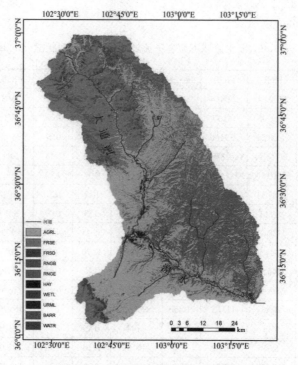

图5-4　湟水流域下游土地利用情况

4. 土壤数据预处理、参数定义及数据库构建

　　流域内的土壤特性影响面源污染物的迁移、扩散及分布特征，SWAT模型中模拟的区域产流、蒸发、下渗等重要环节也直接受到土壤特性的影响，并影响模拟结果的准确度。SWAT模型所需土壤数据包括土壤类型分布状况与土壤属性数据，其中土壤属性包括物理特征参数（控制土壤不同深度剖面的水分和空气运动过程）与化学特征参数（设定土壤中主要化学物质的初始浓度）。

　　在土壤类型分布信息处理方面，本书所采用的土壤类型分布据源于联合国粮农组织和维也纳国际应用系统研究所构建的世界和谐土壤数据库（HWSD）的中国土壤数据集，该数据集包含27种土壤的分布情况及其对应类型土壤的理化性质参数，涵盖SWAT模型模拟所需的绝大部分必要参数，且其中的土壤粒径分类采用国际土壤粒径分类标准，与 SWAT 模型所使用的美国制分类标准一致，所以无须进行土壤粒径重新划分。具体操作时，通过在ArcGIS平台下的处理，SWAT模块将土壤类型数据展布到区域范围内，经过裁剪之后形成本区域内的土壤类型分布图，并得到研究区域的土壤种类基表，具体见表5-7。由于获取的土壤数据所体现的土壤种类较多，数据量较大，不便于后续模型的处理和计算，因此，在构建数据库之前，需利用GIS的重分类工具对已有的土壤种类进行重分类操作，通过在ArcGIS平台下的处理，SWAT模块将土壤类型数据分布到区域范围内，并进一步将部分重复和所占比例较小的土壤类型进行合并。最终得到土壤类型分布状况，区域的土壤类型分布情况如图5-5、表5-7所示。

通过生成的土壤类型分布情况，可以看出HWSD编号为11108、11256、11262、11328的土壤类型在区域内分布面积较大，分别占区域总面积的18.19%、16.64%、9.80%、10.24%。其中，11108类土壤分布于大通河上游林区，11256类土壤分布于大通河东、湟水干流以北的黄土丘陵区，11262类土壤分布于大通河东岸及湟水干流北岸阶地一带，11328类土壤分布于湟水干流以北丘陵山地一带。其余土壤类型在区域汇水范围内零星分布。

在土壤物理属性数据处理方面，构建模型所需的土壤数据除了土壤类型分布信息、土壤类型索引表，还需建立土壤属性数据库，其中物理属性数据决定了土壤剖面中水和气的运动情况，并对HRU中的水循环起着重要作用，因此非常重要，需基于重分类后的土壤种类和土壤类型索引表，进一步构建土壤物理属性数据库。物理属性数据包含土壤分层数、土壤层结构、有机碳含量、湿密度、饱和水力传导系数、酸碱度等，具体参数见第二章介绍，此处不再赘述。结合现场调查及资料收集，模型模拟所需的土壤物理属性参数除HWSD数据集中已有的外，个别基础属性数据需另外获取和计算，如土壤有效持水量（SOL-AWC）、湿密度（SOL_K）、饱和导水率（SOL_BD）、土壤水文分组（HYDGRP）等模型所需参数运用土壤水特性软件（SPAW，Soil Plant Atmosphere Water）计算，土壤可侵蚀 K 因子（USLE_K）采用USLE方程计算（如本书第二章第三节所述），或参考当地以往的土壤调查统计数据（如本书第一章所述）。最终形成本次模拟范围内的土壤物理属性数据库，并在SWAT模型输入文件SOL文件中生成。

表5-7　流域土壤类型清单

HWSD 代码	SU_SYM90 分类	土壤类型名称	面积/hm²	HWSD 代码	SU_SYM90 分类	土壤类型名称	面积/hm²
11108	CMv	变性始成土	87129.65	11265	FLm	冲积土	0
11110	PHj	滞水黑土	10164.80	11266	CHh	简育黑钙土	0
11111	PHg	潜育黑土	8324.68	11270	FLm	冲积土	0
11120	CMe	饱和雏形土	11600.18	11271	CHk	钙积黑钙土	0
11128	RGc	石灰性疏松岩性土	6775.47	11324	PDg	灰壤	0
11131	CMe	饱和雏形土	0	11326	PLd	不饱和黏磐土	0
11132	LPu	暗色浅层土	0	11327	RGc	石灰性疏松岩性土	0
11134	LVj	滞水高活性淋溶土	0	11328	PHh	简育黑土	49051.98
11145	CMd	不饱和雏形土	0	11331	LPk	黑色石灰薄层土	0
11148	CMg	潜育雏形土	0	11341	PZh	灰壤	5545.48
11158	CMg	潜育雏形土	42300.33	11385	GLm	松软潜育土	0
11161	LPd	不饱和薄层土	951.64	11400	CMe	饱和雏形土	2618.34
11164	CMd	不饱和雏形土	0	11404	ARb	过渡性红砂土	0
11170	CMg	潜育雏形土	0	11460	CMe	饱和雏形土	0
11173	LPd	不饱和薄层土	30530.57	11464	LVg	潜育高活性淋溶土	0
11174	CMg	潜育雏形土	0	11518	GLe	饱和潜育土	0
11175	LVj	滞水高活性淋溶土	17657.32	11686	CMg	潜育雏形土	0

续表

HWSD 代码	SU_SYM90 分类	土壤类型名称	面积/hm²	HWSD 代码	SU_SYM90 分类	土壤类型名称	面积/hm²
11180	CMd	不饱和雏形土	0	11687	GLe	饱和潜育土	13489.69
11228	HSf	纤维有机土	8046.87	11690	GLu	潜育土	0
11229	GLd	不饱和潜育土	0	11692	CMd	不饱和雏形土	0
11256	CMe	饱和雏形土	79686.14	11719	PZf	铁质灰壤	0
11257	LVx	艳色高活性淋溶土	0	11724	GLu	潜育土	22968.34
11260	CMe	饱和雏形土	31777.07	11727	GLu	潜育土	3460.23
11261	LPq	石质薄层土	0	11765	CMd	不饱和雏形土	0
11262	PDg	潜育灰化土	46937.76	11927	GRh	灰色森林土	0
11263	CHh	简育黑钙土	0	—	—	—	—

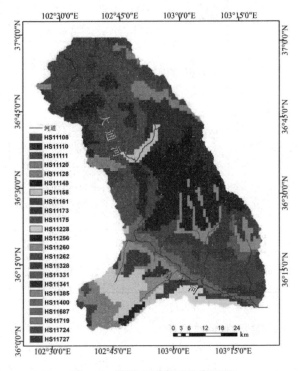

图5-5 流域土壤类型分布情况

在土壤化学属性数据处理方面，由于土壤的化学属性参数通常用于定义在模拟起始期土壤中各类主要化学物质的初始浓度，随着模型的运行开始，土壤中的化学物质浓度将自动进行演算，与初始浓度不再相关。因此在SWAT模型的应用中，人们通常的做法是在模型运行时将最初的1—2a设定为模型运行预热阶段，以使模型对土壤中化学物质的演算达到平衡，而不再受设置的初始浓度值的影响，从而得到区域内真实的土壤化学过程。本次模拟也进行此操作，对土壤的化学物质浓度不再进行初始化赋值。为了能够完整地介绍SWAT模型中土壤数据需求及完整的模拟过程，本书仍将SWAT模型输入的土壤化学属性参数列出，见表5-8。

表5-8 土壤化学属性数据清单

参数名	定义	取值	参数名	定义	取值
SOL LAYER	土壤层编码	缺省值	PEST TITLE	导入相关杀虫剂参数的标题名	缺省值（本次模拟不考虑）
SOL_NO3	土壤中硝酸盐的初始浓度（mg/kg）	缺省值	PESTNUM	导入杀虫剂数据库中的杀虫剂编码	缺省值（本次模拟不考虑）
SOL_ORGN	土壤中有机氮的初始浓度（mg/kg）	缺省值	PLTPST	叶片上的初始杀虫剂量（kg/hm²）	缺省值（本次模拟不考虑）
SOL_SOLP	土壤中可溶性磷的初始浓度（mg/kg）	缺省值	SOLPST	土壤中的初始杀虫剂量（mg/kg）	缺省值（本次模拟不考虑）
SOL_ORGP	土壤中有机磷的初始浓度（mg/kg）	缺省值	PSTENR	土壤中杀虫剂的富集比	缺省值（本次模拟不考虑）

5.气象数据预处理及数据库构建

气象数据是SWAT模型模拟成功的重要影响因素，尤其对区域内水文过程模拟的精度有着至关重要的影响。SWAT模型中需要输入6类数据，即日降水量、日气温数据（最高气温、最低气温）、日相对湿度、日太阳辐射、日平均风速和天气发生器数据，其中天气发生器数据、日降水量、最高气温、最低气温为必须数据，太阳辐射、日平均风速及日相对湿度为可模拟数据。SWAT模型内置的天气发生器数据可以生成子流域级别的代表性日气候统计数据，用于模拟给定气候条件下的随机天气模型，也可以填补缺失数据。天气发生器数据所需参数包括月平均最高气温、月平均最低气温、月最高气温标准差、月最低气温标准差、月平均降水量、月降水量标准差、月降水量的斜率、月非降水日到降水日的概率、月降水日到降水日的概率、月平均降水天数、月最大半小时降水量、月平均太阳辐射、月平均露点温度、月平均风速。具体计算方法已在本书第二章第三节列出，这里不再赘述。

本节研究所需的气象数据源于下载的美国环境预报中心CFSR数据库和SWAT模型中国大气同化驱动集（CMADS V1.2）（孟现勇，2020）。这两套气象数据资料是针对SWAT模型输入的气象数据要求对数据进行了格式整理与修正，在SWAT模型构建时可直接使用而不需要任何格式转换，其中CMADS数据集根据采用了国家级自动站和区域自动站多年地面基本气象要素逐小时观测数据，以及相应时期的台站信息（台站经纬度、海拔高度），利用多重网格三维变分方法（STMAS）制作，提供了各格点逐日的降水、气温、湿度、风速和太阳辐射监测数据，本节获取了时间尺度为2008—2018年的逐日气象数据。CFSR数据对应SWAT模型内置的天气发生器数据的参数需要，提供了模拟所需的逐月的多种天气参数。

根据研究区实际空间范围，对两组数据中位于本次湟水流域下游区域附近的站点、格点进行提取，选择区域内的所有站点名，通过记录的站点名查找选取各气象要素的记录数据，并建立SWAT模型需要的各气象要素的索引表〔索引表共包括5类：PCPFORK.txt（降水索引表）、RHFORK.txt（相对湿度索引表）、SORFORK.txt（太阳辐射索引表）、TMPFORK.txt（温度索引表）、WINDFORK.txt（风速索引表），在SWAT模型中读取建立好的所有FORK文件即完成本地气象数据库导入〕，最终形成本次模拟的气象数据库。由于CMADS并没有自带用户气象发生器索引表，而该气象发生器数据对模型运行极为重要，在建模过程中需要另外单独准备。由此，本书在计算构建天气发生器数据时，引用CFSR数据库，将流域内的气象发生器数据导入模型（天气发生器数据气候态数值可任意填写）。

最终，湟水流域下游段气象数据库共包括117个CMADS气象格点，格点编号从289—337至297—349，同时包括33个CFSR气象格点。各气象要素索引见表5-9，气象发生器数据站点索引见表5-10，气象格点位置分布如图5-6所示。

表5-9　湟水流域下游气象要素格点索引

序号	格点编号	纬度	经度	海拔/m	序号	格点编号	纬度	经度	海拔/m
1	289—337	36.03125	102.03125	2127	60	293—344	36.53125	102.90625	1985
2	289—338	36.03125	102.15625	2747	61	293—345	36.53125	103.03125	2333
3	289—339	36.03125	102.28125	2831	62	293—346	36.53125	103.15625	2184
4	289—340	36.03125	102.40625	2946	63	293—347	36.53125	103.28125	2150
5	289—341	36.03125	102.53125	2740	64	293—348	36.53125	103.40625	1952
6	289—342	36.03125	102.65625	3335	65	293—349	36.53125	103.53125	1965
7	289—343	36.03125	102.78125	2352	66	294—337	36.65625	102.03125	2390
8	289—344	36.03125	102.90625	2201	67	294—338	36.65625	102.15625	2868
9	289—345	36.03125	103.03125	2265	68	294—339	36.65625	102.28125	3304
10	289—346	36.03125	103.15625	1823	69	294—340	36.65625	102.40625	2958
11	289—347	36.03125	103.28125	1803	70	294—341	36.65625	102.53125	3225
12	289—348	36.03125	103.40625	2259	71	294—342	36.65625	102.65625	3016
13	289—349	36.03125	103.53125	2219	72	294—343	36.65625	102.78125	1986
14	290—337	36.15625	102.03125	2751	73	294—344	36.65625	102.90625	2454
15	290—338	36.15625	102.15625	3094	74	294—345	36.65625	103.03125	2283
16	290—339	36.15625	102.28125	3096	75	294—346	36.65625	103.15625	2322
17	290—340	36.15625	102.40625	3120	76	294—347	36.65625	103.28125	2181
18	290—341	36.15625	102.53125	3560	77	294—348	36.65625	103.40625	2076
19	290—342	36.15625	102.65625	2545	78	294—349	36.65625	103.53125	2087

续表

序号	格点编号	纬度	经度	海拔/m	序号	格点编号	纬度	经度	海拔/m
20	290—343	36.15625	102.78125	2397	79	295—337	36.78125	102.03125	2892
21	290—344	36.15625	102.90625	2104	80	295—338	36.78125	102.15625	3026
22	290—345	36.15625	103.03125	2224	81	295—339	36.78125	102.28125	3763
23	290—346	36.15625	103.15625	1865	82	295—340	36.78125	102.40625	3383
24	290—347	36.15625	103.28125	1602	83	295—341	36.78125	102.53125	2978
25	290—348	36.15625	103.40625	1702	84	295—342	36.78125	102.65625	2546
26	290—349	36.15625	103.53125	1571	85	295—343	36.78125	102.78125	3068
27	291—337	36.28125	102.03125	3180	86	295—344	36.78125	102.90625	2645
28	291—338	36.28125	102.15625	3444	87	295—345	36.78125	103.03125	2785
29	291—339	36.28125	102.28125	3062	88	295—346	36.78125	103.15625	2418
30	291—340	36.28125	102.40625	2763	89	295—347	36.78125	103.28125	2237
31	291—341	36.28125	102.53125	2533	90	295—348	36.78125	103.40625	2299
32	291—342	36.28125	102.65625	2180	91	295—349	36.78125	103.53125	2300
33	291—343	36.28125	102.78125	2137	92	296—337	36.90625	102.03125	2857
34	291—344	36.28125	102.90625	1797	93	296—338	36.90625	102.15625	3914
35	291—345	36.28125	103.03125	1820	94	296—339	36.90625	102.28125	3630
36	291—346	36.28125	103.15625	1866	95	296—340	36.90625	102.40625	2957
37	291—347	36.28125	103.28125	1874	96	296—341	36.90625	102.53125	2681
38	291—348	36.28125	103.40625	1652	97	296—342	36.90625	102.65625	3130
39	291—349	36.28125	103.53125	1733	98	296—343	36.90625	102.78125	2907
40	292—337	36.40625	102.03125	2481	99	296—344	36.90625	102.90625	3095
41	292—338	36.40625	102.15625	2523	100	296—345	36.90625	103.03125	2738
42	292—339	36.40625	102.28125	2494	101	296—346	36.90625	103.15625	2366
43	292—340	36.40625	102.40625	2199	102	296—347	36.90625	103.28125	2727
44	292—341	36.40625	102.53125	2339	103	296—348	36.90625	103.40625	2616
45	292—342	36.40625	102.65625	1959	104	296—349	36.90625	103.53125	2680
46	292—343	36.40625	102.78125	2540	105	297—337	37.03125	102.03125	3182
47	292—344	36.40625	102.90625	2348	106	297—338	37.03125	102.15625	3408
48	292—345	36.40625	103.03125	1984	107	297—339	37.03125	102.28125	2851
49	292—346	36.40625	103.15625	2070	108	297—340	37.03125	102.40625	2369

序号	格点编号	纬度	经度	海拔/m	序号	格点编号	纬度	经度	海拔/m
50	292—347	36.40625	103.28125	2168	109	297—341	37.03125	102.53125	2992
51	292—348	36.40625	103.40625	1840	110	297—342	37.03125	102.65625	3353
52	292—349	36.40625	103.53125	1892	111	297—343	37.03125	102.78125	3339
53	293—337	36.53125	102.03125	2174	112	297—344	37.03125	102.90625	3348
54	293—338	36.53125	102.15625	2287	113	297—345	37.03125	103.03125	2641
55	293—339	36.53125	102.28125	2208	114	297—346	37.03125	103.15625	2607
56	293—340	36.53125	102.40625	2219	115	297—347	37.03125	103.28125	2745
57	293—341	36.53125	102.53125	2473	116	297—348	37.03125	103.40625	2675
58	293—342	36.53125	102.65625	2506	117	297—349	37.03125	103.53125	2594
59	293—343	36.53125	102.78125	2403	—	—	—	—	—

表5-10 湟水流域下游天气发生器数据格点索引表

序号	格点编号	纬度	经度	海拔/m	序号	格点编号	纬度	经度	海拔/m
1	370n1025e	36.9991	102.5	2924	18	364n1028e	36.3747	102.812	2182
2	367n1025e	36.6869	102.5	3374	19	364n1028e	36.3747	102.812	2182
3	370n1028e	36.9991	102.812	3301	20	364n1031e	36.3747	103.125	1907
4	367n1025e	36.6869	102.5	3374	21	364n1031e	36.3747	103.125	1907
5	367n1025e	36.6869	102.5	3374	22	364n1028e	36.3747	102.812	2182
6	370n1028e	36.9991	102.812	3301	23	364n1028e	36.3747	102.812	2182
7	367n1028e	36.6869	102.812	2410	24	364n1031e	36.3747	103.125	1907
8	367n1028e	36.6869	102.812	2410	25	364n1028e	36.3747	102.812	2182
9	367n1028e	36.6869	102.812	2410	26	364n1031e	36.3747	103.125	1907
10	367n1028e	36.6869	102.812	2410	27	361n1028e	36.0624	102.812	2468
11	367n1028e	36.6869	102.812	2410	28	361n1031e	36.0624	103.125	1963
12	367n1031e	36.6869	103.125	2488	29	364n1031e	36.3747	103.125	1907
13	364n1028e	36.3747	102.812	2182	30	361n1028e	36.0624	102.812	2468
14	364n1028e	36.3747	102.812	2182	31	361n1031e	36.0624	103.125	1963
15	364n1028e	36.3747	102.812	2182	32	364n1034e	36.3747	103.438	1881
16	364n1028e	36.3747	102.812	2182	33	361n1034e	36.0624	103.438	2371
17	364n1028e	36.3747	102.812	2182	—	—	—	—	—

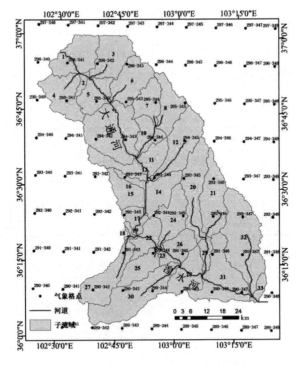

图5-6　湟水流域下游气象要素格点分布

6. 水文参数定义及数据预处理

水文数据是SWAT模型中重要的初始参数。事实上，SWAT模型是以水文过程物理机制构建的，由此模型涉及的水文参数数量庞大，从参数控制的地理尺度上划分，可以分为流域级别的水文参数、子流域级别的水文参数、水文响应单元级别的水文参数及河道级别的水文参数。以下简要介绍本次模拟中的各水文参数及取值情况。

（1）流域级别的水文参数

SWAT模型中针对流域级别的水文参数主要汇总在.BSN文件中，用于定义流域级别的常规属性，来控制流域尺度的物理过程，包括陆地区域和河段两部分参数，参数约有95项，涉及流域尺度的水量平衡、地表径流、营养物循环、藻类及污染物、细菌移运等过程的定义和控制。SWAT模型在初始构建时自动将这些参数设为默认值或推荐值，这些预设的取值是以往在美国和世界其他区域通过测定、经验或计算确定的常规参数，因此本次模拟保留了这些推荐参数值作为湟水流域下游的初始值。具体参数定义及赋值情况见表5-11。

表5-11　流域级别相关水文参数及取值情况汇总

参数名	定义	取值	参数名	定义	取值
水量平衡过程控制参数					
SFTMP	降雪气温（℃）	−5—5	IPET	潜在蒸散发计算方法	包含0—14个选项，代表4类计算方法
SMTMP	融雪基温（℃）	−5—5	PETFILE	潜在蒸散发的输入文件名（.pet）	在IPET取值为3时另导入文件
SMFMX	6月21日融雪因子[mm/（℃d）]	4.5	ESCO	土壤蒸发补偿因子	0.01—1.0
SMFMN	12月21日融雪因子[mm/（℃day）]	4.5	EPCO	植物吸收补偿因子	0.01—1.0
TIMP	积雪温度滞后因子	1.0	EVLAI	水面无蒸发时的叶面积指数	0—10.0
SNOCOVMX	100%积雪覆盖时所对应的最少积雪含水量（mm）	1.0	FFCB	初始土壤蓄水量	0—1.0
SNO50COV	50%积雪覆盖时的积雪含水量占SNOCOVMX的比例	0.01—0.99	—	—	—
地表径流过程控制参数					
IEVEN	降雨/径流演算方法选项	0、1、2、3	SURLAG	地表径流滞后系数	4.0
ICN	日曲线数计算方法选项	0、1	ISED_DET	日最大半小时降雨量计算方法选项	0、1

续表

参数名	定义	取值	参数名	定义	取值
CNCOEF	植被 ET 曲线数系数	0.5—2.0	ADJ_PKR	子流域或支流泥沙演算的最大流速调节因子	1.0
ICRK	裂隙流编码	0、1	TB_ADJ	日以下时间步长时段的调节因子	—
营养物循环过程控制参数					
RCN	降雨中的氮浓度（mg/L）	1.0	PPERCO	磷的渗流系数（$10m^3$/mg）	10.0—17.5
CMN	活性有机物(氮、磷)腐殖质矿化速率因子	0.0003	PHOSKD	磷的土壤分配系数（m^3/mg）	175.0
CDN	反硝化指数速率系数	0—3.0	PSP	磷的可利用指数	0.40
SDNCO	发生反硝化作用的土壤含水量阈值	1.10	RSDCO	残留物的分解系数	0.05
N_UPDIS	氮吸收分布参数	20.0	PERCOP	杀虫剂的渗流系数	0.01—1.0
P_UPDIS	磷吸收分布参数	20.0	ISUBWQ	子流域水质算法选项	0、1
NPERCO	硝酸盐的渗流系数	0.01—1.0	—	—	—
细菌（仅当模拟流域内细菌时定义）					
WDPQ	20℃下土壤溶液中持留菌的死亡因子（1/d）	选择模拟或不模拟	IWQ	是否模拟杀虫剂和营养物转化选项	0、1
WGPQ	20℃下土壤溶液中持留菌的生长因子（1/d）	选择模拟或不模拟	WWQFILE	导入流域水质文件的名称	水质文件名 .wwq
WDLPQ	20℃下土壤溶液中较短持续性细菌的死亡因子（1/d）	选择模拟或不模拟	IRTPEST	通过河网运移的杀虫剂代码	模拟杀虫剂过程时需指定
WGLPQ	20℃下土壤溶液中较短持续性细菌的生长因子（1/d）	选择模拟或不模拟	DEPIMP_BSN	模拟滞水面时的不透水层埋深（mm）	缺省

续表

参数名	定义	取值	参数名	定义	取值
WDPS	20℃下吸附在土壤颗粒上的持留菌的死亡因子（1/d）	选择模拟或不模拟	DDRAIN_BSN	地下排水管的埋深（mm）	缺省
WGPS	20℃下吸附在土壤颗粒上的持留菌的生长因子（1/d）	选择模拟或不模拟	TDRAIN_BSN	土壤达到田间持水量所需排水时间（h）	缺省
WDLPS	20℃下吸附在土壤颗粒上的较短持续性细菌的死亡因子（1/d）	选择模拟或不模拟	GDRAIN_BSN	瓦管排水的时间延迟（h）	缺省
WGLPS	20℃下吸附在土壤颗粒上的较短持续性细菌的生长因子（1/d）	选择模拟或不模拟	CNFROZ_BSN	动土对下渗/径流的调节参数	0.000862
WDPF	20℃下叶片上持留菌的死亡因子（1/d）	选择模拟或不模拟	DORM_HR	进入冬眠的时间阈值	缺省
WGPF	20℃下叶片上持留菌的生长因子（1/d）	选择模拟或不模拟	SMXCO	最大曲线数S因子的调整因子	缺省
WDLPF	20℃下叶片上的较短持续性细菌的死亡因子（1/d）	选择模拟或不模拟	FIXCO	固氮系数	0—1.0
WGLPF	20℃下叶片上的较短持续性细菌的生长因子（1/d）	选择模拟或不模拟	NFIXMX	日最大固氮量（kg/hm²）	1.0—20.0
BACT_SWF	包含活性菌落形成单位的粪肥所占比例	0.15	ANION_EXCL_BSN	排除阴离子的空隙所占分数	0.01—1.00
WOF_P	持留菌的冲刷分数	0—100	CH_ONCO_BSN	流域中河道有机氮浓度（ppm）	0—100.0

参数名	定义	取值	参数名	定义	取值
WOF_LP	较短持续性细菌的冲刷分数	0—100	CH_OPCO_BSN	流域中河道有机磷浓度（ppm）	0—100.0
IRTE	河道水量的计算方法选项	0、1	HLIFE_NGW_BSN	地下水中氮的半衰期（d）	0—500.0
MSK_CO1	校准系数	0—1	RCN_SUB_BSN	降水中的硝酸盐浓度（ppm）	0.0—2.0
MSK_CO2	校准系数	0—1	BC1_BSN	HN_3 生物氧化速率常数（1/d）	0.10—1.00
MSK_X	调节入流和出流对河段槽储量重要性的流量比重因子	0—0.5	BC2_BSN	由 NO_2 到 NO_3 的生物氧化速率常数（1/d）	0.2—2.0
TRNSRCH	主河道传输损失水量中进入深层含水层的水量所占分数	0.00—1.00	BC3_BSN	从有机氮到氨基氮的水解速率常数（1/d）	0.02—0.40
EVRCH	河段蒸发的调节因子	0—1.0	BC4_BSN	从有机磷到可溶性磷的腐化速率常数（1/d）	0.01—0.70
IDEG	河道侵蚀特征选项	0、1	DECR_MIN	残留物日最小衰减量	0—0.05
PRF	主河道泥沙演算的洪峰流量调整因子	1.0	ICFAC	计算因子	0—1
SPCON	河道泥沙演算中计算新增的最大泥沙量的线性参数	0.0001—0.01	RSD_COVCO	计算覆盖度时的残留物覆盖因子	0.1—0.5
SPEXP	河道泥沙演算中计算新增的最大泥沙量的指数参数	1.0—2.0	VCRIT	临界速率	缺省
RES_STLR_CO	水库泥沙的沉降系数	0.09—0.27	CSWAT	新碳演算选项代码	0、1

（2）子流域级别的水文参数

SWAT模型中针对子流域级别的参数主要汇总在SUB文件中，用于定义子流域级别的常规属性，以控制子流域尺度上的各类物理过程，包括与子流域水文过程演算有关的位置、地形等属性，以及响应气候变化的有关参数，参数设置项约有52项（其中还包括一些文件路径，以进一步调用其他相关参数），涉及流域尺度的水量平衡、地表径流、营养物循环、藻类及污染物、细菌运移等过程的定义和控制。SWAT模型在初始构建时自动将这些参数设为默认值或推荐值，同上，本次模拟保留这些子流域级别参数的默认设置。具体参数定义及赋值情况见表5-12。

表5-12　子流域级别相关水文参数及取值情况汇总

参数名	定义	取值	参数名	定义	取值
SUM_公里	子流域面积（km²）	1—33号子流域	RADINC（mon）	月内太阳辐射调节（MJ/m²d）	缺省（仅用于气候变化模拟）
SUB_LAT	子流域经纬度位置	1—33号子流域	HUMINC（mon）	湿度调节（%）	缺省（仅用于气候变化模拟）
SUB_ELEV	子流域高程	1—33号子流域	HRUTOT	子流域中模拟的HRU总数	总数388
IRGAGE	子流域对应的降水实测记录条数	对应导入的降雨实测数据	POT_HRUFILE	壶穴HRU的常规输入数据文件名	缺省（本次模拟无壶穴定义）
ITGAGE	子流域对应的气温实测记录条数	对应导入的气温实测数据	POT_CHMFILE	壶穴HRU的土壤化学数据文件名	缺省（本次模拟无壶穴定义）
ISGAGE	子流域对应的太阳辐射实测记录条数	对应导入的太阳辐射实测数据	POT_MGTFILE	壶穴HRU的土地利用管理数据文件名	缺省（本次模拟无壶穴定义）
IHGAGE	子流域对应的相对湿度实测记录条数	对应导入的相对湿度实测数据	POT_SOLFILE	壶穴HRU的土壤数据文件名	缺省（本次模拟无壶穴定义）

续表

参数名	定义	取值	参数名	定义	取值
IWGAGE	子流域对应的风速实测记录条数	对应导入的风速实测数据	POT_GWFILE	壶穴 HRU 的地下水数据文件名	缺省（本次模拟无壶穴定义）
WGNFILE	子流域对应天气发生器的数据文件名称	导入天气发生器数据	FLD_HRUFILE	河漫滩 HRU 的常规输入数据文件名	缺省
FCST_REG	子流域的天气预报区编号	缺省（仅在进行预测时使用）	FLD_MGTFILE	河漫滩 HRU 的土地利用管理数据文件名	缺省
ELEVB	高程带中心处高程	缺省（仅在模拟中使用高程带时使用）	FLD_SOLFILE	河漫滩 HRU 的土壤数据文件名	缺省
ELEVB_FR	高程带面积所在子流域面积的占比	缺省（仅在模拟中使用高程带时使用）	FLD_CHMFILE	河漫滩 HRU 的土壤化学数据文件名	缺省
SNOEB	高程带内的初始积雪含水量（mm）	缺省（仅在模拟中使用高程带时使用）	FLD_GWFILE	河漫滩 HRU 的地下水数据文件名	缺省
PLAPS	降水递减率（mm/km）	缺省（仅在模拟中使用高程带时使用）	RIP_HRUFILE	河岸区 HRU 的常规输入数据文件名	缺省
TLAPS	气温直减率（℃/km）	–6	RIP_MGTFILE	河岸区 HRU 的土地利用管理数据文件名	缺省
SNO_SUB	初始积雪含水量（mm）	缺省	RIP_SOLFILE	河岸区 HRU 的土壤数据文件名	缺省
CH_L(1)	子流域中最长"支流"的长度（km）	缺省	RIP_CHMFILE	河岸区 HRU 的土壤化学数据文件名	缺省
CH_S(1)	支流的平均比降（m/m）	缺省	RIP_GWFILE	河岸区 HRU 的地下水数据文件名	缺省

续表

参数名	定义	取值	参数名	定义	取值
CH_W(1)	支流的平均宽度（m）	缺省	HRUFILE	一般FRU常规输入数据文件名	缺省
CH_K(1)	支流冲基层的有效渗透系数（mm/hr）	缺省	MGTFILE	一般HRU的土地利用管理数据文件名	导入土地利用参数
CH_N(1)	支流的曼宁系数n值	0.01—0.10	SOLFILE	一般HRU的土壤数据文件名	导入土壤数据
PNDFILE	子流域内坑塘的输入数据	如有坑塘则导入相关文件名	CHMFILE	一般HRU的土壤化学数据文件名	导入土壤化学数据
WUSFILE	子流域用水情况的数据文件	导入用水数据文件名	GWFILE	一般HRU的地下水数据文件名	导入地下水数据
CO_2	CO_2浓度（ppm）	330	OPSFILE	一般HRU的操作安排数据文件名	导入操作安排资料
RFINC（mon）	月内降雨调节（%）	10	SEPTFILE	一般HRU的污水数据文件名	导入污水数据
TMPINC（mon）	月内温度调节（%）	缺省（仅用于气候变化模拟）	PFLAG	壶穴标记	缺省

（3）水文响应单元级别的水文参数

SWAT模型中针对水文响应单元级别的参数主要汇总在HRU文件中，用于定义水文响应单元级别的常规属性，以控制子流域尺度上的各类物理过程，包括与特定水文响应单元内水文过程演算有关的地形特征、水循环、侵蚀、土地覆盖、洼地等参数，参数项主要有19项。SWAT模型在初始构建时自动将这些参数设为默认值或推荐值，同上，本次模拟保留这些水文响应单元级别参数的默认设置。具体参数定义及赋值情况见表5–13。

表5-13 水文响应单元级别相关水文参数及取值情况汇总

参数名	定义	取值	参数名	定义	取值
地形特征参数					
HRU_FR	某一HRU面积占子流域面积的比例（km²/km²）	0.0000001—1	SLSOIL	侧向水流的坡长（m）	0
SLSUBBSN	平均坡长（m）	97.96	HRU_SLP	平均比降（m/m）	0.4—0.6
土地覆被特征参数					
CANMX	最大冠层截留量（mm）	缺省值	OV_N	坡面漫流的曼宁系数（n值）	0.1—0.15
RSDIN	残留物的初始覆盖度（kg/hm²）	0.384	—	—	—
水循环参数					
LAT_TIME	侧向流的运移时间（d）	缺省值	RIP_FR	河岸汇水区占HRU面积的比例	缺省值（本次模拟不定义洼地）
POT_FR	壶穴的汇水区占HRU面积的比例	缺省值（本次模拟不定义洼地）	DEP_IMP	土壤剖面中不透水层的埋深（mm）	6000
FLD_FR	河漫滩的汇水区占HRU面积的比例	缺省值（本次模拟不定义洼地）	EV_POT	壶穴的蒸发系数	缺省值（本次模拟不定义洼地）
DIS_STREAM	至河道的平均距离（m）	35.0	—	—	—
侵蚀参数					
LAT_SED	侧向流与地下径流中的含沙量（mg/L）	缺省值	ERORGN	泥沙中有机氮的富集比	0
ESCO	土壤蒸发补偿因子	0.0353	ERORGP	泥沙中有机磷的富集比	0
EPCO	植物吸收补偿因子	0.3841	—	—	—

注：由于本次模拟不考虑流域内沿河的壶穴/洼地情形，故不再列出相关控制壶穴/洼地的参数，SWAT模型中的相关参数均为缺省值。

（4）河道级别的水文参数

SWAT模型中针对河道级别的参数主要汇总在RTE文件中，用于定义各子流域内主河道的常规属性，以控制流域河网中影响水流过程和泥沙迁移过程的各类物理参数，包括影响水流运动、泥沙迁移、营养物和杀虫剂迁移等的物理特征参数，参数项约有23项。SWAT模型在初始构建时自动将这些参数设为默认值或推荐值，同上，本次模拟保留这些河道范围内相关控制参数的默认设置。具体参数定义及赋值情况见表5-14。

表5-14　河道运移相关水文参数及取值情况汇总

参数名	定义	取值	参数名	定义	取值
CH_W	主河道蓄满时的平均宽度（m）	22.27—302.78	CH_ONCO	河道中的有机氮浓度（ppm）	0—100.0
CH_D	主河道蓄满时的水深（m）	0.86—4.94	CH_OPCO	河道中的有机磷浓度（ppm）	0—100.0
CH_S	主河道沿河长的平均比降（m/m）	0.002—0.037	CH_SIDE	坡降比	0—5.0
CH_L	主河道的河长（km）	0.19—26.25	CH_BNK_BD	河岸泥沙容量（g/cc）	1.1—1.9
CH_N	主河道的曼宁系数（n值）	0.0215	CH_BNK_KD	河岸侵蚀系数（cm³/N s）	缺省值
CH_K	主河道中冲积物的有效渗透系数（mm/h）	109.6848	CH_BED_KD	河床侵蚀系数（cm³/N s）	0.001—3.75
CH_COV1	河道侵蚀因子选项	0	CH_BNK_D50	河岸泥沙的粒径中值（μm）	1—10000
CH_COV2	河道覆盖因子选项	0	CH_BED_D50	河床泥沙的粒径中值（μm）	1—10000
CH_WDR	河道的宽深比（m/m）	25.63—61.21	CH_BNK_TC	河岸的临界剪应力（N/m²）	0—400
ALPHA_BNK	河岸调蓄的基流 α 因子（d）	0—1	CH_BED_TC	河床的临界剪应力（N/m²）	0—400
ICANAL	灌溉渠道编码	0，1	CH_ERODMO	河道侵蚀选项	0，1
CH_EQN	泥沙演算方法选项	0，1，2，3，4	—	—	—

（5）流域地下水的水文参数

SWAT模型中针对地下水的参数主要汇总在GW文件中，用于定义流域内地下水过程的常规属性，以控制流域中水流进出含水层等过程的物理特征参数，参数项约有23项。SWAT模型在初始构建时自动将这些参数设为默认值或推荐值，同上，本次模拟保留这些地下水过程控制参数的默认设置。具体参数定义及赋值情况见表5-15。

表5-15　地下水相关水文参数及取值情况汇总

参数名	定义	取值	参数名	定义	取值
SHALLST	浅层含水层的初始水深（mm）	1000	ALPHA_BF	基流 α 因子（d）	0.7276
DEEPST	深层含水层的初始水深（mm）	2000	GWQMN	发生回归流所需的浅层含水层的水位阈值（mm）	0.4468
GW_DELAY	地下水的时间延迟（d）	263.9998	GW_REVAP	地下水的蒸发系数	0.02—0.20
REVAPMN	发生蒸发或渗入深层含水层所需的浅层含水层的水位阈值（mm）	750	GW_SPYLD	浅层含水层的给水度（m³/m³）	0.003
RCHRG_DP	深层含水层的渗透系数	0—1.0	SHALLST_N	浅层含水层中硝酸盐的初始浓度	0
GWHT	地下水的初始水位（m）	1	GWSOLP	向子流域河道输入的地下水中可溶性磷浓度(mg/L)	0
HLIFE_NGW	浅层含水层中硝酸盐的半衰期（d）	0	—	—	—

（6）水文实测数据

SWAT模型在运行起始时，需要模拟区域内河道河网特定断面的实测径流量数据，用于模拟区域边界的初始化定义以及模拟结果的验证。尤其是进入流域的入口断面（inlet）、流域出口断面（outlet），以及沿河网任意点处（point source）。SWAT模型输入的水文数据类型分为常量、月径流量、日径流量，主要根据模拟的精度需要及所能够收集到的数据情况而定。本节获取了湟水流域下游段4个水文站的水文监测数据，数据步长为月，时间为2007—2020年。其中，天堂站、民和站作为入流断面，水文监测数据用于流域初始边界流量输入数据，享堂断面作为监控断面，水文监测数据作为对比数据，用于模型验证。各水文站信息及统计结果见表5-16。

表5-16　湟水流域下游水文数据断面及流量数据统计　　单位：m³/s

河流		站名		功能							建站位置				
湟水		民和站		入流（inlet）断面							青海省民和县川口镇				
2007	2008	2009	2010	2011	2012	2013	2014	2015	2016	2017	2018	2019	2020	2021	
61.1	38.9	55.2	47.3	47.9	56.7	38.5	55.9	46.2	48.5	63.3	85.0	81.9	82.4	59.9	
大通河		天堂站		入流（inlet）断面							甘肃省天祝县天堂镇				
2007	2008	2009	2010	2011	2012	2013	2014	2015	2016	2017	2018	2019	2020	2021	
51.5	78.0	64.7	68.3	44.9	4.7	3.2	4.8	3.9	70.4	90.5	83.4	94.3	86.6	74.4	
大通河		连城站		验证断面							甘肃省永登县连城镇				
2007	2008	2009	2010	2011	2012	2013	2014	2015	2016	2017	2018	2019	2020	2021	
52.2	76.5	60.7	65.1	42.7	5.1	3.5	5.2	4.2	61.7	90.5	83.4	94.3	86.6	74.4	
大通河		享堂站		验证断面							青海省民和县享堂镇				
2007	2008	2009	2010	2011	2012	2013	2014	2015	2016	2017	2018	2019	2020	2021	
84.5	63.9	77.4	68.1	83.6	90.3	81.4	70.2	62.8	68.6	92.6	84.7	95.4	89.3	68.4	

7. 水质参数定义及数据预处理

对面源污染物迁移分布过程的模拟，水质参数是必不可少的。水质参数包括控制水质在河道内迁移特征的参数，以及实测水质数据。在SWAT模型中，涉及河道水质过程模拟的控制参数在空间尺度上包含两个级别，分别是流域整体尺度的水质过程控制参数和某一特定河段的水质过程控制参数。在水质数据的控制点位上，包括由陆地区域进入河道的水质，以及上游来水水质、入口水质，这些水质数据作为初始输入参数，与流域内的入流断面（inlet）、出流断面（outlet）及点源（point source）紧密关联。

（1）水质控制参数

SWAT模拟污染物在流域河网内的运移转化过程的相关控制参数均汇总在

WWQ、SWQ文件中，用于定义流域内的各类污染物（营养物）迁移转化过程的常规属性，参数项约有47项，其中针对流域尺度上的常规水质过程控制参数20项，针对特定河段的河道水质过程控制参数27项。SWAT模型在初始构建时，自动将这些参数设为默认值或推荐值，同上，本次模拟保留这些水质过程控制参数的默认设置。具体参数定义及赋值情况见表5-17。

表5-17 河道内水质参数及取值情况汇总

参数名	定义	取值	参数名	定义	取值
流域尺度水质过程控制参数					
LAO	河道内营养物算法选项	1，2，3，4	TFACT	温度热量平衡下的光合有效辐射占太阳辐射的分数	0.01—1.0
IGROPT	Qual2E算法中藻类生长率选项	1，2，3	K_L	光照的半饱和系数（kJ/m² min）	0.223—1.135
AI0	叶绿素α与藻类生物量的比值（μg/mg）	50.0	K_N	氮的Michaelis-Menton半饱和常数（mg/L）	0.01—0.30
AI1	藻体氮占藻类生物量的比例（mg/mg）	0.08	K_P	磷的Michaelis-Menton半饱和常数（mg/L）	0.001—0.05
AI2	藻体磷占藻类生物量的比例（mg/mg）	0.015	LAMBDA0	消光系数的无藻类生长部分（m⁻¹）	1.0
AI3	单位数量藻类光合作用产生O₂的速率（mg/mg）	1.4—1.8	LAMBDA1	藻类自遮蔽线性系数[m⁻¹(μg/L)⁻¹]	0.0065—0.065
AI4	单位数量藻类呼吸作用的耗氧速率（mg/mg）	1.6—2.3	LAMBDA2	藻类自遮蔽非线性系数（m⁻¹(μg/L)⁻²ᐟ³）	0.0541
AI5	单位数量氨态氮氧化作用的耗氧速率（mg/mg）	3.0—4.0	P_N	氨基藻类优选因子	0.01—1.0
AI6	单位数量亚硝酸氮氧化作用的耗氧速率（mg/mg）	1.00—1.14	CHLA_SUBCO	子流域级别叶绿素α负荷调整因子	缺省值

参数名	定义	取值	参数名	定义	取值
MUMAX	20℃下特定的藻类最大生长率（d⁻¹）	1.0—3.0	RHOQ	20℃下藻类的呼吸速率（d⁻¹）	0.05—0.50
特定河段河流水质控制参数					
RS1	20℃下河段内藻类的沉降速率（m/d）	0.15—1.82	BC1	20℃下含氧量良好时河段内氨氮向亚硝酸氮的生物氧化速率（d⁻¹）	0.1—1.0
RS2	20℃下河段内底栖生物（沉积物）释放可溶性磷的速率（mg/m²day）	0.05	BC2	20℃下含氧量良好时河段内亚硝酸氮向硝酸氮的生物氧化速率（d⁻¹）	0.2—2.0
RS3	20℃下河段内底栖生物释放氨态氮的速率（mg/m²day）	0.5	BC3	20℃下河段内有机氮向氨氮的水解速率常数（d⁻¹）	0.2—0.4
RS4	20℃下河段内有机氮的沉降速率（d⁻¹）	0.001—0.10	BC4	20℃下河段内有机磷向可溶性的矿化速率常数（d⁻¹）	0.01—0.70
RS5	20℃下河段内有机磷的沉降速率（d⁻¹）	0.001—0.10	CHPST_REA	河段内杀虫剂的反应速率常数（d⁻¹）	0.007
RS6	20℃下河段内任意其他成分的沉降速率（d⁻¹）	2.5	CHPST_VOL	河段内杀虫剂的挥发系数	0.01
RS7	20℃下河段内底栖生物释放其他成分的速率（mg/m²d）	2.5	CHPST_KOC	河段内水流和泥沙之间的杀虫剂分配系数（m³/g）	0
RK1	20℃下河段内碳基生化需氧量的脱氮速率（d⁻¹）	0.02—3.4	CHPST_STL	吸附在泥沙上的杀虫剂的沉降速率（m/d）	1.0
RK2	20℃下河段内与Fickian扩散对应的大气还原速率（d⁻¹）	50.0	CHPST_RSP	吸附在泥沙上的杀虫剂的再悬浮速率（m/d）	0.002

续表

参数名	定义	取值	参数名	定义	取值
RK3	20℃下河段内碳基生化需氧量的沉降损失速率（d^{-1}）	−0.36—0.36	CHPST_MIX	河段内杀虫剂的扩散（稀释）速率（m/d）	0.001
RK4	20℃下河段内底栖生物的耗氧速率（mg/m²·d）	2.0	SEDPST_CONC	河床沉积物中杀虫剂的初始浓度（mg/m³）	缺省值
RK5	20℃下河段内粪大肠杆菌的死亡速率（d^{-1}）	0.05—4.0	SEDPST_REA	河床沉积物中杀虫剂的反应速率常数（d^{-1}）	0.05
RK6	20℃下河段内其他成分的衰减速率（d^{-1}）	1.71	SEDPST_BRY	河床沉积物中杀虫剂的掩埋速率（m/d）	0.002
—	—	—	SEDPST_ACT	杀虫剂活动沉积层的速度（m）	0.03

（2）水质实测数据

根据SWAT模型构建的物理机制，其可以模拟流域内多种形态的污染物（营养物）在陆地及河道内的迁移和转化过程，包括各种形态的氮元素、磷元素，以及杀虫剂、农药。其中，氮元素包括有机氮（ORGN）、无机氮、硝态氮（NO_2-N、NO_3-N）、氨态氮（NH_4-N）；磷元素包括有机磷（ORGP）、可溶性磷（SOLP）。SWAT模型在运行过程中，需要模拟区域内河道河网特定断面及任意排水实体的实测水质数据，这些水质数据所包含的各类污染物（营养物）数据用于模拟区域边界的初始化定义及模拟结果的验证。

为了满足模型对水质输入数据的要求，保证运行的合理和准确，获得的实测水质数据应与径流实测数据保持时间和空间上的对应统一，即应与径流实测数据在进入流域的入口断面、流域出口断面，以及沿河网任意点处同步收集。SWAT模型输入的水质数据类型分为常量、逐月水质、逐日水质，主要根据模拟的精度需要及所能够收集到的数据情况而定。本文获取了湟水流域下游段4

个与水文站基本对应的水质监测断面实测数据，数据步长为月，由于2016年前未设置相应水质监测断面，因此收集到的水质实测数据时间为2016—2020年。其中，天堂站、民和站作为入流断面，水质监测数据用于流域初始边界水质输入数据；享堂断面、湟水桥断面作为监控断面，相应水质监测数据作为对比数据，用于模型验证。同时，考虑到流域内存在涉水的工业企业和城镇生活排放点源，这些点源向河网内排放污水，因此也作为入流的点源，收集其污水排放特征数据，包括排放量、主要污染物排放浓度，本次模拟通过实地调查及统计资料收集，获取了流域内主要涉水排放点源的排放量数据。需要说明的是，本次面源污染模拟分析仅涉及当前环境监管重点关注的主要污染物，包括各形态的氮、磷元素，对于持久性的化学污染物杀虫剂、农药，由于当前没有可靠的环境评价标准，且流域内无历史本底监测数据，因此本次模拟不纳入这两种污染物。各水文站及点源污水和水质信息及统计结果见表5-18。

表5-18　湟水流域下游水质数据统计　　　　单位：mg/L

水质监测断面数据统计				
河流	站名	功能		建站位置
湟水	民和断面	入流（inlet）断面		青海省民和县川口镇
年份	2016	2017	2018	2019	2020
氨氮	2.64	1.783	1.30	0.61	0.40
总氮	5.48	4.387	3.68	4.76	4.75
总磷	0.238	0.302	0.188	0.212	0.115
湟水	湟水桥断面	验证断面		甘肃省西固区达川镇
年份	2016	2017	2018	2019	2020
氨氮	0.615	0.575	0.47	0.34	0.23
总氮	3.43	3.196	2.97	3.63	4.47
总磷	0.093	0.12	0.111	0.089	0.073
大通河	天堂断面	入流（inlet）断面		甘肃省天祝县天堂镇
年份	2016	2017	2018	2019	2020
氨氮	—	0.114	0.10	0.07	0.07

水质监测断面数据统计				
河流	站名	功能	建站位置	
总氮	—	0.995	1.34	1.34	1.68
总磷	—	0.085	0.028	0.014	0.017
大通河	享堂断面	验证断面	青海省民和县享堂镇	
年份	2016	2017	2018	2019	2020
氨氮	0.149	0.144	0.12	0.12	0.06
总氮	1.34	1.657	1.3	1.61	1.57
总磷	0.04	0.076	0.04	0.062	0.036

涉水工业企业、城镇点源排放信息统计				
河流	涉水企业位置	排水量/(m³/d)	氨氮/(kg/d)	总氮/(kg/d)	总磷/(kg/d)
湟水	海石湾镇、红古镇、花庄镇、平安镇、马场垣乡	23000	70	330	9
大通河	河桥镇、窑街街道	4400	20	90	1

第二节　环境操作信息

对面源污染，影响其在环境中迁移、转化过程及最终时空分布特征的因素主要为气象、地形、土壤等自然条件因素。而作为面源污染的来源，人为活动的情况及时空分布通常决定着面源污染的范围、污染程度，相关信息和数据非常重要。因此，开展流域面源污染特征的模拟和分析，需要收集流域内大量且尽量详细的人为活动信息作为输入。人为活动包括流域内的各种耕种操作、化肥用药施用、畜禽养殖及各种生活活动等，这些活动在流域内的分布情况，决定面源污染的"源"的分布。对照SWAT模型在面源污染时所需的人为活动信息，本节将介绍湟水流域下游段流域范围内人为活动相关数据信息的收集和处理过程。

一、种植活动

不同的农业作物类型具有不同的耕作操作要求和生长特性参数，这些特性会影响流域内的营养物（污染物）的产生、分布及迁移转化。湟水流域下游段范围内的地形及气候条件决定了区域内的种植类型、规模与分布。

通过区域内农业统计资料收集，结合实地调查，我们全面掌握了该流域范围内的农业种植活动情况，并对照SWAT模型中有关种植情况的输入格式需要，对获得的种植数据进行处理并输入模型中。通过分析可以看出，流域内在大通河、湟水沿线的种植特征有一定差异，主要是受气候因素影响，其中大通河沿线因年内降雨相对较多且降温较早，种植作物以小麦、玉米等大田作物为主，年内耕种采取2茬模式，春季主要为小麦，夏季主要为玉米及蔬菜；湟水沿线年内降雨相对较少，且气温相对较高、降温相对较晚，同时设施农业发展规模较大，种植作物以蔬菜为主，春季有小麦及番瓜等部分蔬菜种植，夏秋季以玉米及红笋、卷心菜等蔬菜为主。流域范围内主要农作物种植类型和规模见本书第一章，主要种植活动概况汇总见表5-19。

表5-19　湟水流域下游范围内农业种植概况汇总

河段	包含子流域	主要作物	耕种时段	涉及乡镇
大通河	1—17	小麦、玉米等	2茬耕种 3—6月、4—9月	河桥镇、七山乡、连城镇
湟水	18—33	设施农业：蔬菜（西红柿、黄瓜等）、水果（草莓、西瓜、葡萄等） 大田作物：红笋、卷心菜、方瓜、玉米、水果（苹果、梨等）	3—5月 4—10月	红古镇、平安镇、花庄镇、达川镇、马场垣乡

1. 农作物种类

SWAT模型中，农作物类型可以精确到每个水文响应单元。在SWAT模型内进行农作物数据输入时，首先在每个水文响应单元中土地覆被类型为耕地（AGRL）的地类范围内，针对现场调查确定的种植作物类型，确定每个水文响应单元的种植作物种类，建立各水文响应单元的作物种类清单。在SWAT模型内置了约109种作物及植被种类，包含全世界范围内常见的主要农作物和植被，同时汇总了以往各类植物学研究成果，将各类作物的生长特性参数集成在内置数据库中，与对应的植物相关联，可以根据本流域内的实际种植情况在操作界面中选择。SWAT模型中包含的作物种类清单见表5-20。经调查，本次模拟范围内主要耕种的农作物涉及其中的7种（玉米、小麦、甘蓝、卷心菜、红笋、核桃、番瓜），按照模型输入要求，对照各子流域内实际的主要种植作物，确定农作物种类及在空间上的搭配（每年种植2茬），最终确定各子流域内所有耕地类型水文响应单元上的农作物，具体见表5-21。

表5-20　SWAT模型内置作物种类清单

序号	代码	作物名称	中文名称	序号	代码	作物名称	中文名称
1	CORN	Corn	玉米	56	SUNF	Sunflower	向日葵
2	CSIL	Corn Silage	青贮玉米	57	CANP	Spring Canola–Polish	波兰春油菜

序号	代码	作物名称	中文名称	序号	代码	作物名称	中文名称
3	SCRN	Sweet Corn	甜玉米	58	CANA	Spring Canola–Argentine	阿根廷春油菜
4	EGAM	Eastern Gamagrass	东部加马草	59	ASPR	Asparagus	芦笋
5	GRSG	Grain Sorghum	高粱	60	BROC	Broccoli	花椰菜、甘蓝
6	SGHY	Sorghum Hay	高粱干草	61	CABG	Cabbage	卷心菜
7	JHGR	Johnsongrass	约翰逊草	62	CAUF	Cauliflower	菜花
8	SUGC	Sugarcane	甘蔗	63	CELR	Celery	芹菜
9	SWHT	Spring Wheat	春小麦	64	LETT	Head Lettuce	莴苣
10	WWHT	Winter Wheat	冬小麦	65	SPIN	Spinach	菠菜
11	DWHT	Durum Wheat	硬粒小麦	66	GRBN	Green Beans	青豆
12	RYE	Rye	黑麦	67	CUCM	Cucumber	黄瓜
13	BARL	Spring Barley	春大麦	68	EGGP	Eggplant	茄子
14	OATS	Oats	燕麦	69	CANT	Cantaloupe	甜瓜、香瓜
15	RICE	Rice	大米	70	HMEL	Honeydew Melon	蜜瓜
16	PMIL	Pearl Millet	珍珠粟	71	WMEL	Watermelon	西瓜
17	TIMO	Timothy	梯牧草	72	PEPR	Bell Pepper	甜椒
18	BROS	Smooth Bromegrass	无芒雀麦	73	STRW	Strawberry	草莓
19	BROM	Meadow Bromegrass	草地雀麦	74	TOMA	Tomato	西红柿
20	FESC	Tall Fescue	高羊茅	75	APPL	Apple	苹果树
21	BLUG	Kentucky Bluegrass	草地早熟禾	76	PINE	Pine	松树
22	BERM	Bermudagrass	狗牙草	77	OAK	Oak	橡树
23	CWGR	Crested Wheatgrass	冰草	78	POPL	Poplar	杨树
24	WWGR	Western Wheatgrass	西部麦草	79	MESQ	Honey Mesquite	蜜牧豆树
25	SWGR	Slender Wheatgrass	细茎冰草	80	GRAP	Vineyard	葡萄园（酿酒）
26	RYEG	Italian (Annual) Ryegrass	意大利黑麦草	81	WBAR	Winter Barley	冬大麦
27	RYER	Russian Wildrye	俄罗斯新麦草	82	OILP	Oil Palm	油棕

续表

序号	代码	作物名称	中文名称	序号	代码	作物名称	中文名称
28	RYEA	Altai Wildrye	阿尔泰麦草	83	RUBR	Rubber Trees	橡胶树
29	SIDE	Sideoats Grama	垂穗草	84	BANA	Bananas	香蕉
30	BBLS	Big Bluestem	大须芒草	85	TEFF	Eragrostis Teff	画眉草
31	LBLS	Little Bluestem	小须芒草	86	COFF	Coffee	咖啡豆
32	SWCH	Alamo Switchgrass	柳枝稷	87	PTBN	Pinto Beans	斑豆
33	INDN	Indiangrass	印第安草	88	ALMD	Almonds	杏树
34	ALFA	Alfalfa	紫花苜蓿	89	GRAR	Grarigue	—
35	CLVS	Sweetclover	草木樨	90	OLIV	Olives	橄榄
36	CLVR	Red Clover	红三叶草	91	ORAN	Orange	柑橘
37	CLVA	Alsike Clover	瑞士三叶草	92	SEPT	Septic Area	腐殖区
38	SOYB	Soybean	大豆、黄豆	93	COCO	Coconut	椰子
39	CWPS	Cowpeas	红豆	94	CASH	Cashews	腰果
40	MUNG	Mung Beans	绿豆	95	PAPA	Papayas	木瓜
41	LIMA	Lima Beans	菜豆、利马豆	96	PINP	Pineapple	菠萝
42	LENT	Lentils	小扁豆	97	PLAN	Plaintains	—
43	PNUT	Peanut	花生	98	PEPP	Peppers	辣椒
44	FPEA	Field Peas	紫花豌豆	99	WILL	Willow	柳树
45	PEAS	Garden or Canning Peas	花园豌豆	100	BARR	Barren	荒地
46	SESB	Sesbania	田菁	101	EUCA	Eucalyptus	桉树
47	FLAX	Flax	亚麻	102	CASS	Cassava	木薯
48	COTS	Upland Cotton-harvested with	陆地棉（机器采收）	103	RADI	Radish	萝卜
49	COTP	Upland Cotton-harvested with	陆地棉（人工采收）	104	MINT	Mint	薄荷
50	TOBC	Tobacco	烟草	105	COCB	Cockle Burr	—
51	SGBT	Sugarbeet	甜菜	106	COCT	Cocoa Tree	可可树
52	POTA	Potato	土豆	107	PART	Parthenium	银胶菊属
53	SPOT	Sweetpotato	甘薯	108	WALN	Walnut	核桃
54	CRRT	Carrot	胡萝卜	109	MAPL	Maple	枫树
55	ONIO	Onion	洋葱	—	—	—	—

表5-21　湟水流域下游范围内种植作物匹配清单

子流域	涉及乡镇	涉及村庄	土地利用/植被覆盖类型	子流域内占地面积/hm²	现场调查实际作物种类、代码
1	炭山岭镇	全域	AGRL	4957.51	小麦（WWHT，SWHT，winter wheat、spring wheat）、玉米（CORN，corn）
2	赛拉隆乡	全域	FRSE	2370.82	天然林
3	炭山岭镇	全域	AGRL	2855.28	玉米（CORN，corn）
4	赛拉隆乡	全域	FRSE、FRSD	18613.8	天然林
5	赛拉隆乡	全域	FRSE、RNGE	12787.11	天然林、高山草地（天然）
6	炭山岭镇	全域	AGRL	5047.26	小麦、玉米
7	民乐乡	全域	AGRL	7942.89	小麦、玉米
8	民乐乡	全域	AGRL	9194.57	小麦、玉米
9	连城镇、赛拉隆乡	铁家台社区、浪排村、连城村、东河沿村、淌沟村	AGRL	6047.35	小麦、玉米
10	民乐乡	八岭村、卜洞村、黑龙村、铁丰村、下川村	AGRL	10018.98	小麦、玉米/马铃薯、娃娃菜
11	连城镇、河桥镇、通远乡、东坪乡、芦花乡	丰乐村、永和村、明家庄村、	AGRL	12336.88	小麦、玉米
12	通远乡、河桥镇	河桥村、南关村、牌楼村、晓林村、上坪村、边岭村、团庄村、青岭村、	AGRL	14748.34	小麦、玉米/马铃薯、娃娃菜
13	连城镇	牛站村	AGRL	1685.26	小麦、玉米
14	河桥镇、窑街街道、七山乡	南关社区、马莲滩村、团结村、马军村、乐山村、红山村、大沙村、上街村	AGRL	8753.02	小麦、玉米

子流域	涉及乡镇	涉及村庄	土地利用/植被覆盖类型	子流域内占地面积/hm²	现场调查实际作物种类、代码
15	河桥镇	七里村、蒋家坪村、四渠村、	AGRL	11540.67	小麦、玉米、娃娃菜
16	河桥镇、东坪乡	连铝社区、	AGRL	3238.71	小麦、玉米
17	河桥镇、窑街街道、海石湾镇、北山乡	敖塔村、主卜村	AGRL	5785.57	小麦、玉米
18	川口镇	史纳村	AGRL	459.99	小麦、玉米
19	川口镇	享堂村	AGRL	903.92	娃娃菜、玉米
20	七山乡	长沟村、庞沟村、官川村、苏家峡村、地沟村、前山村、鱼盆村、雄湾村、岢岱村	AGRL	7808.27	玉米、西瓜、辣椒
21	七山乡		AGRL	5739.50	玉米、西瓜、辣椒
22	海石湾镇、川口镇、马场垣乡	上海石村、虎头崖村	AGRL	6845.13	红笋、娃娃菜、西蓝花、玉米
23	马场垣乡、红古镇	马场垣村	AGRL	344.52	娃娃菜
24	七山乡、红古镇	旋子村、王家口村、米家台村、薛家村、苏家峡村	AGRL	7339.31	娃娃菜、西蓝花、玉米
25	马场垣乡、川口镇	全域	AGRL	10203.56	娃娃菜、西蓝花、玉米
26	红古镇、马场垣乡	水车湾村、新建村、红古村、新庄村、红古社区一（南）翠泉村、团结村、金星村、香水村、马聚垣村、磨湾子村、下川口村	AGRL	6569.08	红笋、娃娃菜、西蓝花

子流域	涉及乡镇	涉及村庄	土地利用/植被覆盖类型	子流域内占地面积/hm²	现场调查实际作物种类、代码
27	川口镇、巴州镇	全域	AGRL	15968.44	娃娃菜、西蓝花、玉米
28	花庄镇、西河镇、红古镇	湟兴村、杨家炮台、花庄村、苏家寺村、柳家村、青土坡、北山村、洞子村、王家庄村、白土路村—（南）白川村、二房村、红城村、陈家湾村、沈王村、红庄湾村、	AGRL	10274.99	红笋、娃娃菜、松花菜、甘蓝、西蓝花、番瓜、玉米
29	花庄镇			1051.47	玉米、娃娃菜
30	隆治乡、总堡乡	桥头村、张家村、铁家村、前山村、后山村、河嘴村、李家村、白武家村、永坪村、顶顶山村、秦家岭村、台尔哇、总堡村、哈家村	AGRL	31902.55	娃娃菜、西蓝花、红笋
31	花庄镇、平安镇、西河镇	上车村、河湾村、岗子村、夹滩村、新安村、复兴村、张家寺村、中和村、上滩村、达家河沿、若连村、平安村—（南）滩子村、周家村、瓦房村、福川村、黄新村、司家村	AGRL	16477.34	红笋、娃娃菜、玉米
32	平安镇、七山乡、苦水乡	仁和村	AGRL	10603.99	红笋、娃娃菜、玉米
33	平安镇、达川镇、盐锅峡镇	岔路村、上车村、石城子、幸福村（高层住宅小区）—（南）焦家村	AGRL	2248.2	红笋、玉米

2. 农作物生长特性参数

SWAT模型内置的作物数据库中提供了各类农作物的营养物含量、生长及管理特征等参数，约有39项，均按照植物种类汇总于CROP.DAT数据文件中。在模拟过程中，可以根据流域内的实际作物或植被情况从模型内置作物数据库中选择，即确定对应的参数。SWAT模型模拟所需的作物生长特性参数见表5-22。

表5-22 作物生长特性参数清单

参数名	定义	取值	参数名	定义	取值
作物生长热量需求参数					
Tbase（℃）	植物生长所需的基温	依作物取值	Topt（℃）	作物生长的最适宜温度	依作物取值
作物叶面积变化参数					
BLAI	最佳叶面积指数	依作物取值	FRGRW2	植物对应于BLAI曲线上第二个点的生长季分数	依作物取值
FRGRW1	植物对应于BLAI曲线上第一个点的生长季分数	依作物取值	LAIMX2	植物对应于BLAI曲线上第二个点的最大叶面积指数所占分数	依作物取值
LAIMX1	植物对应于BLAI曲线上第一个点的最大叶面积指数所占分数	依作物取值	DLAI	植物叶面积开始减少时的植物生长时间占生长季的分数	依作物取值
作物生长参数					
RUE（BIO_E）（kg/hm²）	辐射利用效率	依作物取值	CO₂HI（μg/L）	一定高度处CO_2浓度升高对RUE的影响率	依作物取值
LAI_INT	初始叶面积指数	缺省值	BIO_INT（kg/ha）	植物初始生物量干重	缺省值
WAVP	饱和差增加时辐射利用率的下降速率	6—8	PAR	光合有效辐射量	依作物取值
CHTMX（m）	植物最大冠层高度	依作物取值	GSI（m/s）	高太阳辐射和低饱和差条件下植物最大气孔传导度	依作物取值

参数名	定义	取值	参数名	定义	取值
RDMX	植物最大根系深度	依作物取值	VPDFR（kPa）	对应于 GSI 曲线上第二个点的饱和差	依作物取值
BIOEHI	对应于 RUE 曲线上第二个点的生物量与能量比值	依作物取值	FRGMAX	对应于 GSI 曲线上第二个点的最大气孔传导度分数	依作物取值
RSDCO_PL	植物残留物的分解系数	0.05	ALAI_MIN（m²/m²）	植物在休眠期内最小叶面积指数	依作物取值
BIO_LEAF	休眠期内转化为残留物的生物量占累积生物量的比例	0.30	MAT_YRS（y）	树种的树龄（仅树木）	缺省值
BMDIEOFF	生物量的转化分数	0.10	BMX_TRESS(ton/hm²)	森林的最大生物量	30—50
EXT_COEF	消光系数	0.65	PHU_PLT	植物成熟所需的总热量单位	依作物取值
作物营养物含量参数					
PLTNFR(1)（kg/kg）	植物刚发芽期生物量中的氮含量分数	依作物取值	PLTPFR(1)（kg/kg）	植物刚发芽期生物量中的磷含量分数	依作物取值
PLTNFR(2)（kg/kg）	植物生长季中期生物量中的氮含量分数	依作物取值	PLTPFR(2)（kg/kg）	植物生长季中期生物量中的磷含量分数	依作物取值
PLTNFR(3)（kg/kg）	植物成熟期生物量中的氮含量分数	依作物取值	PLTPFR(3)（kg/kg）	植物成熟期生物量中的磷含量分数	依作物取值
作物收获过程参数					
HVSTI	最适宜生长条件下的收获指数	0.5—0.9	CPYLD(kg/kg)	收获生物量中的磷素产量所占分数	0—1
WSYF	高胁迫条件下的最小收获指数	0.3—0.9	USLE_C	土地覆被的通用土壤流失方程 USLE 中 C 因子最小值	依作物取值
CNYLD(kg/kg)	收获生物量中的氮素产量所占分数	0—1	—	—	—

二、灌溉

湟水流域下游范围内农业灌溉系统较发达，区域内已形成了较完善的灌溉系统，除了沿河谷南北两岸台地高地部分区域，灌溉管渠基本均覆盖到。因此，区域内的农作物用水均来自灌溉用水，主要通过建设于大通、湟水河道的谷丰渠、湟惠渠、海石渠、窑街二渠及拥宪干渠等引水工程输送灌溉用水。区域内的作物灌溉基本情况见表5-23。

表5-23　湟水流域下游范围内农业种植概况汇总

河段	主导灌溉方式	灌溉水来源	平均取用水量 /（m³/s）
大通河	漫灌（视土壤墒情每6—10天灌溉一次）	引水工程	4—6
湟水	大田作物：漫灌（视土壤墒情每6—10天灌溉一次）设施农业：滴灌	谷丰渠、湟惠渠、海石渠、窑街二渠、拥宪干渠	6—8

在SWAT模型中，针对灌溉操作需确定的参数（包括模型内置的自动灌溉模式）除了灌溉水量，还包括水源类型、退水方式及去向等，主要参数包括19项。需根据流域内的实际灌溉操作情况进行相关选项选择和参数输入。SWAT模型模拟所需的灌溉操作参数见表5-24。

表5-24　灌溉操作参数清单

参数名	定义	取值	参数名	定义	取值
灌溉操作基本参数					
MONTH	灌溉操作的实施月份	依据实际耕作时间	IRR_SALT（mg/kg）	灌溉用水的盐分含量	缺省值
DAY	灌溉操作的实施日期	依据实际耕作时间	IRR_EFM	灌溉效率	0—1

参数名	定义	取值	参数名	定义	取值
HUSC	灌溉操作实施时的热量单位占基温零热量单位的比例	依据种植作物选择	IRR_SQ	灌溉水量占地表径流的比例	0—1
IRR_AMT（mm）	水文响应单元中的灌溉水深	缺省值	WSTRS	模型进行自动灌溉时考虑水胁迫类型选项	1，2
IRRSC	SWAT 内置灌溉类型代码选项	0，1，2，3，4，5	IRRNO	SWAT 内置灌溉水源的类型代码	1，2，3
FLOWMIN（m³/s）	灌溉取水的河内最小流量	0—1	DIVMAX(mm)	河道内日最大灌溉取水量	缺省值
FLOWFR	水文响应单元内的灌溉水量占可用水量的分数	0.01—1.00	AUTO_WSTRS	自动灌溉时引发灌溉的水胁迫阈值	0.90—0.95
IRR_MX（mm）	自动灌溉时的每次灌溉水量	缺省值	—	—	—
灌溉取用水参数					
WUPND（mon，10⁴m³/d）	每月由坑塘的日均取水量	不涉及	WUSHAL（mon，10⁴m³/d）	每月浅层地下水的日均取水量	缺省值
WURCH（mon，10⁴m³/d）	每月由河段内的日均取水量	缺省值	WUDEEPWU-SHAL（mon，10⁴m³/d）	每月深层地下水的日均取水量	缺省值

三、施肥

　　湟水流域下游范围内施肥活动普遍，且根据年内的种植模式，施肥活动全年都存在，因此是流域内面源污染物的主要贡献来源。通过现场实地调查及以往的统计资料汇总了流域内主要的施肥情况，本次模拟区域范围内各部分的施肥特征大体保持一致，年内每茬作物分基肥施肥和生长期追肥两个阶段。其中，基肥主要包括粪肥（农家肥）、过磷酸钙及磷酸二铵及复合肥，施肥量较大，以保障作物生长全周期对营养物的大部分需求；追肥在作物生长阶段分批施肥，具体施肥阶段视作物种类及生长情况而定，主要包括尿素、磷酸二铵。流域内具体施肥活动概况见表5-25。

表5-25　湟水流域下游内施肥概况统计

施肥阶段	肥料种类	施肥量	备注
基肥	粪肥	75 t/hm²	主要包括牛粪、猪粪等
	过磷酸钙	450 kg/hm²	—
	磷酸二铵	750 kg /hm²	—
	复合肥	750 kg /hm²	—
追肥	尿素	150 kg /hm²	—
	磷酸二铵	150 kg /hm²	—

在SWAT模型中，针对施肥操作需确定的参数除了肥料种类、施用量，还包括施肥操作等，输入肥料种类，SWAT模型内汇总了全球常见的肥料种类，共54种，全部在FERT.DAT数据库内，并包含每种肥料的元素含量等数据，可以根据流域内实际施用肥料的情况在肥料数据库内挑选。输入施肥操作过程参数SWAT模型有关施肥操作（包括模型内置的自动施肥模式）产生的水文过程的控制参数共20项，以此来定义各水文响应单元中肥料的操作时间及分配特征。SWAT模型模拟所需的施肥操作参数见表5-26，主要肥料信息见表5-27。

表5-26　施肥操作参数清单

参数名	定义	取值	参数名	定义	取值
施肥操作基本参数					
MONTH	施肥操作的实施月份	依据实际耕作时间	FERT_ID	SWAT 内置肥料数据库中特定肥料的代码	依实际调查种类选择
DAY	施肥操作的实施日期	依据实际耕作时间	FRT_KG （kg/hm²）	水文响应单元的施肥量	依实际调查数据输入
HUSC	施肥操作实施时的热量单位占基温零热量单位的比例	依据实际耕作时间	FRT_SURFACE	表层 10mm 土壤中的施肥量占总施肥量的比重	20%

参数名	定义	取值	参数名	定义	取值
AUTO_NSTRS	引发自动施肥的氮胁迫因子	0.90—0.95	AUTO_EFF	实施自动施肥时的施肥效率	1.3
AUTO_NAPP（kg/hm²）	实施自动施肥时单词操作允许的最大无机氮施用量	200	AFTR_SURFACE	实施自动施肥时表层10mm土壤中施肥量占总施肥量的分数	0.2
AUTO_NYR（kg/hm²）	实施自动施肥时当年允许的最大无机氮施用量	300	—	—	—
肥料成分参数					
FERTNM	肥料数据库中的肥料名称	依实际肥料选择	FNH₃N	肥料中的氨态氮含量	0—1.0
FMINN(kg/kg）	肥料中无机氮的含量	0—1.0	BACTPDB（cfu/g）	粪肥中持留菌的浓度	缺省值
FMINP（kg/kg）	肥料中无机磷的含量	0—1.0	BACTLPDB（cfu/g）	粪肥中较短持留菌的浓度	缺省值
FORGN（kg/kg）	肥料中的有机氮含量	0—1.0	BCTKDDB	细菌的分配系数	0—1.0
FORGP(kg/kg）	肥料中的有机磷含量	0—1.0	—	—	—

表5-27　肥料数据库清单

SWAT内置肥料数据库代码	SWAT内置肥料数据库代码	SWAT内置肥料数据库代码	SWAT内置肥料数据库代码
Elem—N（纯氮）	24—06—00	10—20—20	00—06—00
Elem—P（纯磷）	22—14—00	10—10—10	粪肥—奶牛
ANH—NH₃（纯氨氮）	20—20—00	08—15—00	粪肥—肉牛
尿素	18—46—00	08—08—00	粪肥—小牛
46—00—00	18—40—00	07—07—00	粪肥—肉猪
33—00—00	16—60—20	07—00—00	粪肥—绵羊
31—13—00	15—15—15	06—24—24	粪肥—山羊
30—80—00	15—15—00	05—10—15	粪肥—马

续表

SWAT 内置肥料数据库代码	SWAT 内置肥料数据库代码	SWAT 内置肥料数据库代码	SWAT 内置肥料数据库代码
30—15—00	13—13—13	05—10—10	粪肥—蛋鸡
28—10—10	12—20—00	05—10—05	粪肥—肉鸡
28—03—00	11—52—00	04—08—00	粪肥—火鸡
26—13—00	11—15—00	03—06—00	粪肥—鸭
25—05—00	10—34—00	02—09—00	—
25—03—00	10—28—00	00—15—00	—

说明：表中的数字代表肥料中无机氮、无机磷及有机氮的百分比。

四、耕作操作

湟水流域下游范围内耕作活动主要包括大田种植和设施农业种植（温室大棚）2种，以大田种植为主，且年内种植季节开始时通常进行土壤翻耕，影响土壤内的水文及营养物迁移过程。SWAT模型有关耕作操作产生的水文过程的控制参数共19项，以此来定义各水文响应单元中耕作的操作时间、耕作及收割影响及营养物分配特征。SWAT模型模拟所需的耕作操作参数见表5-28。

表5-28　耕作操作参数清单

参数名	定义	取值	参数名	定义	取值
耕作操作基本参数					
TILLNM	SWAT 内至耕作操作数据库的代码	依据实际耕作选择	DEPTIL（mm）	耕作操作的混合深度	缺省值
EFFMIX	耕作操作的混合效率	缺省值	BIOMIX	生物混合效率	0.2
CN2	水分条件Ⅱ下径流 SCS 曲线数	默认值	USLE_P	USLE 方程中的水土保持措施因子	缺省值
FILTERW（m）	水文响应单元内田界过滤带的宽度	缺省值	NROT	模拟轮作年数	1

续表

参数名	定义	取值	参数名	定义	取值
CURYR_MAT（y）	当年的树龄	缺省值	HEAT UNITS	土地覆盖/作物成熟所需总热量单位	依所选作物确定
HI_TARG［（kg/hm²）/（kg/hm²）］	目标收获指数	默认值	CNOP	水分条件Ⅱ下SCS径流曲线数	缺省值
BIO_TARG（ton/ha）	目标生物量（干重）	默认值	—	—	—
收获操作基本参数					
MON	收割操作实施月份	依实际	IHV_GBM	农作物的收获类型选项	0，1
DAY	收割操作实施日期	依实际	HI_OVR［（kg/hm²）/（kg/hm²）］	农作物收获指数	默认值
HARVEFF	农作物收获效率	0—1.0	BURN_FRLB	植物火烧量占生物量和残留物的比例	缺省值

此外，除了种植、灌溉、施肥及收获等常规农业活动，SWAT模型内置了7种影响流域内水文及营养物分布的主要管理活动类型，根据所模拟区域内的实际管理活动情况在模型中进行选择，模拟不同操作活动，具体耕作类型信息见表5-29。由于本次模拟区域内基本不涉及相关农业管理活动，因此在模拟期间各类管理操作的对应参数定义均选择模型缺省值或默认值。

表5-29　耕作类型清单

序号	管理类型	说明
1	梯田耕作	模拟指定时段水文响应单元级别的梯田操作
2	瓦管排水	模拟指定时段内水文响应单元级别的瓦管排水操作
3	等高种植	模拟指定时段内水文响应单元级别的等高种植操作
4	植被过滤带	模拟指定时段内水文响应单元级别的植被过滤带设置
5	等高条耕	模拟指定时段内水文响应单元级别的等高条耕操作
6	焚烧	模拟指定时段内水文响应单元级别的焚烧操作
7	植草水道	模拟指定时段内水文响应单元级别的生长有水草的水渠情形

五、养殖活动

湟水流域下游范围内养殖活动同样较普遍。区域内除了个别规模较大的大型奶牛养殖企业、中小规模畜禽养殖小区，农户散养鸡、牛、羊的情况较普遍。同时，由于湟水干流南岸汇水区域内还包含部分民和县行政管辖区域，鸡牛羊养殖活动占比较高，因此，也是本次模拟河段内的另一大面源污染来源之一。应用模型模拟畜禽养殖活动产生的面源污染，需要确定养殖活动的地理分布状况、养殖品种、养殖规模大小等。

在SWAT模型中，针对流域内的畜禽养殖活动被纳入了操作管理数据库中的放牧操作，畜禽养殖活动对流域内水文及营养物过程影响的相关控制参数包括水文响应单元内的年放牧天数（GRZ_DAYS）、产生的粪肥种类（MANURE_ID）、畜禽每日消耗的饲料（植物）生物量（BIO_EAT）、放牧期间畜禽每日践踏的植物生物量（BIO_TRMP）和粪肥每日堆积重量（MANURE_KG）5项。实地调查发现，湟水流域下游段内的畜禽养殖活动以规模化养殖占主导，农户散养的数量相对较小。已建成运行的规模化养殖场（小区）内，以牧草和秸秆作为饲料，且均建成了畜禽粪污的收集和简易处理系统，主要处理方式是将产生的粪污收集腐熟后全部作为农家肥就近施用于农田。由此，区域内真正意义上因畜禽散养排放到环境中产生的面源污染非常少，但由于区域内畜禽养殖规模依然很大，且产生的粪污全部进入农田，在农田内以面源形式进入环境，故本次模拟将来自畜禽养殖的污染源强负荷，以施肥的方式输入模型中。

在模型内输入畜禽养殖活动数据前，需要将现场调查得到的畜禽养殖信息换算为模型所需的养殖活动参数及源强数据。结合现场调查及当地统计年鉴，我们获取到了本区域内乡镇级别的最新畜禽养殖种类、数量等信息，对照模型划分情况，将畜禽养殖数据分配到相应的子流域。区域内的各养殖场（小区）均配备了畜禽粪便收集设施，90%—95%的粪便集中收集作为肥料施用于农田，因此在本次模拟中，每个子流域内畜禽养殖活动所产生的粪便被等效地转化为粪肥。计算方法如下：

$$L_i = \lambda_i \frac{E_i}{A_i}$$

式中：L_i为施用于第i子流域的粪肥量，kg/hm²；λ为利用效率，结合现场实地调查，确定区域内的粪肥利用率占畜禽粪污产生量的90%；E_i（$E_i = P_i \times W$）为第i子流域内的畜禽粪污产生量，kg；A_i为第i子流域的面积，hm²；P_i为第i子流域单位面积粪污产生系数；W单位种类畜禽的粪污产生系数。

通过文献资料查询，确定区域内各类养殖畜禽的粪污产生系数，具体见表5-30。

表5-30　畜禽养殖粪污产生系数汇总

指标	养殖物种						
	牛/头		羊/只		猪/头		家禽/羽
	粪	尿	粪	尿	粪	尿	粪
单位个体日排放量 /kg/d	20—30	10—15	2—2.5	0.5—2.0	2.5	3.3	0.12
氮含量 /%	0.4	0.8	0.7	0.5	0.55	0.33	1
磷含量 /%	0.1	0.04	0.25	0.2	0.34	0.05	0.5
单位个体氮产生量 /kg/d	0.08	0.08	0.0175	0.003	0.0138	0.01089	0.0012
单位个体磷产生量 /kg/d	0.02	0.004	0.00625	0.0012	0.0085	0.00165	0.0006
养殖天数 /d	365		180		199		60

通过对获取的各乡镇畜禽养殖规模进行汇总统计，并叠加到对应的子流域上，得到模拟范围内各子流域畜禽养殖分布情况，具体见表5-31。

表5-31　湟水流域下游范围内畜禽养殖规模及分布汇总

子流域编号	覆盖乡镇	牛/万头	羊/万只	猪/万头	家禽/万羽
1	天堂镇	0.4	3.5	0.3	0.8
3	炭山岭镇	0.4	4.1	0.3	4.9
6	赛什斯镇	0.3	4.4	0.5	1.5

子流域编号	覆盖乡镇	牛/万头	羊/万只	猪/万头	家禽/万羽
9	赛拉隆乡	0.2	0.4	0.0	0.06
11	东坪乡	0.0	0	0.16	2.7
13、16	连城镇	0.1	0.5	2.4	6.5
14、15	河桥镇	0.1	0.5	4.7	6.6
20、21、24	七山乡	0	4.3	0.6	0
10	民乐乡	0	2	0.7	3.8
12	通远镇	0	2.4	1.1	1.0
17	矿区街道	0	0	0	0
17	窑街街道	0	0	0.6	0
22	华龙街道	0	0	0	0
28	红古镇	0.3	1.8	2.4	1.50
22	海石湾镇	0	0	0	0.0
31	花庄镇	0.06	2.0	0.7	1.4
33	平安镇	0	0	0	0
33	达川镇	0	0.1	0.2	3.8
31	西河镇	0	0.86	0.65	2.4
19	川口镇、巴州镇	0.82	5.7	0.99	4.8
25	马场垣	0.22	0.86	0.31	1.78
30	隆治乡	0.2	1.5	0.79	0.3

说明：由于本次模拟汇水区范围内的乡镇行政区划与模型划分的子流域在地理边界上不会完全匹配，因此存在一个子流域范围包含多个乡镇范围及一个乡镇包含多个子流域范围的情况，对一个乡镇包含多个子流域的情况，将乡镇内的畜禽养殖平均分配到各子流域；对一个子流域包含多个乡镇的情况，将各乡镇的养殖数据汇总到一个子流域内。

六、城镇及农村活动

城镇居民的各类生活活动是流域内污染物的重要来源，尤其是在污水收集管网和污水处理能力覆盖不到的地区，由于污水得不到有效收集和处理，呈散排的情况，因此是面源污染的重要组成部分。SWAT模型有关城镇及农村活动及其过程的控制参数主要有40项，以此来定义各水文响应单元中城镇和农村生活中产生的垃圾、污水类型、产生方式及收集处理过程，进而控制营养物等在流域内的分配特征。SWAT模型模拟所需的相关操作参数见表5-32。

表5-32　城镇和农村过程参数清单

参数名	定义	取值	参数名	定义	取值
街道清扫操作基本参数					
MONTH	清扫工作实施的月份	依流域实际	SWEEPEFF	街道清扫的清除效率	0—1.0
DAY	清扫工作实施的日期	依流域实际	FR_CURB	可清扫的街道边石（道牙）长度占总长度的分数	0.01—1.00
用水活动基本参数					
WURCH（mon）（$10^4m^3/d$）	月内从河段取水的日均取水量	缺省值	WUSHAL（mon）（$10^4m^3/d$）	月内从浅层地下水取水的日均取水量	缺省值
污水系统水质及运行参数					
IST	污水类型选项代码	1—26	NO_3（mg/L）	污水处理系统内硝态氮浓度	0—1.94
SPTNAME	污水系统名称代码	缺省值	NO_2（mg/L）	污水处理系统内亚硝态氮浓度	缺省值
IDSPTTYPE	污水系统状态分类	1，2，3	TP（mg/L）	污水处理系统内总磷浓度	10
SPTQ（m^3/d）	化粪池污水流量	0.2—1.0	PO_4（mg/L）	污水处理系统内磷酸盐浓度	1.2—21.8
BOD（mg/L）	污水处理系统内生化需氧量浓度	170	ORGP（mg/L）	污水处理系统内有机磷浓度	1.0
TSS（mg/L）	污水处理系统内总悬浮固体浓度	75	FCOLI（mg/L）	污水处理系统内大肠埃希菌浓度	107
TN（mg/L）	污水处理系统内总氮浓度	12—453	ISEP_TYP	污水处理系统类型	依实际选择

续表

参数名	定义	取值	参数名	定义	取值
NH₄ (cuf/100mL)	污水处理系统内氨氮浓度	17—78	COEFF_FC2	田间持水量系数2	缺省值
BZ_Z (mm)	污水系统生物带顶部埋深	缺省值	COEFF_FECAL (cm³/s)	残留物中大肠埃希菌的衰减速率系数	缺省值
BZ_THK (mm)	污水系统生物带层厚度	缺省值	COEFF_PLQ	菌斑校核参数	缺省值
BZ_AREA (m²)	排水区表面积	缺省值	COEFF_MRT (cm³/s)	细菌死亡速率系数	缺省值
BIO_BD (kg/g³)	污水系统内生物质密度	缺省值	COEFF_RST (cm³/s)	细菌呼吸速率系数	缺省值
COEFF_BOD_DC (cm³/s)	BOD的衰减速率系数	缺省值	COEFF_SLG1 (cm³/s)	丢弃系数1	缺省值
COEFF_BOD_CONV	BOD中转化量与生物量比值	缺省值	COEFF_SLG2 (cm³/s)	丢弃系数2	缺省值
COEFF_FC1	田间持水量系数1	缺省值	COEFF_NITR (cm³/s)	硝化作用的速率系数	缺省值
ORGN (mg/L)	污水处理系统内有机氮浓度	9.4—15	COEFF_DENITR (cm³/s)	反硝化作用的速率系数	缺省值

　　湟水流域下游段内沿河谷及台地密集分布着农村及城镇。结合第二次人口普查数据和实地调查，将收集到的区域内各乡镇人口数量按照模型已划分好的子流域逐个对应分配到所属子流域，得到本区域内人口分布情况。目前，针对居民生活污染物的排放负荷通常通过污染系数方法核算。根据全国二污普产排污系数手册，结合本次模拟区域内实地调查获取的数据，区域内的生活污水垃圾排放系数见表5-33。

表5-33　湟水流域下游农村生活排污系数汇总

指标	单位	产生系数
生活污水产生系数	L/人·日	13—25
化学需氧量	g/人·日	15—20
氨氮	g/人·日	0.06—0.10

指标	单位	产生系数
总氮	g/人·日	0.3—3.0
总磷	g/人·日	0.25—0.3
粪便排放系数	Kg/人·日	0.2—0.25

通过现场调查发现，对城镇区域（红古区所辖矿区街道、窑街街道、华龙街道、海石湾镇等），居民生活产生的粪污均通过化粪池及市政污水管网收集，污水进入污水处理厂集中处理排放，固体污泥进入生活垃圾填埋场。而对城镇郊区及广大农村区域，由于污水收集处理设施配套并不完善，生活粪污多数由居民自家的旱厕或小规模的污水收集设施处理，属于散排，其产生的粪污经旱厕或设施收集后，主要回施于农田。由此，本区域农村生活面源污染的发生过程与前述畜禽养殖活动面源污染类似，各种污染元素（氮、磷等）均主要通过施肥活动进入农田，进而经农田扩散进入环境。本次研究模拟该过程，应用前述公式计算得到各子流域的生活源污染物（依当地生活习惯，经旱厕收集的农村居民尿液量很少，同时日常洗漱废水多数在地表泼洒，量很少，且蒸发较快，基本不会大规模扩散或进入土壤深层，不会造成明显的面源污染，残留的污染物主要为粪便）产生量，并将生活面源负荷作为农家肥就近施用于耕地中，回用率为80%。

湟水流域下游段范围内，基于SWAT模型模拟流域面源污染所需的主要参数及3类主要面源污染负荷输入（生活面源、畜禽养殖面源、农业种植面源）。3类主要面源污染负荷情况见表5-34。

表5-34　流域内主要面源污染负荷汇总清单

面源污染类型	生活面源——人粪便	养殖面源——畜禽粪便	农业种植源（化肥量）	负荷总计
	各子流域内农田施用量/（kg/hm²/a）	各子流域内农田施用量/（kg/hm²/a）	各子流域内农田施用量/（kg/hm²/a）	
1	123.5968356	12955.17306	523.5	13602.2699
2	0	0	0	0

续表

面源污染类型	生活面源——人粪便	养殖面源——畜禽粪便	农业种植源（化肥量）	负荷总计
	各子流域内农田施用量/（kg/hm²/a）	各子流域内农田施用量/（kg/hm²/a）	各子流域内农田施用量/（kg/hm²/a）	
3	258.5913197	25039.99608	523.5	25822.0874
4	0	0	0	0
5	0	0	0	0
6	128.0753906	13327.92446	523.5	13979.49985
7	0	0	0	0
8	0	0	0	0
9	0	3022.196499	523.5	3545.696499
10	254.0826111	3814.545275	523.5	4592.127886
11	53.26914661	2335.1603	523.5	2911.929447
12	56.81870862	2195.196205	523.5	2775.514914
13	389.9545174	2120.957033	523.5	3034.411551
14	110.8616896	2987.548254	523.5	3621.909944
15	84.08304346	2987.548254	523.5	3595.131298
16	202.912947	2120.957033	523.5	2847.36998
17	197.3290111	946.3198959	523.5	1667.148907
18	474.0266153	19732.54293	523.5	20730.06954
19	323.0358552	8068.305038	523.5	8914.840893
20	9.767900079	2140.677395	523.5	2673.945295
21	13.28868995	2140.677395	523.5	2677.466085
22	141.1383729	1065.448398	523.5	1730.086771
23	1980.553371	40370.41868	523.5	42874.47205
24	10.39203663	2140.677395	523.5	2674.569431
25	45.78794289	4020.217158	523.5	4589.505101
26	228.2186968	21286.62921	523.5	22038.3479

续表

面源污染类型	生活面源——人粪便 各子流域内农田施用量/(kg/hm²/a)	养殖面源——畜禽粪便 各子流域内农田施用量/(kg/hm²/a)	农业种植源（化肥量）各子流域内农田施用量/(kg/hm²/a)	负荷总计
27	185.5999491	5137.699827	523.5	5846.799776
28	35.78459814	1433.003781	523.5	1992.288379
29	0	0	0	0
30	80.39700653	1119.053145	523.5	1722.950151
31	126.3457913	1795.212147	523.5	2445.057939
32	0	0	0	0
33	118.425902	1957.96279	523.5	2599.888692

说明：本次湟水流域下游段划分的第2、4、5、7、8、29、32号子流域范围内无人类活动及耕地，因此该7处子流域内不分配面源污染负荷。

第三节 模型运行过程

　　在完成上述SWAT模型参数和数据的收集和处理后，就需按照模型的操作流程进行输入和导入。本次湟水流域下游段面源模拟分析应用ArcGIS10.5版本平台，在完成ArcSWAT安装后，在ArcGIS设置中增加SWAT模块，即可在GIS平台下增加SWAT模型工具条。本节内容将按SWAT模型操作流程逐个进行介绍。

一、模型框架介绍

ArcSWAT模块将流域内各种水文及营养物过程的模拟功能划分为6大板块，分别为"SWAT Project Setup""Watershet Delineator""HRU Analysis""Write Input Tables""Edit SWAT Input""SWAT simulation"。每个大板块下会细分子板块功能，并且需要从左到右的顺序按照板块排序依次操作，只有在前序的板块完成设置后，后序的板块操作才能被激活。各板块的主要功能见表5-35。

表5-35 ArcSWAT模型模块划分及功能介绍

序号	板块名称	功能介绍	说明
1	SWAT Project Setup	包含SWAT模拟工程的设置功能，包括新建、打开、保存、删除模拟工程等	—
2	Watershet Delineator	包含流域定义和子流域划分的各类功能，以及流域划分完成后的报表	
3	HRU Analysis	执行水文响应单元（HRU）分析及划分功能，包括导入所需的土地利用、土壤、坡度分级分类	—
4	Write Input Tables	执行模拟所需的各类参数文件定义、保存和修改功能	包含17类参数文件写入
5	Edit SWAT Input	执行需要输入模型的流域各类各级别数据库文件导入、编辑、修改、保存	包含点源、入流、水库、子流域等相关输入参数
6	SWAT simulation	执行模型的运行模拟、结果输出、检查、模拟工程保存及加载等功能。	

二、子流域划分

流域面源污染模拟首先从建立流域"底图"开始。在ArcSWAT中，通过"Watershet Delineator"板块来定义模拟流域的边界及子流域，具体见图5-7。

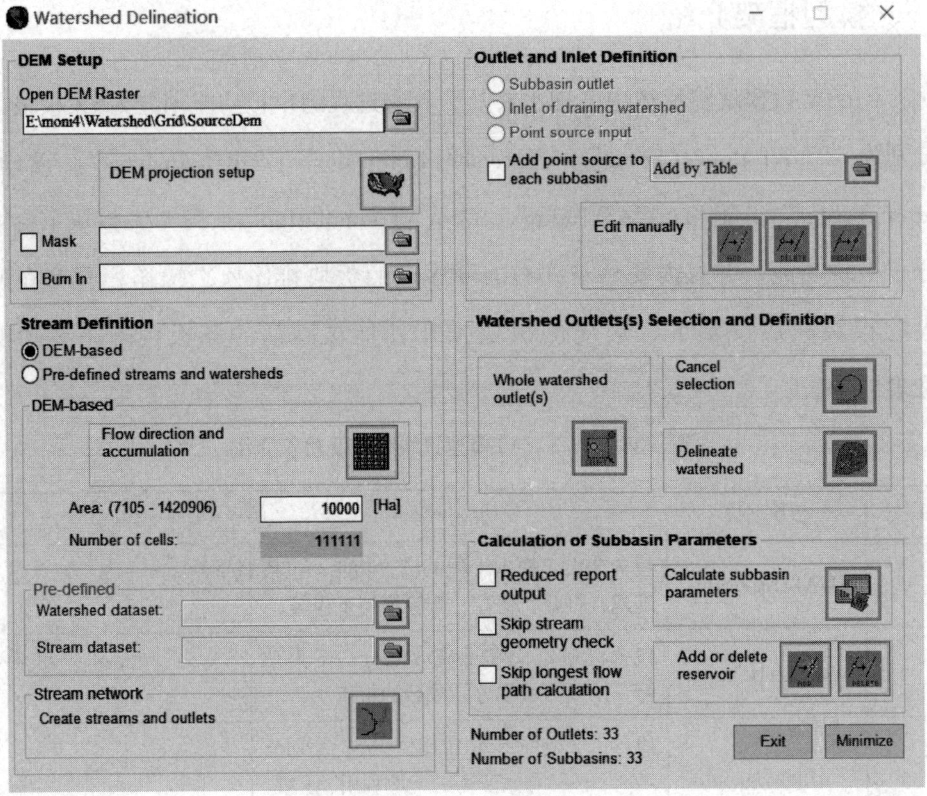

图5-7　流域定义及划分操作界面

在这一步骤中，首先，导入包含湟水流域下游段全部汇水范围的DEM矢量数据，模型根据矢量数据内的地形、坡度、坡向等信息，结合所需的河网、子流域划分面积需要，计算并生成模拟区域范围内的河网、流域边界矢量数据文件。其次，结合流域实际情况，定义流域内的河道入口、出口，指定模拟的最小汇水范围，同时确定汇水范围内存在的支流入口，以及各子流域内向河道内排水、输水的规模较大的排水口（point，本次模拟将区域内的污水厂、主要工业企业的排放口也确定为点源）。最后，模型根据上述流域定义，计算并生成模拟区域，并进一步生成有水利联系的子流域，将各子流域数据写入工程文件内。湟水流域下游段模拟范围内共生成33个子流域，各子流域划分情况及信息见本章第一节。

三、水文响应单元划分

按照分布式模拟的需要，针对已确定的模拟流域及子流域，需确定各子流域内包含的土地利用类型、土壤类型、坡度类型，并在模拟流域内添加组合，生成进一步演算水文及营养物过程的水文响应单元，每个响应单元都是一个土地利用—土壤—坡度类型的独立组合。"HRU Analysis"是ArcSWAT模块中定义和划分水文响应单元功能的部分，在该板块下，首先，分别对土地利用、土壤类型建立与模型内置类型代码——对应的索引对照表。其次，将事先根据SWAT模型输入格式需要预处理好的土地利用、土壤、地形数据库依次导入"HRU Analysis"板块下对应的选框内。再次，根据模拟需要确定流域内的坡度分级范围，软件对模拟范围内的三种类型进行计算，重新分类并叠加。最后，对流域内的水文响应单元分布进行定义，以反映各水文响应单元内的主要土地利用—土壤—坡度类型及参数（参考国内外有关文献的通用推荐值，通常土地利用类型、土壤类型、坡度类型的阈值分别设置为20%、10%、20%）。最终湟水流域下游段模拟范围内共生成388个水文响应单元，具体见图5-8。

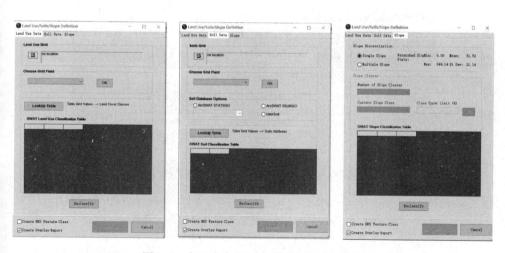

图5-8　水文响应单元定义及划分操作界面

四、气象数据输入

在完成湟水流域下游段模拟区域的流域单元划分后，需要完成的建模过程包括气象数据输入。气象数据是流域内水文过程和营养物迁移过程的驱动因素，因此其很重要，ArcSWAT模型将气象数据的输入环节单独划分出来在"Write Input Tables"内进行操作。包括气象观测数据的输入、气象站点索引表的制作和输入两部分。

1. 气象数据

本次模拟应用获取了SWAT模型中国大气同化驱动集（孟现勇，2020），对照已划分好的流域范围，筛选出覆盖区域的气象站点，将本章第一节所述制作好的气象站点索引表依次导入ArcSWAT的"Rainfall Data""Temperature Data""Relative Humidity Data""Solar Radiation Data""Wind Speed Data"选项卡下，包括温度、相对湿度、风速、太阳辐射等5个要素索引表，同时将这5个要素逐日记录文件全部放入索引表所在的目录下，具体见图5-9。

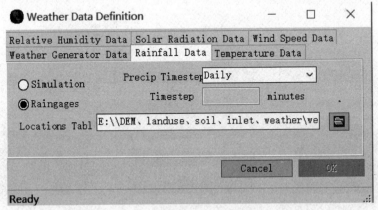

图5-9　ArcSWAT模型气象数据及索引导入界面

2. 天气发生器数据

天气发生器数据内包含的气象数据反映模拟区域的多年统计气象信息，通常需要利用本书第二章第三节中所列出的公式统计得出，本次模拟应用美国环境预报中心CFSR数据库中提供的全球气象统计数据，筛选出本次湟水流域下游段范围内的气象站点，在"Weather Genenrator Data"选项卡下将相应站点的统计数据导入。由于本次模拟已经输入了模拟区域和模拟期内逐日的全部气象资料，因此导入的天气发生器数据是备用数据，具体见图5-10。

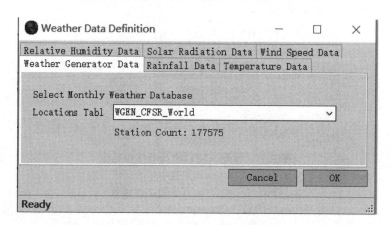

图5-10 ArcSWAT模型天气发生器数据导入界面

五、模拟参数输入及调整

依据ArcSWAT模拟操作流程，在完成上述操作后，即开始各类水文及营养物过程的物理参数设置，包括参数文件生成、参数设置两大部分。ArcSWAT平台将模拟参数的修改、保存、删除等设置功能分配在了两个板块下，分别是"Write Input Tables"板块和"Edit SWAT Input"板块。

1. 创建参数文件

ArcSWAT界面将创建各类参数文件的操作划分在"Write Input Tables"板块内，即首先需要生成本次SWAT模拟工程的各类参数文件，共计17项，见表5-36。按照SWAT模型模拟的通用做法，在本次模拟工程新创建时，选择"Write All"命令，即全部新创建并赋予初始（默认）值，见图5-11。

图5-11　参数文件创建清单操作界面

表5-36　ArcSWAT参数文件清单

序号	参数文件名及扩展名	功能	序号	参数文件名及扩展名	功能
1	Confirguration File (.Fig)	创建流域配置文件	9	Management Data (.Mgt)	创建各水文响应单元管理操作数据
2	Soil Data (.Sol)	创建水文单元的土壤数据	10	Soil Chemical Data (.Chm)	创建水文响应单元土壤化学特性数据
3	Weather Generator Data (.Wgn)	创建子流域的天气发生器数据	11	Pond Data (.Pnd)	创建各子流域坑塘参数
4	Subbasin/Snow Data (.Sub/.Sno)	创建子流域常规参数	12	Stream Water Quality Data (.Swq)	创建各子流域河流水文过程水质常规参数
5	HRU/Drainage Data (.Hru/.Sdr)	创建各水文响应单元常规参数	13	Septic Data (.Sep)	创建污水处理系统参数
6	Main Channel Data (.Rte)	创建各子流域主河道常规参数	14	Operations Data (.Ops)	创建农业操作参数
7	Groundwater Data (.Gw)	创建各水文响应单元地下水参数	15	Watershed Data (.Bsn/.Wwq)	创建流域级别水文过程水质常规参数
8	Water Use Data (.Wus)	创建各子流域用水参数	16	Master Watershed File (.Cio)	创建主流域文件

2. 编辑参数文件

在完成模拟所需的各类参数文件的创建后，即开始对各类参数进行修改、删除、保存等操作，ArcSWAT平台下，全部位于"Edit SWAT Input"板块下，包括"Databases""Point Source Discharge""Inlet Discharge""Reservoirs""Subbasin Data""Watershed Data""Rewrite SWAT Input Files"7个子选项，需要逐项选择设置。由于模拟所需参数量非常多，其中很多参数值在以往湟水流域下游段范围内并未开展相关测定和研究，因此保留了文件创建时预设的初始值或缺省值。下面逐项介绍具体设置内容。

（1）数据库设置

在"Databases"选项内可以进行SWAT模型内置的各类基础数据库的设置和调整。如前所述，SWAT模型是基于以往各类研究及调查的成果，汇总了全球范围内一些通用要素的相关参数信息，并内置在模型内供选择。内置的基础数据库包括9个，分别是土壤数据库（User Soils）、地表覆盖（植被）数据库（Land Cover/Plant Growth）、肥料数据库（Fertilizers）、杀虫剂数据库（Pesticides）、耕作数据库（Tillage）、城镇类型数据库（Urban）、用户气象站数据库（User Weather Stations）、污水处理系统数据库（Septic WQ）、低影响开发数据库（Low Impact Development）。本次模拟仅针对湟水流域下游段补充了土壤数据库，将由世界土壤数据库（HWSD）中筛选出来的本次模拟范围内的土壤属性数据导入模型土壤数据库内以用于本次模拟。其余所需数据如地表覆盖、肥料、城镇、污水处理等均由SWAT模型内置数据库中选择，见图5-12。

（2）点源排放设置

在"Point Source Discharges"选项中，列出了模拟范围内所有子流域。根据现场实地调查收集到的区域内点源排放信息清单，填入对应的子流域内，见

图5-13。

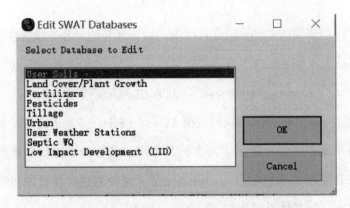

图5-12　SWAT模型内置数据库修改操作界面

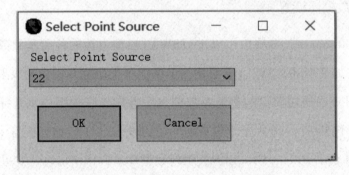

图5-13　点源排口所在子流域选择界面

　　按照SWAT模型的原理，模型将每个子流域内的点源概化为一个点源排口，作为河道内水量、污染物模拟的输入参数。列出的输入参数为点源排放的详细水质信息，共计18项，包括流量、沉积物、有机氮、有机磷、硝酸氮、氨氮、亚硝酸氮、无机磷、生化需氧量、溶解氧、叶绿素α、可溶性杀虫剂、吸附性杀虫剂、持久性微生物、亚持久性微生物及惰性金属元素等，见图5-14。考虑到本区域内点源排放口的历史监测仅针对环境监管需要开展了主要总量控制污染物的监测，结合本次流域面源污染模拟的需要，仅收集流域内各点源的主要污染因子如水量、总氮、总磷、氨氮负荷。

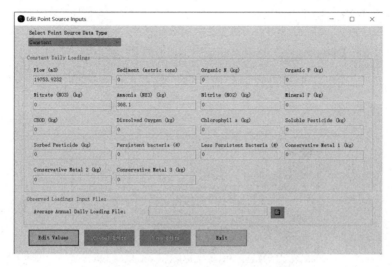

图5-14　点源排口污染物参数输入界面

　　本次模拟以子流域为单元，将同属一个子流域内的点源排放口（包括主要涉水工业企业排口、污水处理站排口及支流）汇总为一个排口。最终存在点源排放的子流域包括第13、第17、第22、第26、第31、第33号子流域。点源排口清单见表5-37。

表5-37　湟水流域下游主要点源排放信息清单

河段	排口所在子流域	所在乡镇（街道）	排水量/（m³/d）	总氮/（kg/d）	氨氮/（kg/d）	总磷/（kg/d）	生化需氧量
大通河	13	河桥镇	38.23	0	0	0	0
	17	窑街街道	13.70	4.16	0.41	—	2.77
	17	窑街街道	727.65	14.30	14.30	—	27.68
	17	下窑街道	3648.00	65.97	4.2	2.71	27.61
湟水	22	海石湾镇	15480.00	216.71	60.22	13.56	148.61
	22	海石湾镇	4205.43		307.88		
	26	红古镇	1466.73	12.14	0.34	11.12	12.83
	31	花庄镇	1742.92	96.11	2.41	—	517.4
	33	平安镇	26.42	6.79	5.26	—	1.01

（3）上游入流来水设置

在"Inlet Discharges"选项中，已列出了模拟范围内所有涉及上游来水的子流域。根据现场实地调查收集到的区域上游来水信息清单，填入对应的子流域内，见图5-15。

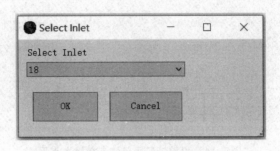

图5-15　来水入流源选择界面

按照SWAT模型的原理，需输入这些上游来水的相关信息，作为河道内水量、污染物模拟的初始参数。列出的输入参数与点源排放的详细水质信息一样，这里不再重复，见图5-16。本次模拟范围内涉及上游来水为大通河、湟水上游，分别位于第1、第18号子流域，均由青海省进入。按照模拟需要，本次模拟在入流断面处选择对应水文站，分别为天堂断面、民和断面。

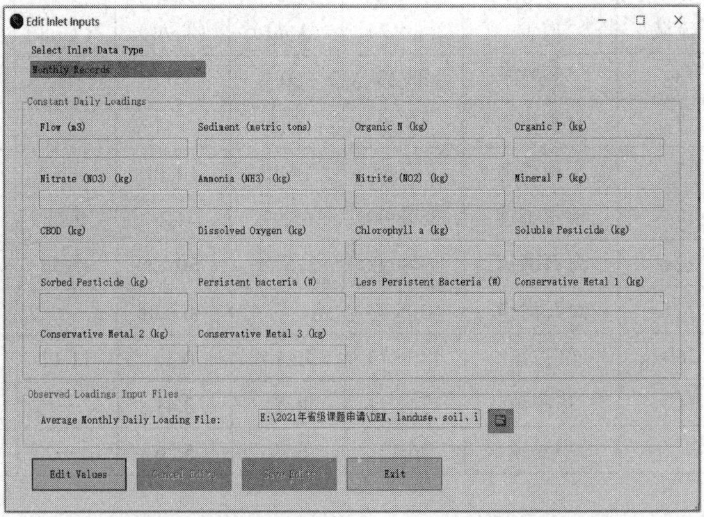

图5-16　来水入流源污染物参数输入界面

（4）子流域参数设置

在"Subbasin Inputs"内可以设置各项子流域级别的参数输入表，共14项，并且每项输入表的内容均可以进一步细化参数设置，以水文响应单元为尺度定义参数，见图5-17。其中，根据本次流域面源污染模拟的需要，重点在"Management"输入表下进行各项农业活动特征的设置，包括农业活动类型、操作时序、作物（肥料）种类等，以尽可能全面准确地反映流域内与面源污染有关的各种生产和生活活动。

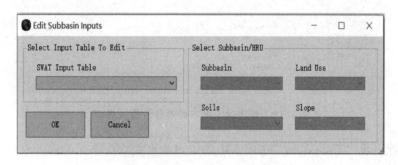

图5-17　子流域参数总输入界面

在"Management"输入表下，逐个选择并进入本次模拟区域内的各类水文响应单元，根据本次面源模拟的需要，需对其中的灌溉水源、农业操作活动进行详细设置，除此之外，其他参数可以保留默认缺省值。

首先，在"General Parameters"选项卡中确定当前水文响应单元的灌溉水源。湟水流域下游段范围内，除了北部的七山乡、民乐乡、天堂乡等区域存在旱地，区域内农田种植均依靠人工灌溉设施，水源主要为湟水和大通河，灌溉水通过灌渠及提灌设施输送至流域内的绝大部分区域，其中湟水干流沿河农业活动规模和强度最大，灌溉用水最多，主要通过黄惠渠、谷丰渠等引水工程进行灌溉，取水口分别位于第22、第28号子流域。因此在本环节下，需要在"Irrigation Management"选框内相应选择两处子流域作为灌溉水来源地，见图5-18。

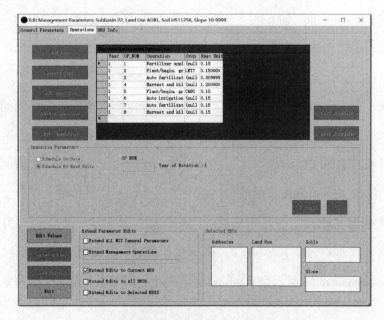

图5-18　管理输入表下通用参数输入界面

其次，在"Operation"选项卡中确定当前水文响应单元的农业农村活动。操作界面见图5-19。

图5-19　管理输入表下操作参数输入界面

该部分的输入信息将直接影响到流域内最终的面源污染模拟结果，因此需要区域内尽量详细、真实的农业操作过程安排。参考以往同类研究的做法，结合湟水流域下游段范围内的农业生产活动实际，本次模拟中，对土地利用类型为林地（FRSD、FRSE）、草地（RNGB）等天然植被覆盖的区域，一年内植被的生长操作流程较简单，典型的年内操作流程见表5-38。

表5-38　天然植被典型操作流程

操作序号	操作内容	说明
1	开始生长（Plant/begin）	—
2	自动施肥（Auto Fertilization）	考虑自然气象状况，不进行自动灌溉
3	收获和清除（Harvest and Kill）	仅指果实从区域陆地上移除

这些操作流程的具体参数均默认通用数值。

对土地利用类型为耕地（AGRL）的区域，结合实地调查确定的对应区域的耕种模式和作物品种，进行更为详细的农业操作流程设置，典型的年内操作流程见表5-39。

表5-39　农田种植活动典型操作流程

操作序号	操作内容	说明
1	施用底肥（Fertilizer Approval）	结合区域耕种习惯，底肥包括农家肥、复合肥及氮肥、磷肥
2	第一茬作物种植开始（Plant/begin）	湟水河段第一茬作物多为小麦、红笋、番瓜及水果等，大通河段第一茬作物多为小麦
3	自动施肥（Auto Fertilization）	结合日常耕作实际，视作物生长需要不定期追肥
4	自动灌溉（Auto Irrigation）	结合日常耕作实际，视土壤墒情需不定期补灌
5	收获和清除（Harvest and Kill）	第一茬作物收获，仅指果实
6	第二茬作物种植开始（Plant/begin）	湟水河段第二茬作物多为玉米、卷心菜、西红柿等，大通河段第二茬作物多为玉米
7	自动施肥（Auto Fertilization）	结合日常耕作实际，视作物生长需要不定期追肥

操作序号	操作内容	说明
8	自动灌溉（Auto Irrigation）	结合日常耕作实际，视土壤墒情需不定期补灌
9	收获和清除（Harvest and Kill）	第一茬作物收获，仅指果实
10	火烧/翻地（Burn）	种植季结束后整地

除此之外，本次模拟区域内不涉及如坑塘、水库及污水处理等设施，故连同其他领域共13项参数表保持默认参数。

（5）流域参数设置

在"Watershed Data"内可以设置各项流域级别的参数输入表，模型将这些参数主要划分到"General Data""Water Quality Data"2类菜单内。其中，"General Data"菜单内进一步细分为4类控制参数，包括：控制水平衡、地表径流及河岸带演算的参数，控制营养物及水质演算的参数，控制流域尺度管理的宏观参数，等等。由于这些控制参数在生成各类参数清单时，已根据流域内的水文响应单元划分情况、地理气象状况等完成初始赋值，按照同类研究的做法，一般情况下不用进行定义，均保留默认值，见图5-20至图5-22。

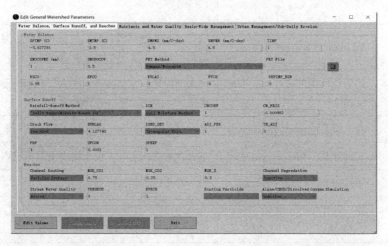

图5-20　流域级别下水平衡、地表径流及河岸带演算控制参数输入界面

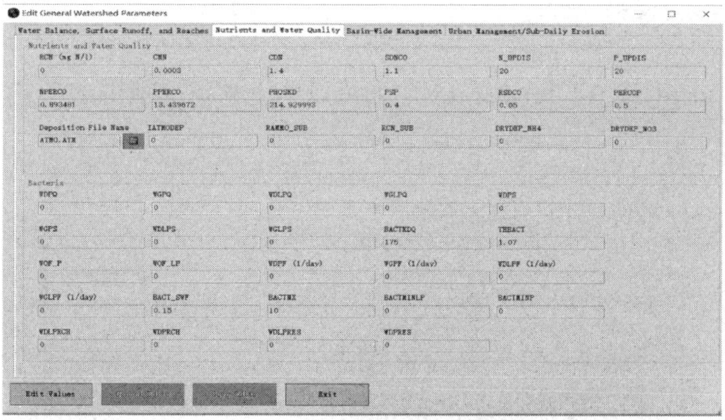

图5-21　流域级别下营养物及水质演算控制参数输入界面

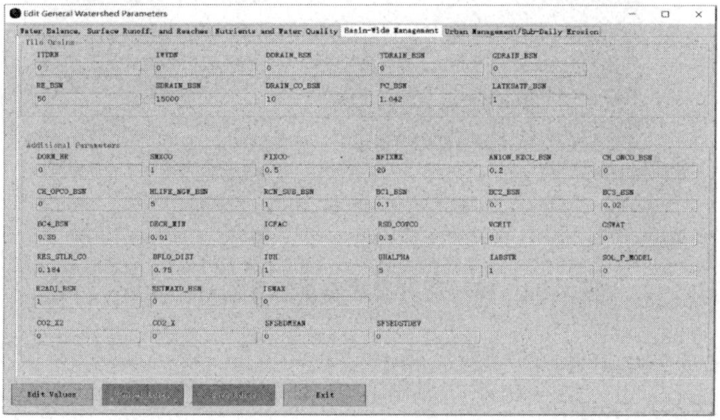

图5-22　流域级别下宏观控制参数输入界面

"Water Quality Data"菜单下包含控制流域内河道水质演算的参数，同上，本次模拟保留模型初始默认参数设置，见图5-23。

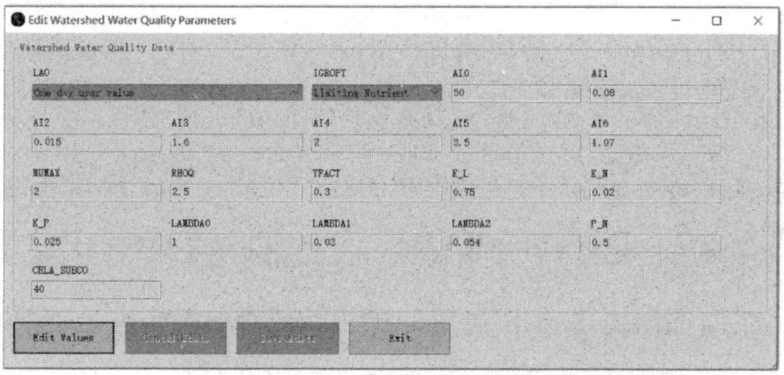

图5-23　流域级别下河道水质演算控制参数输入界面

（6）流域参数数据表重写

在"Rewrite SWAT Input Files"下可以将上述已完成的各项设置操作更新写入参数输入表，其中包括本次模拟必需的25个输入表。模型将根据这些新改动的参数表进行最终模拟，见图5-24。

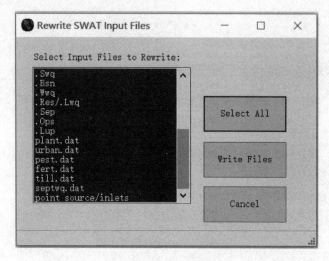

图5-24　模型所有参数表重新写入命令界面

六、模拟运行设置

完成各参数表内参数的定义和写入后，即完成了湟水流域下游段面源污染过程的建模工程。模拟运行是工程建立后的最后一个环节，需对模拟的起止时段、模拟要素、结果输出报告等细节进行最后定义和设置，这些功能均在ArcSWAT界面内的最后一个模块内即"Run SWAT"中。在该模块下，主要包括"Setup and Run SWAT Model""SWAT Output"2大类选项。在"Setup and Run SWAT Model"对话框内需设置模拟的起止时间，本次模拟起始时间为2008年1月1日，终止时间为2018年12月31日。重点要确定的是预热期。为保证模型输出结果的稳定，相关模拟工作确定的预热期通常为1—3年，本次模拟将2008年、2009年确定为预热年份，通过设置预热年份，使模型在研究过程中，相关参数的初始值不断更新并与模拟区实际进行匹配，保证后续的演算输出结果稳定。模拟运行设置界面见图5-25。

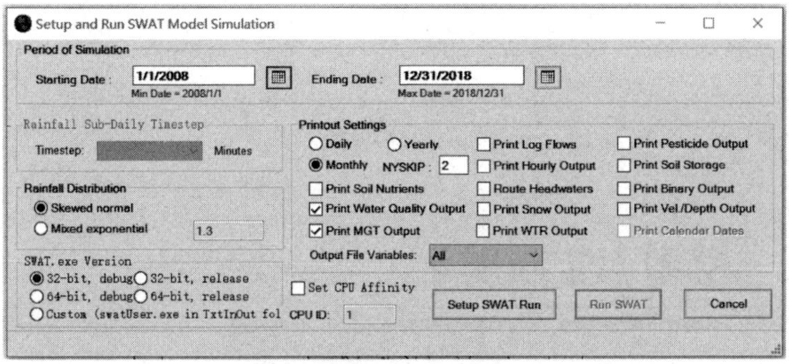

图5-25　模拟运行设置界面

　　完成模拟运行设置后，接下来是对完成模拟演算后的结果输出方式进行设置，通常面源污染分析所需的结果均写入河道（.rch）、子流域（.sub）、水文响应单元（.hru）对应的输出文件内，其中包括各子流域内的产流量及污染物负荷、进入和离开各河段的水量及各类污染物负荷的演算结果，以及各子流域陆域范围内的污染物输出负荷等。模拟结果输出设置界面见图5-26。

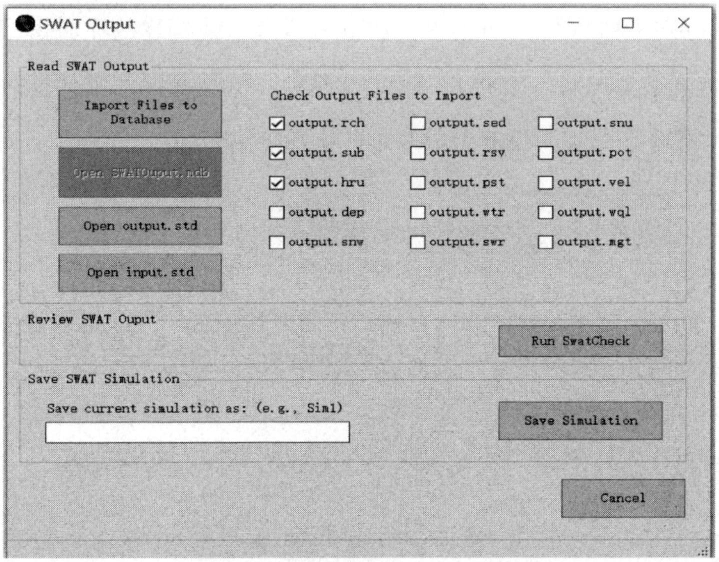

图5-26　模拟结果输出设置界面

第四节　模型率定及验证

由于SWAT模型的演算过程包含了大量的控制参数，很多参数由于无法进行实地测定，均使用了模型的默认值，并且会对最终的模拟结果有很大影响，因此在进行结果分析之前还需对模拟结果进行验证，根据模拟结果与实测结果之间的关系对SWAT模型内的主要参数进行微调，使构建的流域模型能更准确地反映流域真实情况。本节将介绍SWAT模型在流域面源污染建模过程中的参数率定及结果验证过程。模型率定及验证流程见图5-27。

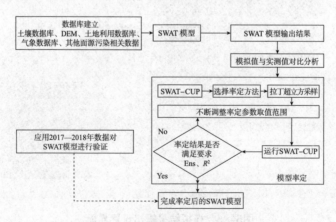

图5-27　模型率定及验证流程

一、敏感性分析

SWAT模型面源污染模拟涉及的参数很多，对每项参数都进行率定将是一件非常耗时费力的工作，国内外通用的做法是寻找这些参数中对结果影响明显的一部分关键参数项，即较敏感的参数，以这些关键参数为目标进行率定。目前有很多方法可以用于参数敏感性分析，本次模拟应用SWAT-CUP软件作为SWAT和校准算法之间的接口，综合进行参数敏感性分析，以筛选出率定目标参数，并进行后续的模型不确定性分析、校准及验证。

本次模拟中率定的参数选择采用敏感性分析确定，应用SWAT-CUP内置的算法实现。要进行敏感性分析，首先将ArcSWAT模型输出结果内的TxtInOut文件夹加载至软件中。CUP软件会推荐多个影响模拟结果的主要参数，同时参考以往有关面源污染模拟研究确定的具有敏感性的相关参数，补充部分参数，总计21项，具体见表5-40。

表5-40　面源污染模拟待选敏感参数汇总

序号	待选参数	推荐取值范围	
		最小值	最大值
1	CN2.mgt	−0.2	0.2
2	ALPHA_BF.gw	0	1
3	GW_DELAY.gw	−20	20
4	GWQMN.gw	0	5000
5	GW_REVAP.gw	0.02	0.2
6	ESCO.hru	0	1
7	EPCO.hru	0	1
8	CH_N2.rte	−0.01	0.3
9	CH_K2.rte	−0.01	500
10	SOL_K(1).sol	0	2000
11	SFTMP.bsn	−20	20
12	NPERCO.bsn	0	1
13	PPERCO.bsn	10	17.5
14	SURLAG.bsn	0.05	24

序号	待选参数	推荐取值范围	
		最小值	最大值
15	PHOSKD.bsn	100	200
16	SOL_NO3.chm	0	100
17	SOL_ORGN.chm	0	100
18	SOL_ORGP.chm	0	100
19	BIOMIX.mgt	0	1
20	SOL_AWC.sol	0	1
21	SLSUBBSN.hru	10	150

本次模拟采取全局敏感性分析（Global Sensitivity）方法，对模拟结果的不确定性进行分析，并确定每个参数对本次面源污染模拟结果的影响。敏感性统计参考 t-Stat 及 P-Value2 项指标，其中 t-Stat=回归系数/系数标准误差，假设检验时用于与临界值相比，绝对值越大表示显著性越高，即该参数敏感性越高；P-Value 表示某一事件发生的可能性的大小，即参数对于模拟结果的影响概率，一般以 $P<0.05$ 为有统计学差异，$P<0.01$ 为有显著统计学差异，$P<0.001$ 为有极其显著的统计学差异。

经计算，对 t-Stat 指标，绝对值大于 4 的参数包括 6 项，由大到小依次为 CH_N2.rte、GW_DELAY.gw、EPCO.hru、SOL_K.sol、CH_K2.rte、SLSUBBSN.hru。对 P-Value 指标，小于 0.001 的指标同样为上述 6 项，表示这些指标对模拟结果的影响具有极其显著的统计学效果，而小于 0.05 的指标还有 9 项，按显著性减小顺序依次为 SOL_NO3.chm、ESCO.hru、GWQMN.gw、SURLAG.bsn、NPERCO.bsn、SFTMP.bsn、PPERCO.bsn、BIOMIX.mgt、CN2.mgt。由此，本次模拟将上述 15 项指标作为敏感参数，并针对这些参数开展后续模型率定。相关参数的敏感性统计排序情况见图 5-28、图 5-29。

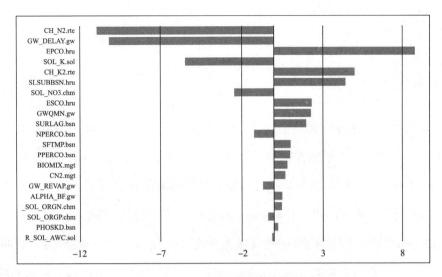

图5-28　*t*-Stat 敏感性统计排序图

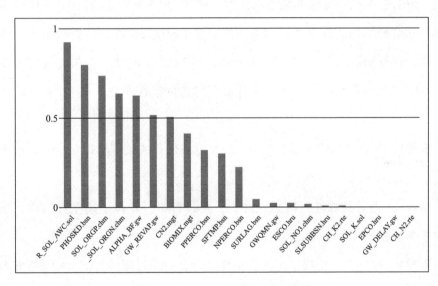

图5-29　*P*-Value敏感性统计排序

此外，SWAT-CUP软件在率定操作过程中，还需定义参数调整方式，以保持与ArcSWAT模型相对应。包括直接替换（*v*）、按比例转换（*r*）、取绝对值（*a*）3种，本次模拟默认CUP软件推荐的调整方式。

二、参数率定

1. 率定及评价方法

本次参数率定及不确定性分析选择序贯不确定性分析算法（SUFI2），该算法首先利用拉丁超立方随机采样方法获得模拟参数值，并代入SWAT模型中，通过不确定性目标函数分析模拟是否满足需要的评价结果。评价指标包括两项，一项是不确定性因子P-factor（通常用95PPU表示，即模拟的数据包括了95%的不确定性，剔除了5%的极坏模拟情况，范围为0—1，越接近1，表明模拟结果与实际监测结果越接近），另一项是校准效果因子R-factor（表示95PPU的上下限的平均距离与标准偏差的比值，范围为0—∞，越接近0，表明模拟结果与实际监测结果越接近）。CUP软件内置了SUFI2算法，可以根据预设的模拟次数，将新抽取的参数组合通过在SWAT模型中不断迭代，最终确定最接近实际监测结果的参数组合，作为本次面源模拟的最佳参数。SUFI2算法的步骤如下：

步骤1：先定义目标函数（g_i），再确定被优化的关键物理参数的取值范围（θ_j）。

步骤2：先对参数进行敏感性分析，再进行第一轮拉丁超立方抽样，抽样过程考虑参数的初始不确定性范围。

步骤3：进行下一轮拉丁超立方抽样，计算对应目标函数值。敏感性矩阵J_{ij}和参数方差C由下式计算：

$$J_{ij} = \frac{\Delta g_i}{\Delta \theta_j} , \quad i = 1, 2, \cdots, C_m, j = 1, 2, \cdots, p$$

式中：C_m为敏感性矩阵中的行数；p为估计的参数个数。

$$C = S_g^2 (J^T J)^{-1}$$

式中：S_g^2为模型运行得到的目标函数值的方差。

步骤4：计算P因子和R因子后，计算95PPU值。

2.率定目标

（1）模拟变量选择

针对面源污染模拟，评价模型的准确性和适用性必须考虑主要污染因子的模拟效果。考虑到湟水流域下游段内的主要面源污染来源，选择总氮、氨氮对模型模拟效果进行评价及参数率定。此外，由于SWAT模型本质上是一款水文过程模型，流域范围内的径流过程是其主要的模拟功能，也是面源污染的重要载体，能够准确地模拟流域内的水文过程，是进一步开展面源污染物模拟的前提，因此本次模拟将径流数据作为另一项模拟变量，见表5-41。

表5-41 模型模拟指标清单

序号	模拟变量	单位	SWAT输出名称	验证断面	对应实测站点	所在文件	模拟期
1	流量	m³/s	Flow_out	9、17、33	连城（9）、享堂（17）、湟水桥（33）	.rch	率定期、验证期
2	氨氮负荷	kg/m	NH4_out	17、33	享堂（17）、湟水桥（33）	.rch	验证期
3	总氮负荷	kg/m	TOT_N	17、33	享堂（17）、湟水桥（33）	.sub	验证期
4	总磷负荷	kg/m	TOT_P	17、33	享堂（17）、湟水桥（33）	.sub	验证期

（2）模拟时段选择

为保证构建的湟水流域下游段面源污染模型能够更准确地反映流域实际状况，本次模拟在时序上将模拟期划分为三个阶段。

第一阶段：模型预热期，该模拟阶段时间为2008—2009年，使模型充分演算，对流域初始值进行更新，并趋于稳定，进一步体现模拟区实际。故该阶段不进行参数的率定和模型效果评价。

第二阶段：模型率定期，该模拟阶段时间为2010—2016年，该阶段内需要针对前述确定的各敏感参数，通过模型多次迭代，确定模拟结果最接近实际的一组参数。模拟结果与实际结果的相关性及好坏，用不确定因子（P-factor）、校准效果因子（R-factor）、纳什效率系数（Nashi Sufficient Effectivnees）及相关系数（R^2）4项指标进行评价。计算公式如下：

$$Ens = 1 - \frac{\sum_{i=1}^{n}(O_i - S_i)^2}{\sum_{i=1}^{n}(O_i - \sigma)^2}$$

$$R^2 = \frac{\left[\sum_{i=1}^{n}(O_i - \bar{O})(S_i - \bar{S})\right]^2}{\sum(O_I - \bar{O})\sum(S_t - \bar{S})^2}$$

式中：O_i、S_i分别为第i个实测值和模拟值；$\bar{O}$和$\bar{S}$分别为所有实测值和模拟值的均值；R^2为模拟结果和实测数据的相关性，值越大，表明两者的趋势性越相近；Ens为模拟结果的可信度，主要用于衡量模拟结果与实测数据的拟合程度，一般而言，$R^2 \geqslant 0.6$且$Ens \geqslant 0.5$时模拟准确性较好，模拟结果的准确性可以接受第三阶段，模型验证期，该模拟阶段时间为2017—2018年，应用经率定已确定参数取值的模型，在新的时段内开展模拟，以进一步验证模型的准确性和有效性。模拟结果与实际结果的相关性及好坏评价同样用上述两项指标。

3.模型率定及评价

（1）率定期结果分析

应用SWAT-CUP软件，在选定的率定期阶段，进行三轮率定，每轮迭代300次，后一轮率定时参数的取值范围根据前一轮率定得到的推荐范围不断缩窄，最终确定各参数的最佳取值范围，并根据模拟结果进行效果评价，具体结果见表5-42。

表5-42 率定期模拟结果统计评价

变量	P-factor	R-factor	R^2	Ens
FLOW_OUT_9	0.47	0.04	0.96	0.96
FLOW_OUT_17	0.41	0.05	0.95	0.96
FLOW_OUT_33	0.56	0.13	0.94	0.94

本次对模拟结果的评价参考了P-factor、R-factor、R^2、Ens4项指标。可以看出，经过近千次迭代，在率定期模型的最优模拟结果理想。在不确定性方面，各验证断面不确定性因子均大于0.41，同时校准效果因子均趋近于0，表明校准效果较好。在相关性方面，各验证断面径流量（FLOW_OUT）模拟结果与实测结果之间的相关系数均在0.94以上，显示本次建立的SWAT模型对湟水流域下游段范围内的径流量模拟结果已非常接近实际情况，模型工程具有很强的再现能力。在模拟效率方面，各验证断面径流量的Ens均在0.94以上，同样显示出模型很高的精度，可以有效反映各验证断面的径流变化特征。

总体来看，在率定期内，本次针对湟水流域下游段构建的SWAT模型可以较准确地反映流域内的径流、主要污染物迁移转化及分布规律，尤其是径流量及氨氮负荷的过程。

（2）验证期结果分析

在已建立起来的模型通过率定期的评价后，为避免经率定后的模型出现仅在特定时段内有效的情况，保证模型在时间尺度上的完整有效性和准确性，这就需要选择新的时段继续模拟演算，做进一步验证。在选定的验证期阶段，针对完成率定的模型重新执行运算，将验证期演算得到的主要变量如径流量、氨氮负荷及总氮负荷进行分析，评价验证期模拟效果评价，结果见表5-43。

表5-43 验证期模拟结果统计评价

变量	R^2	Ens
FLOW_OUT_9	0.96	0.96
FLOW_OUT_17	0.95	0.94
FLOW_OUT_33	0.95	0.95
NH4_OUT_17	0.8	0.66
NH4_OUT_33	0.83	0.82
TOT_N_17	0.57	0.53
TOT_N_33	0.81	0.52

在相关性方面，首先，各验证断面径流量模拟结果与实测结果之间的相关系数依然在0.95以上，显示出模型对该流域内径流过程的模拟上依然保持了很好的稳定性，完全可以反映流域内任何时间段的水文过程。其次，验证断面的氨氮输出负荷（NH_4_OUT）模拟结果与实测结果之间的相关系数在0.8以上，表明本模型对该区域内的氨氮输出负荷同样模拟良好，能够较准确地反映流域内氨氮污染负荷的迁移分布过程。最后，验证断面的总氮输出负荷（TOT_N）模拟结果一般，与实测结果之间的相关系数为0.52。

在模拟效果方面，首先，各验证断面径流量模拟结果与实测结果之间的Ens判断指标依然在0.94以上，模拟的精度同样保持着很好的稳定性。其次，氨氮输出负荷（NH_4_OUT）的Ens在0.66以上，根据以往研究对模拟结果好坏的判据标准，显示出模型的可信度较高。最后，总氮输出负荷（TOT_N）的Ens在0.52左右，显示模型对区域内的总氮负荷模拟存在一定误差，主要是在不同模拟时段存在与实测数据的差别，表明拟合优度不强，但在合理的变化范围内，总体上仍能够反映总氮负荷的变化趋势，具有一定可信度。

综上所述，经过模拟期、验证期两个阶段的校准和评价，可以确定SWAT模型可以较准确地反映湟水流域下游段范围内的水文过程及主要污染物的迁移分布过程。将整个模拟时段内主要变量的模拟值与实测值进行了汇总，在整个模拟期内，第17号验证断面（享堂桥口）、第33号验证断面（湟水入黄口）各变量模拟值与实测值之间的关系及趋势分别见图5-30、图5-31。

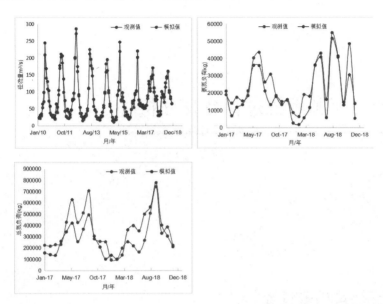

图5-30　第17号子流域验证断面率定、验证期模拟结果与实测值对比

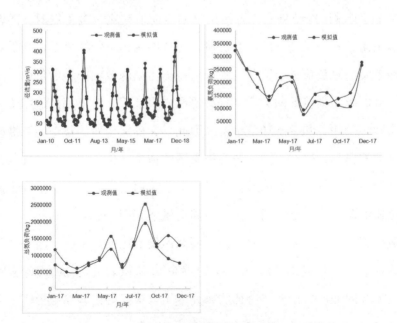

图5-31　第33号子流域验证断面率定、验证期模拟结果与实测值对比

第五节 面源污染过程特征分析

一、面源污染情景设置

　　SWAT模型输出的结果中，各污染物的负荷值其实包含了点源、面源的加和，即输出的是不同尺度下的综合负荷。开展面源污染特征分析，则需对这些包含各种来源的总负荷进行区分，筛选出每类污染源单独产生的负荷，这是确定整个流域面源污染特征的关键。现有研究成果证明，情景模拟适用于评估最佳管理实践（BMP）和生态环境污染，因此，在确保构建的模型能够准确反映流域实际的前提下，建立不同面源污染来源的情景，单独进行污染过程分析，是研究面源污染特征及构成的最佳途径。本节采用情景模拟法确定各子流域的总氮和氨氮面源污染贡献，通过比较不同情景下相同变量之间的差异，消除上游和子流域其他因素的影响，并获得了面源污染的特征。因此，这一思路也可以被视为探索基于情景识别面源（NPS）氮污染特征的可能性的理论实践，对在其他流域开展面源污染构成特征的研究等均有很好的借鉴参考价值。下面简要介绍SWAT模型在NPS污染模拟中的情景模拟过程。

应用通过率定验证的SWAT模型，建立了4种情景，用于分析NPS氮污染。首先，通过去除研究区域内的所有点源输入（屏蔽点源和其他影响），建立了NPS污染情景（S1）。在这种情况下，可以通过比较入口和出口负荷来估算每个子流域的面源污染负荷。在此过程中，可以进一步分析不同子流域在不同月份的面源污染分布模式，以及与水量的相关性，并且使用负荷强度和负荷减少率来进一步评估各个子流域的NPS污染程度。其次，基于情景S1，分析了不同来源的贡献。通过去除化肥（S2）、农村生活污水/粪便（S3）、牲畜粪便（S4）的投入，分别建立了3个子情景，以反映无相应来源的某些面源负荷，即农业、农村生活和畜禽养殖。区域内各子流域种植、生活、养殖活动源的主要面源污染物（总氮、氨氮、硝态氮）贡献可通过以下公式得出。

种植源贡献= S1情景下的负荷−S2情景下的负荷；

农村生活源负荷贡献= S1情景下的负荷−S3情景下的负荷；

畜禽养殖源负荷贡献= S1情景下的负荷−S4情景下的负荷。

二、流域径流过程分析

通常流域汇水范围内的水文过程，尤其是产流、径流过程，对面源污染的迁移及分布有决定性的作用。因此，在探讨特定区域内的面源污染特征过程时，首先要对本区域内的水文过程有足够的认识。本节借助SWAT模型，反映湟水流域下游段范围内影响流域面源污染的径流特征。

1. 流域产流过程的空间特征

受地理区位影响，湟水流域下游段陆域区域内的产流主要驱动因素为降雨，首先是流域内的降雨量在空间上存在一定的差异，导致该区域内的产流水平也存在一定的空间差异。同时，区域内的地形及地表覆被状况等因素也对产流在空间上的变化有明显作用。具体来看，以子流域为单位，区域内产水强度最高的部分集中在湟水段，包括第22、第23、第26、第28和第31号子流域，平均产水量为36.66—69.92mm。这些区域是流域内的主要城镇聚集区，同时耕地也广泛分布，一方面，人类活动频繁，地表多硬化道路及地面，因此在降雨过程中雨水不易渗入土壤和地下，而在地表汇流并随地形快速迁移；另一方面，区域内沿河农田面积大，密集的耕作活动扰动了地表，并使土壤持水能力较弱，加上传统的漫灌灌溉方式，在一定程度上加速了进入地表及土壤的水分的流失。

大通河段内各子流域的产流水平总体要低于湟水段，涉及的第1—17号子流域的产水量为0.74—19.46mm，产水量相对较高的区域位于西北端，该区域向祁连山深处延伸，降雨相对较多，而较茂密的林区及高原草甸有较强的储水能力，对产流有一定的作用。其余区域内地表覆盖主要为荒草地及零星分布的旱作耕地，且多为丘陵地带，地形起伏相对平缓，综合作用下使其产流水平较低，尤其是位于北部的第12、第14、第20、第21和第32号子流域，产水强度甚至小于1.0mm。湟水流域下游段范围内产流强度空间分布情况见图5-32，各子流域产流强度统计见表5-44。

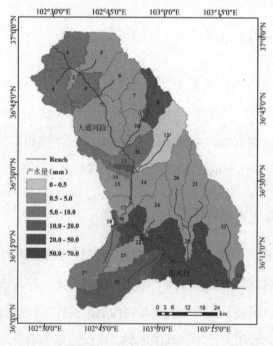

图5-32　湟水流域下游段范围内产流强度空间分布情况

表5-44 各子流域产流水平统计

大通河段	子流域	1	2	3	4	5	6	7	8	9
	产水量/mm	7.28	3.13	2.68	5.24	6.91	4.32	2.75	12.02	4.93
	子流域	10	11	12	13	14	15	16	17	—
	产水量/mm	2.23	9.67	0.74	19.46	0.98	1.74	9.73	3.02	—
湟水段	子流域	18	19	20	21	22	23	24	25	26
	产水量/mm	20.14	13.32	1.14	1.65	48.27	69.92	2.73	2.99	38.90
	子流域	27	28	29	30	31	32	33	—	—
	产水量/mm	9.41	45.72	2.65	12.21	36.66	3.22	14.08	—	—

2. 流域产流过程的时序分布特征

湟水流域下游甘肃段范围内，各子流域的产水量月变化趋势基本相同，同时大通河和湟水之间存在不同的格局。对湟水段，最大产水量主要出现在4—6月，部分子流域（22、23、26、28、31）的产水量年内分布集中明显，占全年的78%—83%，这对控制该区域年内的面源污染有重要的指导意义。其余子流域在8月观测到最大产水量。湟水最小产水量主要在1—4月，基本为当地的非种植季，特别是第12和第14号子流域的产水量甚至小于1.0mm，具体见图5-33。

大通河段各子流域最大产水量同样显示出了与年内降雨趋势的较强关联，且最大产水量出现时间晚于湟水段，也集中在两个时段，即5月和9月，各占全年的7%—29%和27%—74%，特别是第13号子流域，年内产流主要集中于9月前后。出现产水量峰值的因素除了与区域年内降雨规律有关，或许还与当地的耕作制度有关（当地的耕作普遍实施两季模式，耕作活动强度最大的时段也发生在每年的5月及9月前后）。此外，大通河段最小产水量也出现在1—4月，与湟水最小产水量几乎同步，具体见图5-34。

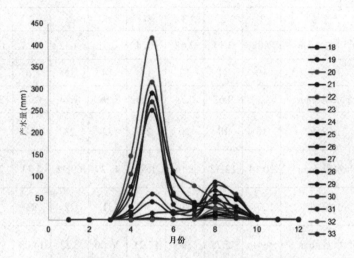

图5-33　湟水段各子流域产水量年内时序变化情况

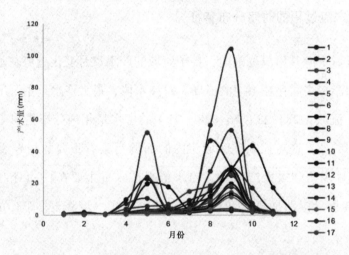

图5-34　大通河段各子流域产水量年内时序变化情况

3. 产流强度与流域面源污染的关系分析

为明确湟水流域下游段内产流状况与区域面源污染特征之间的关系，进行了该流域内产水量与总氮负荷及氨氮负荷之间的相关性分析。相关性分析结果表明，区域内的每个子流域均显示出不同的相关系数（|r|）。在产水量与总氮

的相关性方面，本区域内有22个子流域的|r|≥0.8，表明总氮负荷的年内变化规律与这些子流域的产水过程呈密切的线性关系。同时，另有两个子流域的|r|在0.5和0.8之间，显示出中度相关性。其余9个子流域的|r|<0.5，表明这些子流域中面源污染物与产流情况之间的相互关联性较弱。在产水量与氨氮的相关性方面，本区域内有11个子流域显示|r|≥0.8，10个子流域显示0.5≤|r|<0.8，12个子流域显示|r|<0.5。可以发现，在湟水流域下游段内，总氮与产水量的相关性比氨氮更强。区域内产水量与总氮、氨氮之间的相关系数如表5-45所示。

表5-45　各子流域产水量与总氮、氨氮的相关系数

河段		相关性系数（|r|）								
大通河	子流域	1	2	3	4	5	6	7	8	9
	氨氮	0.42	0.26	0.69	0.63	0.48	0.74	0.69	0.31	0.10
	总氮	0.72	0.30	0.95	0.82	0.62	0.94	0.94	0.37	0.95
	子流域	10	11	12	13	14	15	16	17	
	氨氮	0.79	0.52	0.61	0.06	0.67	0.94	0.37	0.42	
	总氮	0.94	0.45	0.45	0.34	0.83	0.96	0.87	0.92	
湟水	子流域	18	19	20	21	22	23	24	25	26
	氨氮	0.31	0.29	0.90	0.97	0.98	0.49	0.95	0.97	0.67
	总氮	0.81	0.39	0.42	0.90	0.98	0.93	0.92	0.98	0.91
	子流域	27	28	29	30	31	32	33	—	—
	氨氮	0.97	0.61	0.99	0.99	0.90	0.99	0.19	—	—
	总氮	0.98	0.08	0.82	0.98	0.86	0.99	0.18	—	—

　　结合分析表明：湟水流域下游段范围内的总氮和氨氮负荷年内分布规律与产水量基本相关。以往研究证实，一个流域内陆地上的水文状况会伴随着陆域面源污染物的扩散过程，因此各种面源污染的迁移与陆域上的水文过程密切相关。一方面，部分污染物在降雨过程中会随地表径流一起直接流入河道；另一方面，在土壤水达到饱和时，进入土壤的那部分污染物会在土壤内流失，随着侧向流进入河流。此外，还有一部分污染物会进一步渗入地下水，并通过河流

与地下水的交换途径进入河道。

SWAT模型模拟结果表明，在湟水流域下游段内，湟水干流产水量水平要高于大通河干流，表明该河段内水土流失状况更为严重。事实上，湟水河段是区域内人口较密集的地区，这里的村镇毗邻，人类生产和生活活动非常频繁。城市发展和密集农业活动形成的硬化裸露地表加剧了地表扰动，使地表径流和地下水渗流相对较强。相比之下，大通河流域的产水量明显要少，一定程度上要归于人类活动的干扰较小、植被覆盖较好，如天然林，在水土保持能力方面发挥着重要作用。因此，输送到该河段的水流和营养物质相对较低。区域内的这一产水量特征对确定污染的关键区域、制定污染防治对策将很有指导意义。湟水流域总体位于干旱和半干旱气候区，一年内降雨量变化明显，大部分集中在7—10月。从结果中可以直观地看出，流域内的水量、面源污染负荷与降雨量有着密切的关联，也表明区域内的面源污染状况在不同季节有所不同。

三、流域主要面源污染特征分析

人类活动是导致流域面源污染的主要原因，湟水流域下游段内历年的水环境监测结果表明，总氮和氨氮是造成研究区域水污染的关键因素。本节结合区域内的总氮和氨氮污染物负荷模拟，梳理区域内面源污染的时空特征。

1. 总氮污染物特征分析

（1）总氮污染物的空间变化特征

研究发现，湟水流域下游段内大多数子流域所在河段的总氮负荷呈净增加（各子流域河段出口处的总氮高于入口处的总氮），由此使整个区域总氮负荷总体增加。总氮负荷在这些出现净增加的子流域中表现出很大变化，变化范围为0.45—47.44 t/m。其中，增加较明显的是第26、第27和第30号子流域，最高负荷分别为38.61 t/m、19.92 t/m和47.44 t/m，分别占本区域总氮总增加负荷的23.37%、12.06%和28.72%，表明总氮面源负荷主要来自湟水河段，同时这些区域也可视为总氮面源污染的关键源区。此外，各子流域的总氮负荷强度（kg/km²/m）表现出很大的空间异质性，其中第18、第23和第26号子流域的负荷强度最高。相比负荷增加的情况，还发现第2、第22和第31号子流域的总氮负荷呈减少的情况，减少量分别为0.10 t/m、49.25 t/m和23.61 t/m。区域内总氮面源污染负荷分布情况如图5-35。各子流域总氮负荷强度统计情况见表5-46。

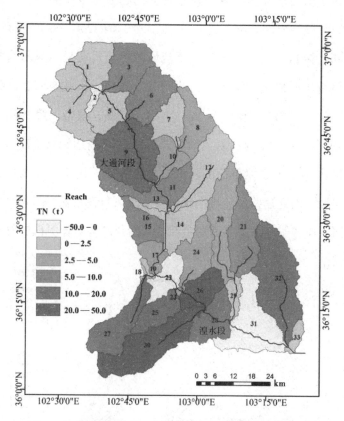

图5-35　湟水流域下游段总氮面源污染物负荷分布情况

表5-46　湟水流域下游段各子流域总氮负荷强度统计

河段		总氮负荷强度 /（kg/km/m）															
大通河	子流域	1	3	4	5	6	7	8	9	10	11	12	14	15	16	17
		36.18	36.40	11.10	8.99	43.33	13.53	31.14	40.22	35.34	33.07	2.82	26.65	11.98	67.24	52.06
湟水	子流域	18	19	20	21	23	24	25	26	27	28	29	30	32	33	—
		539.87	118.08	14.13	26.00	860.07	25.89	105.46	313.03	99.37	87.67	0.76	148.76	38.34	46.14	—

（2）总氮污染物的时序变化特征

区域内各子流域的总氮污染负荷年内变化趋势基本相同，各子流域总氮负荷达到最高的时段均出现在8—9月，分别占年负荷的25%—70%和42%—97%，其中第9、第6、第11、第15、第30号子流域的峰值最明显，显示这些子流域的年内总氮负荷输出时段更加集中。与此同时，部分子流域内的总氮负荷在非耕作季出现了下降，如第5、第9、第11、第13、第16、第17、第29和第33号子流域在春季出现了一定程度的总氮负荷下降，最大降幅达到10.57t/m，表明在春季这些子流域内出现了总氮负荷的降低，尽管如此，由于一年内在其他月份总氮负荷仍在增加，因此这些子流域全年的整体总氮负荷依然是呈增加的状况。大通河、湟水河所属各子流域总氮面源负荷的月变化趋势具体见图5-36、图5-37。

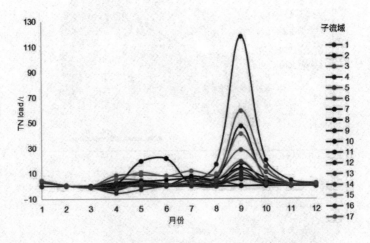

图5-36　大通河段各子流域总氮面源负荷月变化趋势

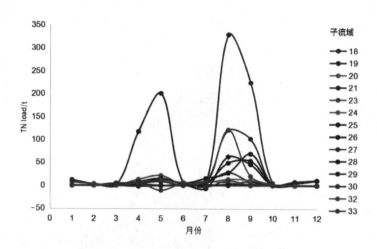

图5-37　湟水段各子流域总氮面源负荷月变化趋势

2. 氨氮污染物特征分析

（1）氨氮污染物的空间变化特征

通过对湟水流域下游的氨氮负荷模拟分析，发现大多数子流域（如第1、第2、第5、第9、第11、第13、第16、第17、第18、第19、第22、第23、第26、第28、第31、第33号子流域）的总氮负荷普遍出现了下降，负荷量总降低为48.07 t/m。在湟水段，氨氮降低量最大，达到了43.65t/m，并且各子流域的氨氮负荷减幅不同，湟水段内第22号和第31号子流域的减幅最大，分别占流域总负荷的37.74%和28.07%。在大通河段，负荷量总降低为4.42t/m，其中沿河（包括第1、第5、第9、第11、第13号子流域）的氨氮负荷减幅较大，氨氮负荷减少幅度为0.51—1.08 t/m。为进一步表征湟水流域下游段内氨氮污染物的降低水平，利用各区域内氨氮负荷的削减率（某一河段氨氮负荷减少量占流入量的比例，%）进行对比说明。结果表明，湟水段第22号和第31号子流域的削减率最高。区域内氨氮面源负荷的分布如图5-38所示，削减率如表5-47所示。

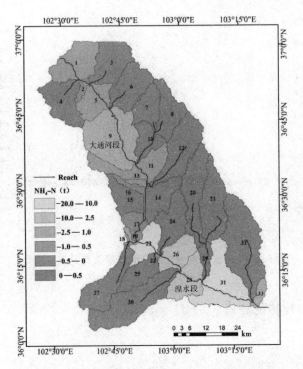

图5-38   湟水流域下游段氨氮面源负荷分布情况

表5-47   各子流域氨氮面源负荷削减率

河段		削减率/%							
大通河	子流域	1	2	5	9	11	13	16	17
		−2.54	−0.75	−2.26	−4.70	−3.15	−2.43	−0.32	−1.23
湟水	子流域	18	19	22	23	26	28	31	33
		−0.27	−0.67	−8.05	−0.33	−2.21	−2.16	−6.81	−0.94

　　需要进一步关注的是，由于湟水流域上游存在更密集的生产生活活动，上游来水携带的总氮面源污染负荷本底值已较高，对湟水流域下游段的水质尤其是湟水干流河段的水质造成了较大影响。在湟水流域下游段范围内，湟水段的总氮面源负荷要高于大通河，并且最高的输出负荷和强度均出现在第27号和第30号子流域涉及的区域，表明这些区域内存在更密集的农业和农村活动，在今后的流域生态环境管理工作中应加强对该区域各类面源污染的控制。正如预

期，各子流域的总氮面源负荷在年内均存在变化，并且与子流域内的产水状况密切相关，这证实了该地区的降雨量和农业作业时间是影响总氮面源负荷的重要因素。因此，区域内总氮面源污染控制策略应考虑季节变化进行调整，并与土壤和水资源管理相结合。

（2）氨氮污染物的时序变化特征

区域内的氨氮面源污染负荷在年内变化明显。与总氮面源负荷相反，各子流域的氨氮面源负荷主要在种植季节减少，其中5—7月减幅最大。具体来看，在大通河段各子流域在年内几乎呈一致的减少趋势，9月左右略有增加，其中第1、第3、第5、第11、第13号子流域随月份变化负荷变化最明显，峰值也最明显，显示这些区域在年内发生氨氮负荷削减的时段更加集中。而在湟水段，可能受季节性降雨影响，各子流域的氨氮面源负荷从5—7月呈减少趋势，而从8—9月呈增加趋势。其中，第26、第28号子流域内的氨氮面源负荷减少最明显。图5-39、图5-40分别显示了大通河、湟水两河段当年各子流域氨氮面源负荷的月变化。

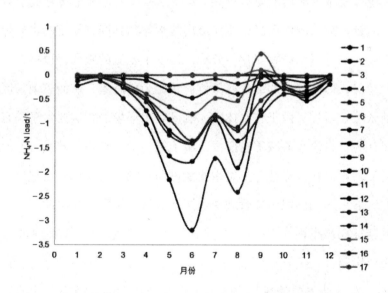

图5-39　大通河段各子流域氨氮面源负荷月变化趋势

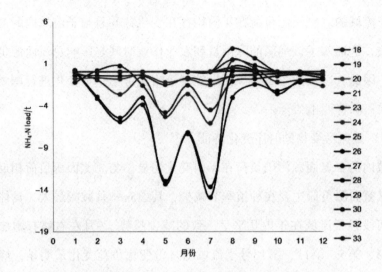

图5-40　湟水下游段各子流域氨氮面源负荷月变化趋势

综上所述，与前述总氮面源污染负荷的情况相反，自上游进入本区域的氨氮负荷高于流出本区域的负荷，这一结果也与湟水流域地表水水质中氨氮浓度的监测数据一致，表明湟水流域下游，即湟水流域下游段在一定程度上消除了来自上游以及本区域内的氨氮负荷，尽管从实际的水质监测数据上看，本区域的这一氨氮负荷消减作用尚未能使流出的水体达到国家规定的水质标准。同时，结合前述对总氮污染物变化的分析，发现了氨氮的减少，也存在其转化为硝酸盐的情况，即区域内的部分氨氮负荷转化为硝态氮，从而表现为区域内的总氮负荷依然在增加。由于在水体中，氨氮对水环境的影响要大于硝态氮，因此也可以认为，在湟水流域下游段内，由于氮污染物形态的转变，使河水流出湟水下游后，水质在"毒性"上发生改变进而降低，由此综合表现出水质有所改善。在区域后续的面源污染管理中，湟水流域下游段表现出的这一改变氮污染构成的特征应被重视并进一步加以利用，使其对改善和缓冲流入黄河的水质发挥出重要作用。

此外，在流域当前的耕作模式下，灌溉造成的面源污染负荷的变化不应被忽视。实地调查显示，本区域内的灌溉活动通常在3月左右开始，主要通过区域内建设的人工引水工程设施，这将分流各河段的污染物，并减少相应河段的污染输出。因此，在灌溉季节开始时，这些河段的氮污染负荷急剧下降。而在雨季，子流域和上游的污染负荷远远超过了污染的减少，因此该河段的氮污染负荷增加。同时，位于第22号和第31号子流域的谷丰渠和黄惠渠进水口在灌溉期间分流了部分径流和污染物，使两个河段的总氮和氨氮负荷降低更多。此外，应注意的是该河段的污染负荷是许多因素的累积。污染负荷减少的子流域并不意味着没有污染输出。当从陆地和上游进入该河段的污染负荷高于该河段减少和移除的负荷时，该河段（子流域）的污染负荷会增加，反之亦然。然而，这并不影响对特定河段（子流域）面源污染负荷综合特征的识别。因此，综合产出系数和减少系数似乎更有效地代表了子流域尺度上的面源污染特征，并且对确定流域的环境容量和总允许污染负荷也非常有用。

3.总磷污染物特征分析

通过模型的模拟分析，可以看出空间分布方面流域内产生的总磷面源污染物分布同样呈现较大的区域差异，总体上湟水河段的总磷负荷水平要明显高于大通河段。

在大通河段，各子流域的面源总磷负荷在18t/a以内，其中第9、第11、第15、第17号子流域的面源总磷负荷较高，在8t/a以上，其他各子流域输出的面源总磷负荷在8t/a以下，个别子流域如第1、第2、第4、第5、第12号子流域呈现负值，表明这些子流域在年内的总磷面源负荷出现了削减，即这些子流域内，流出子流域的水体中总磷负荷要低于流入的总磷负荷。在湟水段，各子流域总磷面源负荷集中在0—50t/a，部分子流域如第27、第28、第30号子流域总磷面源负荷高于50t/a，特别是第30号子流域，总磷面源负荷甚至高于150t/a，表明在第30号子流域内，面源污染较突出。此外，个别子流域如第22、第29号子流域的总磷面源负荷表现为负值，即这些子流域内的总磷面源负荷有所削减。湟水流域下游总磷面源负荷分布情况见图5-41、图5-42。

时间分布方面，在年内区域内的各子流域总磷面源负荷变化趋势大致相同，各子流域的总磷面源污染负荷在7—9月明显呈增加趋势，这一时期农业耕作活动较密集，同时降雨在年内属于较频繁的时期，导致该时段内的面源污染负荷有所增加。在其他时段，总磷面源污染负荷的变化相对较弱，个别子流域甚至在冬季或非种植季内负荷出现削减。

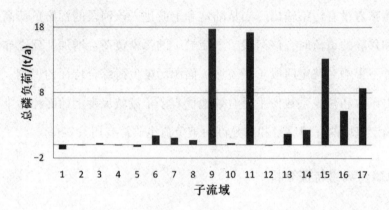

图5-41　各子流域内总磷面源负荷分布情况（1）

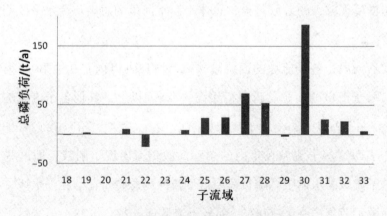

图5-42　各子流域内总磷面源负荷分布情况（2）

4. COD污染物特征分析

根据模拟结果，湟水下游COD面源负荷分布差异同样较为明显。

空间分布方面，在大通河段COD面源负荷约为–287t/a，显示该河段内COD面源负荷呈削减趋势，主要发生在第1、第2、第5、第9、第10、第11、第13号子流域，主要集中于河段的北部区域，其中最大削减量出现在第1号子流域，约350t/a；同时第3、第6、第7、第8、第14、第15、第16、第17号子流域COD面源负荷呈增加趋势，最大负荷出现在第15号子流域，为388t/a。在湟水段，COD面源负荷整体要高于大通河段，约为6879t/a，显示该河段内COD面源负荷呈明显的增加趋势。其中，第21、第25、第27、第28、第30、第32号子流域COD面源负荷呈增加趋势，总计增加13575t/a，尤其是第30号子流域，负荷增加明显，该子流域内COD面源负荷就达到7618t/a。此外，第18、第19、第22、第23、第26、第29、第31、第33号子流域COD面源负荷呈削减趋势，总计削减量约–6696t/a。

时间分布方面，在年内变化上，各子流域的COD面源污染负荷在7—9月总体趋向于增加，与其他面源污染物相同，这一时期农业耕作活动较密集，加之较频繁的降雨，导致该时段内的COD面源污染负荷在年内呈明显增加趋势。在其他时段，COD面源污染负荷的变化较弱。

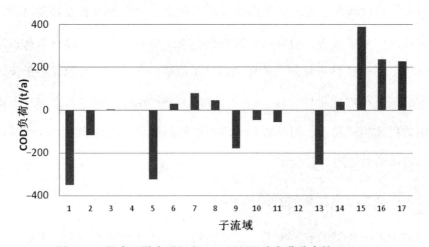

图5-43　湟水下游大通河段COD面源污染负荷分布情况（1）

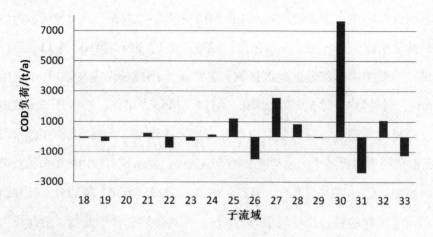

图5-44　湟水下游大通河段COD面源污染负荷分布情况（2）

5. 不同面源污染物排放源贡献分析

（1）总氮污染物贡献分析

在湟水流域下游段内，总氮面源负荷的主要贡献源自农业污染，各子流域范围内总氮负荷中农业源的占比为45%—97%，尤其是第12号和第20号子流域内农业源占比最高，显示区域内的面源污染主要来自各类农业种植活动，尤其是农业生产施肥活动。同时，畜禽养殖在各子流域内贡献的总氮负荷占比为2%—53%，其中负荷贡献最大的是第27号子流域。此外，生活源在各子流域内贡献的总氮负荷占比最低，仅为0.1%—7%，其中第22、第23和第26号子流域范围内的村镇相对集中，因此农村生活产生的总氮负荷占比相对要高于其他子流域。具体结果如图5-45所示。

（2）氨氮污染物贡献分析

区域内各子流域的氨氮面源污染负荷结构以畜禽养殖源为主，占氨氮总负荷的比例为35%—100%，其中第1、第2、第3、第5、第6、第9、第10、第20、第21和第29号子流域范围内的氨氮负荷几乎全部来自畜禽养殖活动。各子流域内来自农村生活源的氨氮负荷占比为2%—40%，其中第17、第18、第22、第23、第26和第28号子流域范围内的生活活动较密集，因此，这些子区域内源自农村生活的氨氮负荷比例有所增加，整个区域内由农业种植活动产生的氨氮面源负荷比例最低。具体结果如图5-46所示。

（3）硝态氮污染物贡献分析

区域内硝态氮的面源污染输出负荷结构均以农业种植源为主，各子流域范围内，硝态氮负荷中农业源的占比为58%—97%，其中第20、第21、第29、第30号子流域所在区域种植源占比最高。畜禽养殖在各子流域内贡献的硝态氮负荷占比为3%—49%，最高出现在第3号子流域。农村生活源在各子流域内占硝态氮总量的比例最低，为0.01%—1.2%，其中属于县城建成区的第19号子流域内贡献达到了最高。具体结果如图5-47所示。

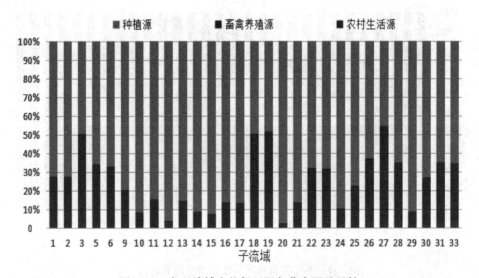

图5-45　各子流域内总氮面源负荷来源及贡献

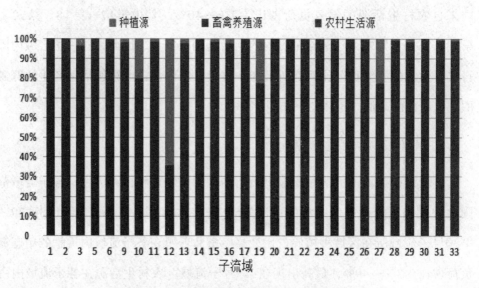

图5-46　各子流域内氨氮面源负荷来源及贡献

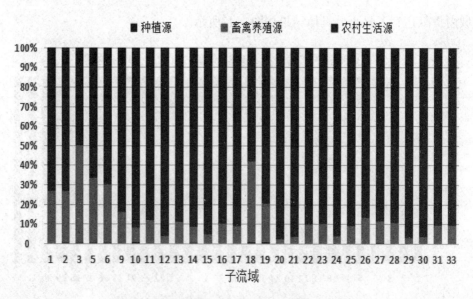

图5-47　各子流域内硝态氮面源负荷来源及贡献

第六章　湟水流域下游环境保护与污染治理对策

通过对湟水流域下游段范围内自然条件、经济社会发展现状的系统分析，结合区域内的污染物排放及分布特征模拟分析，得以更深入的了解该区域内人类活动对生态环境造成的影响和污染。在本章，将对湟水流域下游段的环境与污染问题进行全面总结梳理，识别流域内的关键环境短板、制约因素和成因，同时尝试分污染类别（农业、农村、城镇）、分时段、分区域，从不同角度对该区域内的环境保护与治理措施进行论证，并提出一些可行的对策及建议。

第一节　湟水流域下游环境与污染问题汇总

一、城镇污染排放压力大

湟水流域下游段涉及天祝县、永登县、红古区、西固区、永靖县和部分民和县乡镇，沿河河谷聚集着密集的生产、生活活动，给流域水环境带来较大压力。

1. 工业活动方面

流域沿线规模以上工业企业数量多规模较大，集中分布在大通河连城镇、窑街街道段，在流域的经济发展结构中几乎占据支柱地位。主要涉及煤炭开采与洗选、火电、非金属矿制品、有色金属冶炼、化学原料及制品业和食品制造业等，规模较大的包括大通河沿线的西北铁合金厂、连城铝厂、连城电厂、窑街煤电公司、祁连山红古水泥厂等，湟水沿河的方大碳素厂、民和工业园、兰州再生资源工业园等，除产生废气、固体废物，水污染排放同样较多，在排放常规污染物（化学需氧量、氨氮、总氮、总磷等）的同时，还有重金属及大量盐分排放，李根虎（2011）还对沿河工业生产排放的盐分进行了调查，偏高的盐类排放导致了土壤和灌溉水的污染，进而影响到沿河农作物种植。

多年来，随着企业对污染防治工作的投入不断加大，以及监管的日趋严格，包括污水处理设施不断提标、企业安装在线监控设施，以及清洁生产工艺不断优化，在产的工业污染物排放得到了有效遏制，入河污染负荷得到明显削减。由于湟水流域企业种类多、生产活动复杂，环境污染问题复杂，总结起来有如下几个问题。

（1）企业生产规模大，污染排放基数依然较高。虽然目前工业企业废水排放基本得到处理并达标排放，但随着连海经济开发区和兰州经济开发区红古园区等工业园区的建设发展，以及产能增加，污染排放依然面临增加的压力。

（2）企业配套设施陈旧。湟水流域企业多在20世纪中叶建成投产，设备管线存在老化现象，一旦检查维修等管护不到位，很容易发生污染物跑冒泄漏。

（3）流域污染物沉积严重。数十年的生产活动使以往排放的污染物在河道内沉积富集，尤其是排放的重金属、难降解有机物等，给流域的生态环境安全带来隐患。

（4）产业结构不合理，资源综合利用率不高。由于区域资源化利用和循环经济发展不充分，导致流域内的产业结构和产业链不健全，工业水资源利用率不高，污水资源化、循环化利用水平总体上依然不高，导致各类工业生产废水进入环境。

（5）环境高风险企业分布较多。受地形限制，湟水流域的工业企业普遍分布在河流沿岸，企业类型复杂多样。根据对调查区内涉及生态风险的企业生产工艺、涉及危险化学品物质、储存量等信息进行调查，流域范围内涉及危险化学物质企业15家、危险物质13种，化学品储存量较多，部分企业的安全管理与风险防范措施不到位。由于湟水河属于跨省界、县界河流，环境风险隐患对流域生态安全是潜在的威胁，一旦发生环境突发事件，容易因跨界污染引发纠纷。

2. 城乡生活方面

湟水流域下游段沿线城乡居民生活污水排放情况复杂，是流域内污染物入河负荷的重要来源。调查资料显示，流域内城乡生活活动中，存在以下几个方面的污染问题。

（1）人口数量密集。由于流域内人口在河谷地带聚集，导致流域内生活污染沿河谷分布，而红古区及沿河的永登各乡镇是兰州市的远郊区，又与青海民和、临夏永靖等农业县相邻，总体城镇化程度低。由于城镇化率不高，沿河而居的村庄分散，人口众多，导致污水收集和集中处理困难，投资较大。

（2）农村环保基础设施薄弱。流域内城乡生活污水收集及处理基础设施薄弱，使生活源污染物的排放形式存在点源、面源并存的状况，尤其是沿河乡镇、村庄，生活污水的收集设施依然不完善，居民自觉自愿的意识尚不强，导致农村污水收集设施使用效率不高、生活污水未得到有效收集，已有的集中式污水处理设施未得到妥善管护和使用，个别地区甚至处于随意排放状态，给湟水水质带来较大影响。城镇方面，由于人口增加和生活用水量的增加，污水处理负荷也日益增加，虽然目前已有窑街、海石湾两座较大的生活污水厂，但城区仍有许多地方未实现污水收集管网覆盖，污水收集系统不完善。本次人类活动情况分析也显示出区域内单位土地面积COD和氨氮排放量为流域生态环境带来极大的压力。

（3）环境管理体系不完善。流域内城乡生活垃圾收集处理设施不完善，由于管理机制、资金多方面的制约，垃圾收集处理负荷逐年增加，加之沿河段的监管不足和个别居民的意识欠缺，沿河一些河段依然存在垃圾随意堆砌的现象，伴随降雨冲刷，垃圾中的污染物即有进入河道水体的风险。

3.农业生产方面

湟水流域下游段是兰州市重要的农业基地，沿线农业面源污染、畜禽养殖、尾菜垃圾等污染也十分严重。调查资料显示，流域内各类农业生产活动中，存在以下几个方面的污染压力。

（1）农业种植规模大。湟水流域下游农业种植规模大，尤其是在红古区，蔬菜生产占到其农业生产的主导地位，每年产生的大量尾菜，同样给流域环境带来压力，近年来在红古区建设了尾菜处理设施，由于尾菜产量大，而红古区于近年在流域沿线修建了3处尾菜处理场（红古镇、花庄镇和平安镇陈腐尾菜处理场），在未来随着农业发展，尾菜产量负荷增加，会给尾菜处理带来更大的压力。除此之外，耕作过程中大量使用的农膜，如不能充分回收和有效处理，同样将给当地水环境、土壤环境带来严重影响。

（2）化肥农药使用不合理。农药化肥使用量大，除占比最大的有机肥，流域内施用的化肥量同样较多，种类主要包括二胺、尿素，以及不同配比的复合肥。当前，测土配方施肥等科学施肥方案尚未在流域内广泛普及，这些肥料的施用多数依照经验，宁可多一点不能少一点的传统施肥理念，导致流域内化肥施用量普遍较高，利用率低，随着降雨冲刷及渗透，土壤中留存的化肥即进入河道，对水环境造成污染。此外，流域内未推广普及绿色病虫害防控系统，使农药、杀虫剂等药剂的施用也偏随意，效率低，同样在作物及土壤中留存，并伴随降雨冲刷及渗透，有进入水体的风险。

（3）缺乏科学性农业灌溉。虽然多年来湟水、大通河沿岸大力发展设施农业，推进高标准农田建设，尤其是红古区设施农业发展迅速，然而占比最大的大田农事活动中灌溉方式依旧偏粗放，农田退水及溢流水未经处理即进入河道，一方面导致农田养分流失；另一方面将各类污染物携带进入河道，对河流水体造成污染。

（4）畜禽养殖环境影响较大。受当地自然地理条件限制，以及社会经济发展水平影响，流域内分散养殖量大，如大通河流域，传统养羊养牛活动频繁，且多为散养放养，一方面对地表植被造成破坏，使流域原本脆弱的生态环境更加不稳定；另一方面排放的粪污堆积在降雨时会随地表径流进入河道，对河流水体造成污染。另外，目前规模化畜禽养殖标准化建设并不完善，流域内的规模化畜禽养殖、奶牛养殖企业均基本配备了畜禽粪污收集、处理即资源化利用设施，但是其管理、使用水平不一，使这些污水处理设施的利用效果水平不一，同样导致污染物的排放，乃至对水体的污染。

二、上游污染影响明显

湟水大流域跨越甘青两省，上游青海段聚集着青海省70%的工业企业和40%的农业、生活活动，研究已显示青海省，尤其西宁市及周边是湟水河道的主要污染负荷来源，湟水出青海省进入甘肃省境内，在甘肃境内河道长仅70余千米，其污染的削减能力有限，因此上游的水环境质量状况不但影响着下游沿线地区的生产生活，还直接关系到下游乃至黄河干流的水质安全。在青海省和甘肃省交界处共有两处断面，分别是民和桥断面、享堂桥断面，近年来水质监测资料显示，两处跨界断面中享堂桥断面水质较好，民和桥断面水质常年超过《地表水环境质量标准》（GB 3838-2002）Ⅲ类标准，表明经民和县流入红古区的湟水河水质较差，2015年原环保部将民和桥断面位置进行了下移调整，设置于大通河汇入湟水口以下，但是下游的红古区承接的来自上游的污染物并未减少。

民和县位于甘肃省与青海省交界处、湟水南岸，沿河分布的工业行业包括铁合金冶炼、非金属矿物制品、有色金属冶炼、石膏和水泥制品、基础化学原料制造等，其中民和工业园入驻企业大多数属于高耗能、高污染、高排放企业。境内人口集中在湟水谷地及台地，巴州、松树、隆治等入湟支沟沿线人口及农业生产密集，尤其是咸水沟、隆治沟，近年来入湟口处水质监测显示，氨氮、总氮及生化需氧量指标均偏高，给下游水污染治理带来难度和挑战。

如何有效避免和治理跨界水体污染，已经成为甘青两省面临的迫在眉睫的重大难题。近年来，红古区多方筹措经费，投入了大量资金用于湟水河流域污染治理和生态修复。生态保护工作虽取得了一定成效，但是民和桥断面和湟水桥断面水质仍不能稳定达标，不但对河流生态系统造成威胁，而且极大地影响了湟水河流域整体生态安全水平。

三、水土流失依然严重

湟水流域下游段地处青藏高原与黄土低山丘陵交汇过渡区，气候严苛，沟谷发育，沟壑纵横、植被稀疏，生态环境脆弱。历史上，由于常年的耕种、放牧活动影响，地表植被遭到了进一步的破坏，导致地表风化剥蚀，在降雨冲刷下，水土流失现象极其严重。随着生产生活活动增多，污染负荷随泥沙一同进入河道，给水环境带来巨大压力。几十年来，经过大力推进退耕退牧、还林还草及封育措施，水土流失有所缓解，但依旧未得到根本遏制。调查显示，区域土壤侵蚀模数平均603t/（km² · a），中度和重度侵蚀面积占比近50%。水土流失情况尚未得到有效遏制，不仅造成土地生产力下降，而且影响流域土地资源有效利用，也容易形成山洪、泥石流、滑坡等地质灾害，威胁生态系统结构稳定性。

四、生态流量缺乏保障

湟水河是黄河上游最大的一级支流，水资源蕴藏量相对丰富，河谷深切，水流急、落差大、流量均匀、工程地质条件好，水能资源开发条件优越。仅红古区境内62km河段上就已分布了13座水电站。流域水能资源开发虽已成为辐射和带动当地经济发展的增长点，但随着湟水及大通河水电资源密集开发、生产生活活动增加，河道自然连通状态受到影响，下游生态流量缺乏有效保障，部分生态环境问题日益呈现，逐步成为制约湟水流域生态环境恢复和经济社会可持续发展的重要因素。

五、生态系统服务功能弱

生态系统服务功能，是生态系统在能量流、物质流的生态过程中，对外部的重要作用，如改善环境、提供产品等。生态系统不仅给人类社会提供食物和原料等产品，而且维持了经济社会赖以生存和发展的生命保障系统。据调查，湟水流域下游区域内湿地少，植被覆盖度低，自然生态环境呈斑块化，无野生保护动物分布，湟水流域的生态系统表现出涵养水源能力较弱、生物多样性较低和水产品供给功能差的生态服务功能。较低的服务功能制约了生态系统供给功能和调节功能的发挥，限制了湟水流域对污染物的受纳能力和消解容量，使湟水流域的环境自净能力和环境容量较低，无法承受高负荷的污染排放，从而制约了经济社会的可持续发展。

六、资金投入和监管能力有限

湟水流域下游段区域内经济社会发展相对滞后，地方政府财力基础薄弱，加之近年随着市场活力下降，流域内煤炭、钢铁、铝业等支柱产业的萎缩和亏损，在环境保护及污染治理方面的投入资金更加有限，不仅造成许多环保措施不能落实实施，也影响环境监管能力提升，制约着环境监察和执法的力度。

虽然兰州市政府及红古区人民政府均已制定了《突发环境事件应急预案》，但由于资金缺乏、专业人员不足、监测设备缺失，使应急能力欠缺。

第二节　湟水流域下游环境保护与污染治理对策分析

一、积极认真做好谋划设计

环境保护与污染防治工作是一个综合的、系统的工程，涉及流域内经济社会活动的各个领域，因此要综合研究分析流域内的经济社会水平、生态环境状况及发展需求，密切各领域、各环节的系统配合，形成合力，整体谋划流域环境保护和污染防治的各项政策、方案，做好规划对策的制定，明确流域环境保护和污染防治的总体目标、重点任务，并且以项目为抓手，扎实推动规划的落实。湟水流域下游段涉及多个市（州）行政区单位，地域跨度较大，在规划的制定中，需要遵循以下思路与原则。

（一）明确总体工作思路

湟水流域下游段生态环境保护工作，必须与国家、省域、区域层面的顶层设计和总体部署保持一致，这是流域内推进环境保护与污染治理的基本方针、宏观方向。各项任务计划必须服从国家、省域、区域的总体布局，明确区域在更大层级规划中的定位，在本流域内制定精准的落实措施。因此，湟水流域下游段在谋划和推进具体环境保护与污染治理工作过程中，须明确如下基本思路。

第一，明确指导思想。湟水流域下游的环境保护和污染治理要以习近平生态文明思想为指导，立足新发展阶段，完整、准确、全面落实新发展理念，构建新发展格局，以环境质量改善为根本目标，坚持精准、科学、依法治污，以良好的水环境水生态支撑湟水流域下游高质量发展。

第二，严格贯彻落实党中央、国务院有关环境保护与污染治理方面的总体部署。党的十八大以来，习近平总书记两次视察甘肃，对甘肃的生态文明建设、高质量发展作出重要指示。这些重要指示是推进湟水流域下游环境保护治理和经济社会各项工作的纲领和行动指南。

第三，积极对接国家在区域内的重要战略举措。随着党和国家对生态环境的日益重视，"一带一路"建设、推进西部大开发战略、黄河流域生态保护和高质量发展、兰西城市群发展等多种宏观战略在湟水流域下游叠加，为流域协调推进生态保护和经济社会发展创造了绝佳的机遇，生态环境保护和污染防治工作必须紧紧依靠和充分利用好这一机遇，协同推进，这是流域推进污染防治工作的重要依托。

第四，认真执行各项规划政策的具体要求。人民群众对良好生态环境的需求日益迫切，是流域推进生态环境保护的根本出发点，"十四五"期间的国家、省级国民经济和社会发展规划、黄河流域生态保护和高质量发展规划、兰西城市群发展规划等，均对湟水流域的功能定位、发展方向及环境保护治理的重点任务做了明确安排；此外进入新时期，党中央国务院有关深入打好污染防治攻坚战的要求更是细致地对流域污染防治工作提出了重点方向和举措，聚焦碧水保卫战任务目标明确，要紧盯重点区域、重点领域、关键时段等核心问题，聚力攻坚。这些上位的政策规划，是流域开展各项环境保护和污染防治工作的具体指引。

第五，充分做好各部门、各领域的衔接工作。当前，由于不同部门涉及生态环境保护的职能有所交叉，在其领域内的相关规划政策中，不可避免也会出现环境保护相关的目标、重点任务，主要涉及流域水源涵养、水土保持、水资源保障、生态保护和修复、产业发展等方面。进入"十四五"阶段，各领域规划政策陆续落地实施，有关生态环境保护方面的任务目标，如建设宜居水环境、水污染统防统治、深化流域综合治理等，不可避免地出现在各部门的规划政策中。由于部门职能的相互交叉，若未经过充分衔接和沟通，很容易造成各部门规划政策在确定具体措施时出现重叠甚至相互冲突的情况。鉴于此，流域的环境保护和污染治理工作在谋划之初，即要明确部门职能边界、突出污染防治分工协作，并加强与各部门相关规划政策的协调和衔接，避免规划目标、任务的重复甚至矛盾、工作量的重叠和反复。

（二）明确任务目标

湟水流域的生态环境保护工作所要实现的主要目标，必须与规划的目标保持协调一致，尤其是省级、区域规划中确定的各项环境保护目标和指标。进入"十四五"阶段，目前甘肃省各行业、各领域的规划计划目标已确定，对湟水流域来说，需针对本流域实际，分解和细化本流域的衔接目标和指标，以有力支撑上位规划目标的实现。梳理湟水流域下游的相关规划，其在环境保护与治理方面的主要要求概括。

1. 主要目标的确定

为全面响应贯彻党中央国务院最新决策部署，结合流域实际，污染防治工作的总体目标要综合体现上述要求，在时限、范围上与上位规划严格衔接，最终确定的总体目标，其要点应包括如下内容。

流域环境质量明显改善，突出环境问题有效解决，主要污染物排放总量持续减少，建立健全环境治理体系。其中：目前从国家、省级到区域，各项规划实施期限均以"十三五"末为起点，以十年为一个周期，体现了长远谋划、全局考虑、夯实基础的思路，因此，在本流域推进环境保护治理工作时，也应严格对照各政策规划的实施时限，同步各项具体措施的时间节点，对流域环境保护治理工作做基础、全面、长远的计划。

（1）流域治理范围科学合理。考虑到属地管理和流域地理区位的特征，在制定规划计划时实施范围应确定涵盖湟水流域下游的全部区域。

（2）生态环境质量明显改善。对生态环境质量总体要达到的目标设定应与各级上位规划目标保持一致、步调一致、水平一致。

（3）主要污染物排放总量持续减少。国家、省级"十四五"期间的总体规划均对污染物减排提出了明确要求，控制污染物的排放总量，确保污染物排放持续降低，是改善环境的重要手段，也是生态文明达到新水平的重要体现之一，和流域实施污染防治的重要成果体现，故在总体目标中，要按照国家和省级总体目标要求，明确污染物排放减少的目标。

（4）流域突出环境问题有效解决。流域的生态环境状态，直接影响到依河而居的群众的福祉，为紧密围绕党的十八大提出的"解决群众身边的突出环境问题"，通过环境治理，减少污染排放、杜绝流域环境风险隐患、保障流域水生态环境安全、有效解决群众身边的突出环境问题，为流域内群众提供"有河有水、有鱼有草、人水和谐"的宜居宜业环境，也应是流域环境保护和治理工作的一项重要目标。

（5）建立健全环境治理体系。按照国家有关构建现代环境治理体系的政策要求，为环境治理与保护奠定完善的制度保障，建立健全环境治理的领导责任体系、企业责任体系、全民行动体系、监管体系、市场体系、信用体系、法律法规政策体系，落实各类主体责任。

此外，考虑到相关规划政策的远景目标，可同步对"十四五"阶段后的未来远景进行一定的前瞻性展望，要点包括以优良、安全的水环境保障流域生态环境根本好转，推进美丽中国、美丽甘肃建设；以完善、科学的生态环境保护制度和体制机制为黄河流域高质量发展、实现幸福美好新甘肃提供有力支撑。

2. 主要量化指标的确定

在国家层面及甘肃省、黄河流域等区域的"十四五"相关规划政策中，均对流域未来水环境质量给出了定量的目标指标，以促进流域水环境质量改善。为实现"环境质量不降低"的基本要求，各断面水质必须保持水质目标限值，因此湟水流域下游在未来经济社会发展过程中需以水质目标为底线，控制流域内的污染物排放新增量，继续削减现有污染物存量。

以下将列举分析流域内主要量化指标确定过程中需要关注的方面。

（1）地表水环境质量

目前，我国这一环境质量目标以"达到或优于Ⅲ类水体比例"指标的形式体现。该指标能够体现流域整体水环境质量状况，也是各类污染防治措施最终效果的综合考量指标，断面水质状况可以直接反映出流域的水环境状况及污染防治成效，并为后续治理任务指明方向。该指标重点针对国控断面，是国家考核的约束性指标。根据往年公布的环境质量公报，湟水流域下游范围内各断面水质总体上逐年向好，在"十四五"初期（2021年），国家和省级考核断面年均水质基本可达到地表水环境质量标准（GB3838—2002）Ⅲ类水质标准（不考核总氮），其中部分断面可达到地表水环境质量标准（GB3838—2002）Ⅱ类水质标准（不考虑总氮），而个别断面存在月均水质指标波动较大的现象。

湟水流域下游地处甘—青交界，且人口集聚，独特的地理区位和自然环境禀赋，决定了该区域的水环境质量影响因素繁多而复杂，如上游来水的影响、季节变化的影响等。确定该区域地表水环境质量首先要以国家确定的水环境质量目标为底线，坚守"环境质量不降低"的原则。其次，在充分了解湟水流域下游经济社会运行规律及主要污染源（面源）特征的前提下，分考虑当地的经济社会发展定位、水功能目标、发展需求等，合理确定水环境质量目标。

（2）污染物总量削减

目前，我国这一环境质量目标以化学需氧量、氨氮两种污染物的总量消减率指标来体现。该指标能够体现流域COD、氨氮污染物排放总量控制状况，也是各类污染防治措施最终效果的综合考量指标，是实施排污许可的基础，该指标是国家考核的约束性指标，由国家统一下达。

根据流域下游范围内甘肃省"十三五"期间主要污染物削减数据，可以看出，"十三五"期间，区域内污染物累计削减量逐年上升，已完成国家"十三五"期间下达的总量削减任务。目前，国家已下达了甘肃省"十四五"期间总量削减总量任务，并已分解落实到各市州及县区。另外，需关注的是，流域内污染物虽然以化学需氧量、氨氮为主，但其总氮、总磷污染水平依然较高，因此污染物的削减不仅要考虑纳入考核的指标，总氮、总磷等流域内较突出的污染物还要加大削减力度，针对响应的排放来源采取治理措施。

（3）城镇生活污水治理

目前，我国这一环境质量目标以"城镇生活污水收集率"指标来体现。该指标能够体现流域城镇生活污水控制状况，也是体现污染防治工作进展的主要考量指标之一。

截至2020年，湟水流域下游范围内已建成城镇污水处理厂2座，城市、县城污水处理率及地级城市污泥无害化处理处置率分别达到97%、93%、98%以上，见表6-1。在后续的环境保护与污染治理过程中，对该项指标的目标值应不低于现有治理水平，并且满足各上位规划中确定的对应目标要求。同时，考虑到重大基础设施的投资立项、城镇污水处理设施及管网的建设与环境保护与治理监管职能分属不同的行政主管部门，因此在谋划区域城镇乃至城乡生活污水治理任务前，需做好跨部门的深入对接和沟通，统一思路、明确路径、细化操作，从而形成治理合力。

表6-1　湟水流域下游段甘肃境内城镇污水处理厂信息清单

所在河流	集中污水处理设施名称	污水集中处理设施性质	集中污水处理设施设计规模（t/d）	集中污水处理设施来水中的主要污染因子	集中污水处理设施来水中的特征污染因子	执行的排放标准	污水厂污泥处理、处置方式	是否有中水/再生水回用	中水回用用途	污水处理厂建设状态
湟水/大通河	海石湾污水处理厂	城镇污水处理设施	30000	COD、氨氮、总氮、总磷	六价铬、砷、镉、石油类、挥发酚等	（GB18918—2002）一级A	填埋	否	部分绿化	完成
大通河	窑街污水处理厂	城镇污水处理设施	20000	COD、氨氮、总氮、总磷	六价铬、砷、镉、石油类、挥发酚等	（GB18918—2002）一级A	填埋	否	部分绿化	完成

（三）明确工作原则

在生态环境保护和污染治理工作谋划期间，必须遵循一定的工作原则和宗旨，以确保环境保护工作效果达到预期。笔者结合多年来在环境保护领域的工作经验，认为在环境保护工作中，需始终坚持以下理念准则，作为根本遵循。

1. 坚持绿色发展，源头治理

在保护和治理过程中，应深入贯彻新发展理念，坚持人与自然和谐共生，正确处理经济发展与生态环境保护的关系，积极发挥环境保护和污染治理工作在黄河流域高质量发展中的推动作用、引导作用和倒逼作用，从生产生活源头上解决污染问题，促进流域经济社会发展绿色转型，以高水平保护推动高质量发展。

2. 坚持统筹协调，系统治理

环境质量的改善，是衡量一切保护工作成效的最基本标准。而某一处的环境质量，是整个流域范围尤其是上游各类污染活动的综合表征，所以在推进污染防治工作中，必须充分把握流域整体性和系统性，以改善环境质量为核心，打通岸上水里，统筹谋划上下游、干支流、左右岸，综合布局流域污染防治各项任务，构建区域污染治理的整体观。

3. 坚持重点突出，科学治理

影响流域环境的各因素中，通常有几项占据着主导地位，是形成流域污染现象的关键贡献者，抓住这些主导的影响因素，可以极大地提升治理的效率，进而减少人力物力消耗。因此，在该流域的保护和治理工作中，要聚焦重点领域和突出环境问题，全面落实黄河流域生态保护和高质量发展总体目标和污染防治要求，突出精准治污、科学治污、依法治污，深入打好污染防治攻坚战，推动流域生态环境高水平保护。

4. 坚持多方衔接，综合治理

环境保护和防治工作涉及多个部门的智能，同时也需要企业、社会组织、群众等各界的积极参与践行，因此需要充分调动社会各界参与环境保护工作的主动性、积极性，加强各部门、各界的协同配合，多元共治、多措并举，构建党委领导、政府主导、企业主体、社会组织和公众共同参与的现代环境治理体系，形成湟水流域范围内的环境保护和污染治理工作合力。

（四）明确重点任务

规划计划中的重点任务，是规划目标的具体落实点和抓手，需要紧密结合发展与保护并进的时代主题，围绕环境质量改善目标，严格按照"以环境保护和污染治理倒逼生产生活方式绿色转变、促进经济社会实现高质量发展"的流域环境保护和治理主线，突出四大重点领域（工业、农业、城乡、交通），协同水、气、土要素，构建覆盖源头—过程—末端不脱节、区域协同推进的系统治理格局，以污染防治工作倒逼区域生产生活绿色转型，以区域生产生活绿色转型进一步提升污染治理水平，相互促进，实现环境质量根本改善、经济高质量发展。

依前所述，考虑到若实施周期过长，则干扰和不确定因素较多，确定远期的具体任务和项目较困难，在谋划流域未来的环境保护治理工作时，应着重关注近期可行的重点工作，并考虑对远期工作的方向性引导作用，明确未来十年甚至更长远阶段的生态环境保护发展方向，在确定重点任务时应注重"定性表述，蕴含定量"；立足长期效应，注重基础、渐进地优化和调整，并适当考虑问题突出的"点"加以着墨。针对归纳的湟水流域下游段突出环境问题，本文按照源头治理、系统治理、综合治理的原则，提出以下重点内容的范畴。包括转变生产生活方式、优化生产生活布局、提升污染防治水平、建立和完善现代化环境治理体系四个方面。

1. 以污染治理推动形成绿色生产生活方式

以实现区域绿色发展为导向，筑牢绿色发展根基，通过污染治理各项工作推动和倒逼经济社会传统发展方式转变，实现产业转型升级、结构优化调整。

实施落后产能淘汰压减，加快重点行业绿色转型，进行产业集群和园区循环经济改造，促进能源资源利用改善等。

2. 完善区域生产生活布局

以推动国土空间布局优化为导向，依据区域生态环境承载力，严格落实空间管控和环境准入要求，推动资源能源的优化配置，构建国土空间开发保护新格局。加快产业布局优化调整、人口分布优化调整，推动敏感和重点区域企业搬迁、加快推动企业出城入园，优化城镇土地利用结构，推动新型城镇化建设合理布局，实现区域发展与环境承载力相协调。

3. 提升区域污染防治能力水平

以实现高水平保护为导向，聚焦工业、农业、城镇、交通等重点领域，针对污染防治措施和设施短板，加大各类污染治理基础设施投入力度，提高工业园区和企业污染治理和资源化利用设施建设，加快污水处理厂扩容和提标改造建设，提升污水收集管网建设；推动排污口整治工程，尾水湿地建设，加快农业面源污染治理设施建设，加大农业、畜禽养殖废物资源化利用设施投入力度，推动农村生活面源污染治理设施建设。

4. 加快建立和完善现代化环境治理体系

以提升环境治理体系和治理能力现代化水平为目标，从精细化管理能力、污染源监测监控能力、跨部门跨区域协同监管机制等方面着力推动实现区域综合治理能力科学化、精准化、高效化。

二、推进重点领域污染防治

根据已确定的流域污染防治目标和原则，结合湟水流域下游段生态环境问题特征和经济社会发展水平，明确流域面源污染治理的重点工作任务和措施。根据本节前述对流域污染状况的分析，需要明确的是，流域的面源污染主要来源包括农业、牧业生产活动、城乡生活面源及部分工业污染源，因此流域的污染治理具体工作，应聚焦这三大部分。以下即分领域依次提出具体措施建议。

（一）加强农业面源污染防治

1. 不断优化流域种植方式

种植方式对流域面源污染物的产生有明显的影响。结合流域实际以及发展需求，不断调整和优化流域的种植养殖方式，对协同推进环境保护和经济社会发展均非常重要。

在作物结构上，继续加大高效、节水、节肥的设施农业建设，同时优化流域种植品种，结合土壤养分、水分特征，选择适合本地、有利于保水保土的作物种植，因地制宜在大通河、湟水沿岸减少耗水较高的作物的种植。

在种植布局上，尽快减少大于16°的耕地种植活动，禁止25°以上坡地种植，同时合理布局作物种植布局。

在耕作操作模式上，合理安排作物轮作和休耕，加大对土壤的保护。

2. 推进区域化肥农药减量增效

流域内耕地范围广，且主要集中在湟水、大通河河谷台地，更易汇集进入水体，因此需不断地提升流域内化肥农药的减量化，提高化肥农药使用效率。

在施肥方式上，需在流域内集成推广科学施肥技术，采取测土配方施肥、种肥同播等措施，继续优化流域内设施农业在施用化肥方面的精细管控措施，确保化肥利用效率高于40%。

在肥料种类上，需结合流域范围内畜禽养殖粪污资源化粪肥，优先使用有机肥料，开展绿色种养循环农业试点和化肥减量增效行动，同时示范推广缓释肥、水溶肥等新型肥料，努力实现全流域主要粮食作物测土配方施肥技术全覆盖，减少化肥用量。

在农药施用方式上，集成推广生物防治、物理防治等绿色防控技术，推广喷杆喷雾机、植保无人机等先进的高效植保机械，通过建立农作物病虫害绿色防控和专业化统防统治融合示范区等措施，示范带动应用绿色防控产品和技术，提高农药使用效率，减少农药用量。

在农药种类选择上，持续高效低毒低残留的新型农药、生物农药的使用推广，并且加强化肥农药科学安全使用技术培训，在农药的购买、运输、撒药环节中，提高使用者的环境保护意识。

3. 强化农业废弃物综合利用

（1）加强农药化肥包装废弃物治理

在耕作季内，随着农药、化肥的施用，会产生一定数量的包装等残余物，这些残余物更容易被忽视而随意丢弃，其中含有的残留成分，会流失进入水体影响环境，因此需对这些残余物给予更多的重视，需在田间对农药包装废弃物加以回收，考虑到耕作期内这类废弃物产生量大而集中，可以结合流域实际探索可行高效的回收模式，如以村社为单位进行片区分包，负责片区内的包装废物回收处理；或依托农药化肥生产、销售企业和专业化防治组织等，探索农药化肥包装物回收处理试点，建立农药包装废弃物回收处理体系，在流域内合理布设回收、暂存点、集中存放点等，集中开展回收工作，并建立农药包装废弃物回收台账，完善农药经营者、回收站（点）、农药包装废弃物的数量和去向等信息记录，做到废弃物足迹全周期管理。

（2）开展白色污染治理

废弃农膜已经成为农业活动的主要污染之一，在设施农业规模日益壮大的湟水流域下游，这一现象也更加突出，由于农膜质量、使用方式等方面的影响，每年有大量农膜被应用到田间，同时农膜废弃后在田间破碎无法回收，残留在田间的废弃农膜不仅影响土壤的理化性质，形成污染，还影响田园的景观环境，因此推进农田残留地膜清理整治也是湟水流域下游面源污染治理的重要内容。

在农膜类型选择上，应全面推广使用符合国家和地方标准的地膜，鼓励和支持农业生产者使用全生物降解农膜。完善废旧农膜回收利用体系，鼓励农膜生产者、销售者及其他组织和个人设立废旧农膜回收网点，积极推动地膜"以旧换新"。

在农膜使用方式上，积极发挥农膜生产企业、当地监管部门在设施农业使用、大田使用过程中的监督和指导职能，积极组织培训科学使用农膜和废弃全面回收，宣传农膜回收的重要性，在全流域推动农膜减量增效；同时推广和应用先进高效的废旧农膜回收和资源化利用技术和模式，实现流域废旧农膜基本实现全面回收利用。

（3）加强尾菜无害化处理和资源化利用

湟水流域下游尤其是红古区，作为区域重要的蔬菜种植基地，尾菜产生量大，处理消化比较困难，因此需当地政府部门大力引导和鼓励尾菜处理利用相关的技术开发推广，不断完善尾菜处理利用技术体系。在流域内的蔬菜种植规模大、连片种植地区，大力推广田间尾菜堆（沤）肥、直接还田、青贮饲料化、沼气化等处理利用技术。在流域内的蔬菜存储、流通重点地区，建立和完善尾菜收集、运输、处理和资源化利用体系，同时加快培育壮大本地专业化的尾菜处理利用企业，探索建立"企业主营+政府补贴+菜库付费+社会共治"的尾菜处理利用良性运营机制，努力将流域内尾菜处理利用率提高到55%以上。

（4）推进秸秆综合利用

湟水流域下游秸秆产量规模也较大，应重视因地制宜推进秸秆的饲料化、燃料化、肥料化等综合利用。在流域内，积极培育和发展秸秆综合利用产业，支持秸秆资源化利用企业做大做强，完善秸秆的回收、加工、资源化利用产业链条，政府部门在这一过程中也需加大对秸秆综合利用领域科研的投入和鼓励力度，推动成果应用和示范推广，努力将流域秸秆综合利用率提高到90%以上。

4. 加强畜禽养殖污染治理

（1）促进畜禽粪污治理和资源化利用

流域内的畜禽养殖活动分散，规模不一，产生的污染治理需要坚持"源头减量、过程控制、末端利用"的基本思路。

在养殖管理方面，需严格落实畜禽养殖禁养区管理相关规定，完善养殖活动的布局完善，从源头杜绝污染的产生。推进标准化畜禽养殖场建设，推广节水、节料等清洁养殖工艺，以实现从源头减少畜禽污染的产生排放。

在粪污处理方面，整县推进全流域畜禽粪污资源化利用，以规模化养殖场为重点，加快畜禽粪污收集、存储、处理设施建设和提升改造，推动雨污分流设施建设，引导规模以下畜禽养殖户建设收集处理设施，配套粪污利用设施设备，控制分散和放养畜禽范围，以就地就近肥料化利用为基础，做到充分合理利用。支持第三方专业经营主体利用粪污兴建沼气工程和有机肥生产线，实现废物资源化利用。此外，要建立健全流域内病死畜禽无害化处理的机制和体系，引导病死畜禽集中处理。最终，要努力实现流域畜禽粪污综合利用率不低于80%。

（2）加大水产养殖污染治理力度

推进水产生态健康养殖，在有条件的地区推广鱼菜共养、池塘生态循环水养殖、大水面生态养殖等养殖模式。推进抗菌药等水产养殖用药使用减量，合理确定兽药使用剂量和措施。强化网箱养殖污染监督，建立健全日常监管制度，规范饲料投喂、兽药、渔药使用等环节。

5. 推动农田退水污染治理

湟水流域下游内的谷地、台地上的农田均依靠灌渠灌溉，尤其是在红古区，主要的灌渠包括红古渠、湟慧渠，渠线长、灌溉面积大，因此要推进流域内大中型灌区农田退水污染综合治理。继续推进流域内高标准农田建设，推动型灌区高效节水改造，推广农田节水等清洁生产技术与装备，加强农田退水循环利用。湟水、大通河干流及主要支流沿线开展农业面源污染负荷入河控制技术开发和示范，建设一批生态拦截沟、污水净塘、人工湿地等多种形式的氮、磷高效生态拦截净化试点项目。

6. 开展受污染耕地安全利用

加强流域内的农用地分类管理。在当前的耕地土壤环境质量类别划分基础上，针对优先保护类耕地，加大耕地保护力度，确保其面积不减少、土壤环境质量不下降；针对安全利用类耕地，建立信息台账，分类施策，采取以种植结构调整为主，辅助操作简单、成本低、见效快的深翻耕、优化施肥、叶面阻隔剂喷施等安全利用类措施，保障受污染耕地安全利用；针对严格管控类耕地，依法划定特定农产品禁止生产区域，严禁种植和生产特定食用农产品，逐步将符合条件的严格管控类耕地纳入新一轮退耕还林还草范围，确保应管尽管。

加强耕地土壤和农产品协同监测及评价。依据相关标准指南，动态更新耕地土壤环境质量类别。有序推进受污染耕地治理与修复，建立耕地土壤修复效果评估指标体系，深入实施耕地质量保护与提升行动，继续推动耕地土壤污染修复试点建设。在流域内受污染耕地集中区建设一批超筛选值农用地安全利用示范工程，有序推广高效可行的安全利用模式。

（二）推进城乡生活污染整治

1. 完善生活污水处理设施建设

（1）补齐生活污水处理设施短板

一是合理规划城镇污水处理厂建设。当前流域内的城镇污水厂，以及部分企业生活污水全部经管道系统收集接入窑街污水厂、海石湾污水厂，目前2座污水厂日处理负荷均已达到90%以上，且还需为暴雨等短时出现的大量进水保留富余，需结合后续城镇发展及污水收集率的提升，适时启动生活污水处理设施的扩容。

二是全面推进农村生活污水治理。推动城镇污水处理设施和服务向农村延伸，争取全面覆盖市区（县）周边具备条件的村庄。无法纳入市区（县）污水处理厂收集范围的沿河农村地区，尤其是永登连城镇、河桥镇，红古区的花庄、平安镇，以及永靖西河镇，在充分利用好已建成的乡镇污水处理设施的同时，继续采用"分散处理，适度集中"相结合的模式推进污水处理设施建设，结合地形等实际完善污水收集管网配套。同时，要结合当前正在进行的"厕所革命"、农村黑臭水体治理等农村环境整治行动，推动农村污水收集、治理设施有效衔接，确保村域污水能收集、有去处、能处理。力争实现湟水流域下游污水处理率不低于90%，流域沿河各乡镇污水处理能力进一步提升。此外，需结合水环境质量改善需要，因地制宜推进湟水、大通河各级污水处理厂（站）尾水水质净化工程建设。

（2）完善污水收集管网配套

将不同来源的污水有效收集，是提高污水处理水平的前提，也是解决湟水流域下游面源污染的重要措施。目前，流域内的污水收集系统短板依然明显，污水管网覆盖率较低。因此，需加快流域内城中村、老旧城区、城乡接合部和各村镇污水管网未覆盖到的地区生活污水收集管网建设，填补污水收集管网空白区。此外，需因地制宜推进海石湾、窑街及民和县城市建成区管网雨污分流改造，开展老旧破损和易造成积水内涝问题的污水管网、雨污合流制管网诊断修复更新，循序推进管网错接混接漏接改造。力争流域内城市污水集中收集率达到甘肃省"十四五"期间污水收集率目标要求，即70%以上。

（3）加强初期雨水污染控制

湟水流域下游大小工业企业数量较多，且人口较聚集，降雨过程会对城镇道路、企业厂区、各类堆存场产生淋洗流失，提高了地表径流污染水平，因此需尽快开展城市雨洪排口、直接通河入湖的涵闸、泵站等初期雨水污染治理，鼓励雨水调蓄池建设，收集初期雨水，经过净化后排放。此外，可以结合实际，适时探索开展流域内的城市初期雨水收集、处理和资源化利用。

2. 强化污泥无害化处置及资源化利用

全面推进湟水流域下游各县区污水处理厂污泥处置设施建设，因地制宜统筹配套建设污泥规范化处理处置设施。在妥善收集污泥的基础上，稳步推进污泥资源化利用。例如在保障稳定化、无害化处置前提下，探索符合标准的污泥用于土地改良、荒地造林、苗木抚育、园林绿化和农业利用等领域。鼓励污泥能量资源回收利用，推广污泥焚烧灰渣建材化利用。加快压减污泥填埋规模，鼓励采用污泥和餐厨、厨余废弃物共建处理设施方式，提升城市有机废弃物综合处置水平。按照甘肃省"十四五"期间污水收集率目标要求，到2025年流域内城市污泥无害化处理处置率应不低于90%。

3. 扩大城镇再生水循环利用

水资源的循环利用是缓解区域水资源短缺、污染排放负荷大的有效措施。

目前，在甘肃省的各级生态环境保护规划中，均已提出在重点排污口下游、支流入干流处等关键节点因地制宜建设再生水循环利用工程，对处理达标后的排水和微污染河水进一步净化，纳入区域水资源调配管理体系，回补自然水体或循环利用于工业生产和市政杂用。湟水流域下游范围内水资源紧缺，且污染物负荷高，因此需加快推进城镇污水的再生利用，可以充分考虑现有污水处理厂（站）的提标升级扩能改造工作，开展污水再生利用设施建设相关论证研究，加快中水利用工程建设，合理确定再生水利用方向，推进工业生产、园林绿化、道路清洗、车辆冲洗、建筑施工等领域优先使用再生水，实现再生水规模化利用，并通过逐段补水的方式将再生水作为河湖湿地生态补水，以实现到"十四五"末，流域内地级缺水城市再生水利用率达到25%以上的目标。

4. 持续开展黑臭水体排查整治

湟水流域下游段范围内的生产生活活动强度日益增大，因此需关注流域内尤其是老城区、农村地区容易发生黑臭的水体，推进污染防治工作，以房前屋后河塘沟渠和群众反映强烈的水体为重点，采取控源截污、垃圾清理、清淤疏浚、水体净化等综合措施，综合整治农村的甘沟、排水沟、坑塘等存在黑臭隐患的水体，并建立流域内的黑臭水体治理长效监管模式，定期开展水质监测，确保长治久清，消除流域内的水体黑臭隐患和污染来源。

（三）强化工业污染综合治理

1. 严格落实环境准入制度

湟水流域下游范围内的生产、生活等各类人群活动是污染物的主要来源，因此，开展绿色生产生活方式是解决污染问题的根本途径，需持续推动流域农业、工业、聚居结构和布局调整优化，促进流域内绿色低碳循环发展。目前，国家要求全面落实"三线一单"生态环境空间管控要求,充分发挥"三线一单"生态环境分区管控体系在流域产业准入及项目落地实施等方面作用。围绕全省绿色生态产业链(集群)建设及相关配套服务,根据生态环保要求、产业政策和园区发展定位,进一步完善各类环境准入制度。

2. 提升企业清洁生产水平

加快实施流域内的有色、采掘、火电、建材、畜牧业、农副产品加工等行业绿色改造,推动工业污染源头减量。有序开展建材、有色、农副产品加工等重点行业清洁生产审核,从原料—生产—废物各环节杜绝污染物的排放,建立并完善清洁生产制度。

3. 提升工业污水治理和资源化水平

(1)强化工业污水综合治理。持续完善流域内企业、工业园区(集聚区)污水集中处理设施建设,提升园区工业污水处理率。依法依规推进污水集中处理设施升级改造。督促企业按照环境管理要求建设完善污染防治设施,企业工业废水须达到集中处理要求后,方可进入园区或依托市政污水集中处理设施进行处理。加强流域农副产品加工、畜牧等行业企业废水处理,提高处理水平。加快完善工业园区污水收集管网,推进流域内各级工业集聚区污水管网配套建设和排查整治,加快实施管网混错接改造、管网更新、破损修复改造,提高污水收集效能,流域内各级工业园区(集聚区)全部建成污水集中处理设施或依托其他可行的污水处理设施,并稳定达标排放,企业污水全部纳管,实现全收集、全处理。

(2)提升污水资源化利用水平。加强流域内火电、化工、有色等高耗水工业企业废水循环利用,推广先进节水工艺和节水技术,协同推进节水减污。开展园区循环用水改造,新设立园区执行强制废水循环改造,鼓励现有园区开展以节水为重点的循环化改造，推动工业园区（集聚区）内企业间用水系统集成优化，实现串联用水、分质用水、一水多用和梯级利用，促进工业废水"近零排放"。推动工业园区与市政再生水生产运营单位合作，规划配套管网设施。开展工业企业废水再生利用水质监测评价和用水管理，鼓励重点用水企业搭建工业废水循环利用智慧管理平台。

4. 加强工业场地土壤污染管控

贯彻落实《工矿企业土壤环境管理办法（试行）》，建立、完善流域内土壤污染重点监管企业名单，督促重点企业落实土壤环境自行监测、隐患排查、有毒有害物质使用排放情况报备、拆除、关停、搬迁及原址场地再开发利用过程中的污染防治和环境风险控制工作。选取重点行业企业开展土壤污染防治规范化管理试点示范，引导企业提高土壤污染防治管理水平。建立、完善污染地块名录及其开发利用的负面清单，分用途加强环境管理，对暂不开发利用或不具备治理修复条件的地块，督促地方人民政府制定落实风险管控方案。

5. 强化工业固废综合利用

推进流域内产废行业绿色转型，实现大宗工业固废源头减量，推动煤矸石、尾矿、冶金渣、粉煤灰等大宗工业固废产生过程自消纳，拓宽综合利用渠道。实施建筑垃圾分类管理、源头减量和资源化利用。加大关键技术研发投入力度，支持骨干企业开展高效、高质、高值大宗工业固体废物综合利用示范项目建设，积极探索可复制、可推广的大宗工业固体废物综合利用发展新技术新模式。积极实施固体废物堆存场所整治，建设符合有关国家标准的贮存设施，实现安全分类存放，杜绝混排混堆。加强大宗工业固废贮存及处置管理，开展工业固体废物调查评估工作，督促重点产废企业强化内部管理，建立健全自行核查机制。

6.加大污染源监管力度

流域内的各级行政部门需按照属地管理原则，推动辖区内实现固定污染源排污许可全要素、全周期管理，落实排污许可"一证式"管理，积极开展固定污染源排污许可证执行情况检查。严格开展纳管企业处理设施运行维护、自行监测、污染物排放公开等情况检查，严控工业废水未经有效处理直接排入城镇污水处理系统。对污染物不能被城镇污水处理厂有效处理或可能影响污水处理厂出水稳定达标的企业，应限期退出。督促重点排污企业按要求安装自动监测设备，并与生态环境行政管理部门联网。依法依规严肃查处超标排放、偷排偷放、伪造或篡改监测数据、使用违规药剂或干扰剂、不正常使用污染物处理设施等环境违法行为。

（四）建设现代化的流域环境治理体系

湟水流域下游段范围内的各级党政机关是流域生态环境状况的责任主体，因此，在规范和整治各类生产生活活动的同时，也需在行政监管、指导能力方面，下大力气进行完善、提升。笔者根据多年工作经验，结合国家在"十四五"期间的生态环境治理体系建设要求，总结归纳以下几点针对行政层面需开展的工作。

1.健全领导责任体系

（1）完善考核和责任追究制度。不断建立健全完善流域生态保护绩效考核机制，完善高质量发展目标评价考核体系，加强流域各级党委政府及其有关部门生态环境保护指标完成情况的评估考核，将评估结果纳入地方生态文明建设目标评价考核体系，统筹推进落实，强化考核结果应用。流域涉及的市县党委和政府对本地流域生态环境保护工作负总责，承担环境治理具体工作，严格落实党政领导干部自然资源资产离任审计和生态环境损害责任终身追究制度，压实各级党政领导干部生态环境保护责任。

（2）扎实推进环境保护督察工作。生态环境保护督察工作是我国近年来经过实践检验的力度空前、效果显著的管理手段，通过督察工作的深入，各地方的生态环境保护工作有了明显成效，生态环境问题得到了根本解决。依据国家、省级生态环境保护督察工作机制要求，需持续推进，加大对流域的生态环境保护问题督察力度，推动生态环境保护例行督察、专项督察和"回头看"。紧盯流域督察反馈问题加强整改，围绕重大问题、重要工作、重点环节和突出矛盾，加强工作统筹，加大调度预警和检查督导，推动健全党委领导、政府主导、企业主体的整改工作责任体系，确保整改工作落实到位。强化黄河流域内督察工作的指导监督，充实机构人员配置，健全完善机构运行制度。

2.夯实环保监管体系

（1）提升生态环境保护执法效能。提升流域生态环境联合执法水平，建立健全生态环境部门、公安机关、检察机关、审判机关联席会议制度，完善信息共享、案情通报、证据衔接、案件移送等机制。开展多层次、多渠道岗位培训，持续开展执法大练兵，着力提升流域执法人员能力素质。充分发挥信息化手段在环境保护和污染治理监督工作中的作用，全力推进移动执法系统、行政处罚自由裁量辅助决策系统在执法过程中的运用。

（2）完善流域环境损害赔偿制度。推动流域生态环境损害赔偿制度常态化，争取赔偿案例全覆盖，提高破坏生态环境违法成本。在上位制度的框架中，不断完善湟水流域下游"损害调查、鉴定评估、赔偿磋商、修复管理、效果评估、公众参与和信息公开"等配套工作机制。加强环境公益诉讼与行政处罚、刑事司法及生态环境损害赔偿等制度的有效衔接。

（3）加强环境质量监测能力建设。结合全省构建布局合理、功能完善的区域"天空地"一体化生态环境质量监测网络的工作，在流域开展特征水质自动监测及预警。进一步完善省、市两级应急监测方案，协同开展应急监测演练。持续推动各级生态环境监测机构、队伍建设和应急监测能力建设，红谷区、永登县的环境监测站具备独立开展行政区域内执法监测和应急监测能力。健全流域内生态环境监测数据共享机制，依托全省生态环境大数据平台，实现集成数据管理、智能分析与应用。

（4）深化流域生态环境分区管控。做好"三线一单"生态环境分区管控体系与国土空间规划的衔接，确保"三线一单"生态环境分区管控要求与国土空间用途管制相协调。建立"三线一单"动态更新和调整机制，实施差别化环境准入政策，因地制宜完善生态环境准入清单。推进"三线一单"成果数据应用，紧密结合"三线一单"管控要求提升生态环境保护日常管理工作。充分发挥"三线一单"生态环境分区管控体系在黄河流域产业准入及项目落地实施等方面作用。优先保护区持续加强保护和修复，严格控制开发建设活动；重点管控区协调好保护与开发的关系，合理优化调整产业结构和布局、有序推动用地开发和人口集聚、加强耕地保护，严控排污总量，提升环境风险防控水平；一般管控区严格匹配区域环境承载能力与开发活动，合理规划人口、城市和产业发展，推动资源集约高效利用、生产生活集聚发展。

（5）强化入河排污口监管。全面推进湟水流域下游段入河排污口调查整治工作，摸清入河排污口数量、排放特征等底数，分门别类梳理排污口类型和性质。编制河流入河排污口专项整治工作方案，按照"取缔一批、合并一批、规范一批"要求，开展入河排污口分类整治，推进排污口整治并网，逐步实现干支流沿岸农业、生活、工业污水全收集全处理全达标排放。基于专项行动工作成果，建立入河排污口清单，制定动态化、信息化、"户籍"化日常管理制度。构建入河排污口监测、监管体系，加大排污口监督检查和群众监督举报力度，推动建立"权责清晰、管理规范、监管到位"的排污口管理长效机制。

3. 优化企业责任体系

（1）全面落实排污许可管理制度。在流域内全面依法实行排污许可管理制度，构建以排污许可制为核心的固定污染源监管制度体系。提高排污许可证核发质量和执行率，持续做好排污许可证换证或登记延续动态更新，加强事中事后监管。加快推进排污许可制度改革，强化与环境影响评价、总量控制、环境监测、排污权交易、信用评价、环境税等制度有效衔接，构建以排污许可制为核心的固定污染源"一证式"监管体系。

（2）依法推进环境治理信息公开。依托企业网站等平台进一步完善流域排污企业环境信息公开，依法公开主要污染物名称、排放方式、执行标准及污染防治设施建设和运行情况，推动实时数据公开，并对信息真实性负责。继续推动符合条件的环境监测设施、城市污水处理设施、城市生活垃圾处理设施等向社会公众开放。鼓励企业依法公开温室气体排放相关信息，支持黄河流域率先探索企业碳排放信息公开制度。

4. 培育壮大市场体系

规范环境治理市场秩序。全面推广"放管服"改革先进经验做法，打造便捷高效的政务服务环境，积极推行环保管家和环境顾问服务。平等对待各类市场主体，引导各类资本参与环境治理投资、建设、运行。加快形成公开透明、规范有序的环境治理市场环境，规范市场秩序，减少恶性竞争。创新环境治理模式，打造流域污染防治第三方治理样板并推广，严格落实"谁污染、谁付费"政策导向，建立健全"污染者付费+第三方治理"等机制。

5. 构建全民参与体系

（1）强化社会监督。充分发挥"12369"环保举报热线作用，优化环保监督渠道，鼓励公众利用网络平台对环境保护案件、线索、问题进行举报。加强舆论监督，鼓励新闻媒体对涉及黄河流域的生态环境破坏问题、突发环境事件、环境违法行为进行曝光。综合利用电视、互联网、广播、报刊、新媒体等平台，做好流域的环境保护和污染治理工作宣传、扩宽宣传渠道、精选宣传内容，用百姓喜欢看、读得懂、易明白的表达方式，促进流域相关信息公开，提高公众对黄河流域保护的了解度和关注度。完善公众监督和举报反馈制度，优化环保监督渠道，激发公众共同参与、监督和保护环境的强大合力，形成全民参与流域生态环境保护的良好氛围。

（2）提高公众环保素养。在流域内做好生态环境保护教育宣传工作，把环境保护纳入国民教育体系和党政领导干部培训体系，推进流域环境保护和污染防治知识宣传教育进学校、进家庭、进社区、进工厂、进机关。加大环境公益广告宣传力度，研发推广环境文化产品，引导公众自觉履行环境保护责任。

6.健全环境治理信用体系

（1）加强政务诚信建设。建立健全环境治理政务失信记录，将各级政府及公职人员在环境保护工作中因违法违规、失信违约被司法判决、行政处罚、纪律处分、问责处理等信息纳入政务失信记录，并归至省级社会信用信息平台，依托"信用中国（甘肃）"网站等依法依规逐步公开。

（2）深化企业环保信用建设。完善企业环保信用管理制度，建立健全企业环保信用记录，加大信用信息归集共享和公示公开，加快推行信用承诺制度，开展企业环保信用评价，全面实施信用分级分类监管，建立完善信用修复机制，依法依规实施守信激励和失信惩戒，加快推进企业环保领域信用体系的建设。

7.强化环境风险防范体系

（1）建立健全流域环境风险管控体系。加强多部门联动，建立长期、稳定、可靠的突发环境事件应急联动机制，签订或修订环境应急联动机制协议。推进流域环境风险调查评估工作，依据评估结果科学开展分类分级风险管控，进一步强化环境风险管控措施。完善跨市流域上下游突发水污染事件联防联控机制，统筹研判预警、共同防范、互通信息、联合监测、协同处置等全过程。持续开展环境风险隐患排查，对发现的隐患问题及时督促、整改。

（2）完善突发环境事件应急预案体系。系统构建湟水流域下游段应急响应"一河一策一图"。沿河各地政府及时完成突发环境事件应急预案修编及备案。逐步推进环境应急能力和信息数据库建设，依托大数据平台逐步畅通应急物资、应急队伍、应急方案等相关信息集成共享机制。

（五）强化工作保障

1.加强各方分工协作

湟水流域下游段污染防治工作离不开各行政区域、各部门的沟通协调、统筹推进，流域甘肃段污染防治需加强与上游青海段各行政区的沟通协作、信息互通，完善协作机制，协同推进湟水流域下游段污染各项防治工作任务的落实。同时，流域范围内各级行政部门也需加强本行政区域环境保护和污染防治工作的监督、组织和指导，落实和细化各项任务措施，及时对工作开展情况进行调整和总结。

2.抓好重点工程项目

在湟水流域下游段开展各类污染防治项目、工程是兑现目标任务的具体抓手，一个流域保护和治理规划（计划）的好坏往往取决于所支撑工程项目的实施效果。因此，需做好流域环境保护和污染治理项目谋划储备、建立并不断更新项目库，这是确保流域污染防治最现实和具体的工作。在谋划湟水流域生态保护重点工程项目时，需要关注以下几个方面的细节。

一是要逐项对照落实有关规划计划提出的任务和措施，做到规划（计划）中的每项任务措施，要有对应的项目或工程来支撑。

二是要强化工程项目的前期论证，结合国家和地方政策走向、流域的经济和环境实际，以及当地的发展布局，细致谋划，确保工程项目能建设、能运行、能见效。

三是要建立高效的项目准入和退出机制，创建流域的环境保护和污染治理工程项目储备库，动态调整入库项目，以确保流域有限的资源投入到最重要、最紧迫的项目上，同时充分调动社会各阶层的积极性、汇聚各种渠道的优势和资源。

3. 突出人才科技支撑

人才和科技，是推动流域环境保护和污染治理的两大核心驱动力，在推动湟水流域下游环境保护和治理工作中，要加强人才和科技力量，具体内容如下。

一是加强科技交流合作，吸收引进先进技术成果，在流域污染防治工作中大力推广应用有效可行的新理念、新技术。发挥好高校、科研院所、企业等创新主体积极性，聚焦黄河流域生态保护和污染治理突出问题，探索建立流域生态环境保护科技创新基地，持续加大科研投入力度，积极推动流域农业、城乡、工业等流域面源污染成因、机制、治理、资源化利用等相关理论和技术研究。

二是注重人才培养，不仅要加大流域内的人才培养力度，还要大力引进外来的科研和工程技术人才，壮大环境保护与污染治理专业人才队伍，经过在流域内不断的实践积累，培养对流域环境保护与治理"知根知底"的高精尖和领军人才。

三是加快卫星遥感、大数据分析等高新技术在湟水流域下游环境保护和污染治理领域的应用，系统推进相关技术成果转化应用，推广试点示范，用科技支撑流域污染防治工作的科学高效开展。

4. 强化防治资金保障

　　流域的环境保护和污染治理工作需要大量的人力和资金投入，尤其是资金投入，对于湟水流域下游段生态环境保护来说，资金的短缺是关键的制约因素。由于环境保护工作的公益性质，目前环境保护和污染治理工作资金均以财政资金为主的模式推进，对于其他渠道的资金参与调动力度仍不够，因此在具体的工作资金筹措过程中，应做好以下几个方面。

　　一是需要各部门认真谋划，加快推进项目前期工作，积极争取中央、地方流域生态保护财政奖补、中央预算内投资等各类专项资金。各级人民政府要加大黄河流域污染防治资金投入力度，提高资金使用效率，加强资金监督管理，按照"资金跟着项目走"的原则，使资金形成合力，确保发挥实效。然而，各类财政资金由于数量少、支持范围广，很难集中于某一地区或流域，同时这类资金仅投入在建设阶段，其通常为引导性资金，无法对项目进行后续的长期投入。

　　二是积极争取各类社会资本。金融机构是目前参与生态环境保护工程项目建设较多的领域，近年来国家陆续出台了多项支持社会资本参与生态环境保护的政策，鼓励和引导社会资本向环境保护领域增加投入，同时在积极推广各种项目模式，如EOD、BOT等，进一步调动社会资本参与环境保护的积极性。因此，湟水流域下游段在开展环境保护和污染治理工作时，必须充分、主动利用这类资金，对于项目的长期、连续运行是必不可缺的资金渠道。

　　三是积极争取各类各级生态补偿资金。完善流域生态价值实现机制，根据"保护责任共担、流域环境共治、生态效益共享"原则，按照先省内后省际、先干流后支流、先市州后县区的思路，争取中央、地方各级流域横向生态补偿机制建设引导资金，充实流域环境保护与治理工作资金渠道。围绕流域突出生态环境问题，细化补偿类别，推动保护治理措施落地。建立健全环境经济政策，发挥市场对环境资源的配置作用，鼓励排污权、水权、碳排放权等交易。

5.严格考核奖惩机制

细化和量化考核办法，强化各成员单位和各级政府考核，将考核结果作为政府综合考核评价和领导干部业绩考核的重要内容。对任务落实有力、成效明显的给予奖励及政策、资金等方面的支持和倾斜，对工作落实不到位、目标未实现的严格追究责任。

参考文献

[1]赵美亮,曹广超,曹生奎,等. 1956—2016年大通河温度和降水及其与径流变化的关系[J]. 水土保持研究,2021,28(3):111-117,125. DOI:10. 13869/j. cnki. rswc. 2021.03.013.

[2]蒋秀华,马永来,马秀峰,等. 湟水与大通河干支流辨析[J]. 人民黄河,2013(1):4-6.

[3]吴君,卢素锦,王淑玉,等. 湟水河西宁段水污染调查[J]. 环境与健康杂志,2012,29(12):1115-1116.

[4]曹海英. 湟水桥断面亚硝酸盐氮的监测分析[J]. 环境研究与监测,2017,30(4):55-58.

[5]雷菲,卫旭琴,李辉山,等. 湟水河某监测点氮化物变化规律分析[J]. 安徽农业科学,2017,45(22):44-45,147.

[6]吴一鸣,李伟,余昱葳,等. 浙江省安吉县西苕溪流域非点源污染负荷研究[J]. 农业环境科学学报,2012,31(10):1976-1985.

[7]张超,陈银广,刘燕. pH对增强生物除磷系统酶活性的影响[J]. 高等学校化学学报,2008,29(9):1797-1800.

[8]金春玲,高思佳,叶碧碧,等. 洱海西部雨季地表径流氮磷污染特征及受土地利用类型的影响[J]. 环境科学研究,2018,31(11):1891-1899.

[9]庞佼,白晓华,张富,等. 基于SWAT模型的黄土高原典型区月径流模拟分析[J]. 水土保持研究,2015,22(3):111-115.

[10]傅大放,段文松,韩林辰,等. 序批式生物反应器中自生动态膜的成分与结构分析[J]. 化工学报,2009(6):1568-1572.

[11]吴家林. 大沽河流域氮磷关键源区识别及整治措施研究[D]. 青岛:中国海洋大学,2013.

[12]张平仓,唐克丽,郑粉丽,等. 皇甫川流域泥沙来源及其数量分析[J]. 水土保持学报,1990,4(4):29-36.

[13]许炯心. 黄土高原高含沙水流形成的自然地理因素[J]. 地理学报,1999,54(4):318-326.

[14]蔡明,李怀恩,庄咏涛. 估算流域非点源污染负荷的降雨量差值法[J]. 西北农林科技大学学报(自然科学版),2005,33(4):102-106.

[15]袁宇,朱京海,侯永顺,等. 以大辽河为例分析中小河流入海通量的估算方法[J]. 环境科学研究,2008,21(5):163-168.

[16]郝芳华,杨胜天,程红光,等. 大尺度区域非点源污染负荷计算方法[J]. 环境科学学报,2006,26(3):375-383.

[17]齐作达,亢戈霖,王玉秋. GWLF模型的改进及其在新安江流域的应用研究[J]. 水资源与水工程学报,2020,31(4):17-23.

[18]范小华,谢德体,魏朝富. 三峡水库消落区生态环境保护与利用对策研究[J]. 水土保持学报,2006,20(2):165-169.

[19]任伯帜,邓仁健,李文健.SWMM模型原理及其在霞凝港区的应用[J].水运工程,2006(4):41-44.

[20]张蕾,卢文喜,安永磊,等.SWAT模型在国内外非点源污染研究中的应用进展[J].生态环境学报,2009,18(6):2387-2392.

[21]夏军,王纲胜,吕爱锋,等.分布式时变增益流域水循环模拟[J].地理学报,2003,58(5):789-796.

[22]刘昌明,李道峰,田英,等.基于DEM的分布式水文模型在大尺度流域应用研究[J].地理科学进展,2003,22(5):437-445T001-T002.

[23]杨军军.祁连山区典型坡面植被斑块间水文连通性及水分传输过程研究[J].咸阳师范学院学报,2022,37(2):121.

[24]范丽丽,沈珍瑶,刘瑞民,等.基于SWAT模型的大宁河流域非点源污染空间特性研究[J].水土保持通报,2008,28(4):133-137.

[25]欧阳威,黄浩波,蔡冠清.巢湖地区无监测资料小流域面源磷污染输出负荷时空特征[J].环境科学学报,2014,0(4):1024-1031.

[26]翟玥,尚晓,沈剑,等.SWAT模型在洱海流域面源污染评价中的应用[J].环境科学研究,2012,25(6):666-671.

[27]金春玲,高思佳,叶碧碧,等.洱海西部雨季地表径流氮磷污染特征及受土地利用类型的影响[J].环境科学研究,2018,31(11):1891-1899.

[28]吴家林.大沽河流域氮磷关键源区识别及环境整治措施研究:基于SWAT模型的氮磷排放数量核算的应用[D].青岛:中国海洋大学,2013:3-4.

[29]韩柳.湟水流域面源污染负荷分析与模拟研究[D].西安:长安大学,2020.DOI:10.26976/d.cnki.gchau.2020.002275.

[30]李家科,刘健,秦耀民,等.基于SWAT模型的渭河流域非点源氮污染分布式模拟[J].西安理工大学学报,2008,24(3):278-285.

[31]王亚军. 分布式水文模型在湟水流域的适用性研究[D]. 西安:西安理工大学,2008.

[32]张磊. 基于SWAT模型珠溪河流域面源污染最佳管理措施研究[D]. 南昌:南昌大学,2021. DOI:10. 27232/d. cnki. gnchu. 2021.002094.

[33]王琼. 基于SWAT模型的小清河流域氮磷污染负荷核算及总量控制[D]. 北京:中国科学院烟台海岸带研究所,2015.

[34]刘孝利,陈求稳,曾昭霞,等. 典型黑土区非点源污染控制途径研究[J]. 中国水土保持,2009(5):31-33,64.

[35]杨军军. 基于SWAT模型的湟水流域径流模拟研究[D]. 青海:青海师范大学,2012.

[36]刘昌明,刘小莽,郑红星,等. 海河流域太阳辐射变化及其原因分析[J]. 地理学报,2009,64(11):1283-1291.

[37]陈利群,刘昌明. 黄河源区气候和土地覆被变化对径流的影响[J]. 中国环境科学,2007,27(4):559-565.

[38]夏智宏,周月华,许红梅. 基于SWAT模型的汉江流域水资源对气候变化的响应[J]. 长江流域资源与环境,2010(2):158-163.

[39]贺国平,周东,赵月芬,等. 遥感技术和FEFLOW在北京市平原区地下水合理开发利用中的应用[J]. 地球学报,2006(3):277-282.

[40]郝芳华,陈利群,刘昌明,等. 土地利用变化对产流和产沙的影响分析[J]. 水土保持学报,2004,18(3):5-8.

[41]宋艳华,马金辉. SWAT模型辅助下的生态恢复水文响应:以陇西黄土高原华家岭南河流域为例[J]. 生态学报,2008,28(2):636-644.

[42]朱伟峰,刘永吉,马永胜. 天然湿地对三江平原蛤蟆通河流域农业非点源污染净化效果研究[J]. 东北农业大学学报,2009,40(5):58-61.

[43]荣琨,陈兴伟,刘梅冰,等. 晋江西溪流域土地利用变化对非点源污染影响的SWAT模拟[J]. 农业环境科学学报,2009,28(7):1488-1493.

[44]王秀娟,刘瑞民,宫永伟,等. 香溪河流域土地利用格局演变对非点源污染的影响研究[J]. 环境工程学报,2011,5(5):1194-1200.

[45]任希岩,张雪松,郝芳华,等. DEM分辨率对产流产沙模拟影响研究[J]. 水土保持研究,2004,11(1):1-426.

[46]胡连伍,王学军,罗定贵,等. 不同子流域划分对流域径流、泥沙、营养物模拟的影响:丰乐河流域个例研究[J]. 水科学进展,2007,18(2):235-240.

[47]王中根,夏军,刘昌明,等. 分布式水文模型的参数率定及敏感性分析探讨[J]. 自然资源学报,2007,22(4):649-655.

[48]王中根,朱新军,夏军,等. 海河流域分布式SWAT模型的构建[J]. 地理科学进展,2008,27(4):1-6.

[49]周玮. 基于SWAT的湟水流域营养物来源分析及调控对策[D]. 北京:首都师范大学,2012.

[50]曹海英. 湟水桥断面亚硝酸盐氮的监测分析[J]. 环境研究与监测,2017,30(4):55-58.

[51]葛劲松. 湟水西宁段污染趋势[J]. 青海环境,1995,0(3):144-146.

[52]邱瑀,卢诚,徐泽,等. 湟水河流域水质时空变化特征及其污染源解析[J]. 环境科学学报,2017,37(8):2829-2837.

[53]雷菲,卫旭琴,李辉山,等. 湟水河某监测点氮化物变化规律分析[J]. 安徽农业科学,2017,45(22):44-45,147.

[54]李辉山,周春雨,孟令伟,等. 西宁湟水河COD连续监测分析[J]. 环境影响评价,2016,38(2):75-77.

[55]李长安,殷鸿福,于庆文,等. 昆仑山东段的构造隆升、水系响应与环境变

化[J]. 地球科学:中国地质大学学报,1998,23(5):456-460.

[56]王汉青. 青藏高原东北缘民和盆地地貌演化及景观特征分析[D]. 曲阜:曲阜师范大学,2021. DOI:10. 27267/d. cnki. gqfsu. 2021.000501.

[57]杨利荣,李建星,岳乐平,等. 祁连山及邻区古-新近纪地层分区与构造-沉积演化[J]. 中国科学(地球科学),2017,47(5):586-600.

[58]曾永年,马海洲,李珍,等. 西宁大墩岭黄土剖面古地磁初步研究[J]. 干旱区地理,1993,16(2):77-81.

[59]杨帆. 气候变化下湟水流域气候生产潜力时空分异研究[D]. 重庆:西南大学,2020. DOI:10. 27684/d. cnki. gxndx. 2020.002988.

[60]贾红莉,白彦芳,时兴合,等. 黄河、湟水河谷和环青海湖地区以及柴达木盆地40年气候变化的统计分析[J]. 青海环境,2005,15(2):57-59,68.

[61]刘义花,周强,鲁延荣,等. 湟水河流域近50年来农业气候资源变化[J]. 中国农学通报,2016,32(12):163-170.

[62]张晓鹏,葛杰,赵建芬,等. 青海湟水流域降水过程的持续性特征与干旱发生趋势[J]. 中国农村水利水电,2018,0(9):137-143.

[63]崔腾科,张德栋. 大通河流域降水量及地表和地下水资源分析与评价[J]. 中国水利,2017,0(3):41-43.

[64]李沛,黄生志,黄强,等. 大通河流域降水结构的演变特征及其驱动力探究[J]. 自然资源学报,2018,33(9):1588-1598.

[65]贾玉芳,申洪源,丁召静. 鄱阳湖流域降水变化及其与太阳黑子的关系[J]. 热带地理,2011,31(2):178-181,198.

[66]戴升,秦宁生,申红艳,等. 湟水河流域气候变化特征及其影响[J]. 青海环境,2006,16(3):99-101.

[67]王大超. 大通河径流变化特征及其影响因素探析[D]. 兰州:兰州大

学,2019.

[68]刘淑英. 湟水流域水文特性分析及流域经济开发建议[J]. 甘肃水利水电技术,2005,41(1):51-53.

[69]宿策. 湟水流域径流演变规律与预测方法研究[D]. 青海:青海大学,2018.

[70]王丽君,黄维东,施作林,等. 大通河流域径流时空分布特征分析[J]. 甘肃水利水电技术,2012,48(8):1-214.

[71]李万寿,陈爱萍,李晓东,等. 大通河流域水资源外调及其对生态环境的影响[J]. 干旱区研究,1997,14(1):8-16.

[72]董军,胡进宝,魏国孝. 大通河流域径流变化及特征分析[J]. 水资源与水工程学报,2018,29(6):75-80,87.

[73]黄维东,牛最荣,刘彦娥,等. 梯级水电开发对大通河流域洪水过程的影响分析[J]. 水文,2016,36(4):58-65.

[74]李小荣. 大通河跨流域引水和梯级水电站建设对径流的影响分析[J]. 地下水,2017,39(4):134-136.

[75]刘赛艳,黄强,刘登峰,等. 青藏高原大通河流域气候要素时空演变特性分析[J]. 水资源与水工程学报,2015,26(3):24-29,34.

[76]王鹏程. 镉污染水平对土壤—植物中氮素转化的影响及其微生物学机制研究[D]. 武汉:华中农业大学,2018.

[77]李怡潇. 旱地土壤氮循环过程及新型氮循环微生物的分布与活性[D]. 青岛:青岛理工大学,2016.

[78]王少丽. 农田氮转化运移及流失量模拟预测[D]. 北京:清华大学,2008.

[79]尹逊霄,华珞,张振贤,等. 土壤中磷素的有效性及其循环转化机制研究[J]. 首都师范大学学报(自然科学版),2005(3):95-101. DOI:10. 19789/j. 1004-9398. 2005.03.021.

[80]彭琳,彭祥林. 黄土地区土壤中磷的含量分布、形态转化与磷肥合理施用[J]. 土壤学报,1989(4):344-352.

[81]常轶梅,陈红丽,周雅宁,等. 腐熟秸秆对植烟土壤酶活性与部分养分的影响[J]. 河南农业大学学报,2014,48(3):269-274.

[82]何振立,袁可能,朱祖祥. 有机阴离子对磷酸根吸附的影响[J]. 土壤学报,1990,27(4):377-384.

[83]侯立军,刘敏,许世远. 环境因素对苏州河市区段底泥内源磷释放的影响[J]. 上海环境科学,2003,22(4):258-260,290-291.

[84]熊汉锋,王运华,谭启玲,等. 梁子湖表层水氮的季节变化与沉积物氮释放初步研究[J]. 华中农业大学学报,2005,24(5):500-503.

[85]张晶. 北京野鸭湖湿地土壤中磷的形态分布和转化行为研究[D]. 北京:北京林业大学,2012.

[86]王旭东,张一平,李祖荫. 有机磷在土娄土中组成变异的研究[J]. 土壤肥料,1997(5):16-18.

[87]孙华,熊德祥. 鲁南砂姜黑土及其有机无机复合体的有机磷研究[J]. 土壤通报,1998,29(2):61-64.

[88]徐小锋,宋长春. 全球碳循环研究中"碳失汇"研究进展[J]. 中国科学院研究生院学报,2004,21(2):145-152.

[89]加鹏华,李春雨,尹海魁,等. 太行山区不同海拔梯度土壤有机碳库及组分变化特征[J]. 林业与生态科学,2021,36(3):269-276.

[90]祁心,江长胜,郝庆菊,等. 缙云山不同土地利用方式对土壤活性有机碳、氮组分的影响[J]. 环境科学,2015,0(10):3816-3824.

[91]许文强,陈曦,罗格平,等. 基于稳定同位素技术的土壤碳循环研究进展[J]. 干旱区地理,2014,0(5):980-987.

[92]杨黎芳,李贵桐. 土壤无机碳研究进展[J]. 土壤通报,2011,42(4):986-990.

[93]肖海兵. 黄土高原侵蚀与植被恢复驱动下土壤有机碳矿化与固定特征及其微生物作用机制[D]. 北京:中国科学院大学(中国科学院教育部水土保持与生态环境研究中心),2019.

[94]崔利论,袁文平,张海成. 土壤侵蚀对陆地生态系统碳源汇的影响[J]. 北京师范大学学报:自然科学版,2016,52(6):816-822.

[95]贾松伟,贺秀斌,陈云明,等. 黄土丘陵区土壤侵蚀对土壤有机碳流失的影响研究[J]. 水土保持研究,2004,11(4):88-90.

[96]孔维波,石芸,姚毓菲,等. 水蚀风蚀交错带退耕草坡地土壤酶活性和碳氮矿化特征[J]. 水土保持研究,2019,0(2):1-816.

[97]敖小蔓,孟倩,徐智超,等. 氮、磷添加对呼伦贝尔草甸草原生态系统净CO_2交换的影响[J]. 草业科学,2020,37(8):1428-1439.

[98]聂小东,李忠武,王晓燕,等. 雨强对红壤坡耕地泥沙流失及有机碳富集的影响规律研究[J]. 土壤学报,2013,50(5):900-908.

[99]胡永兴. 兰州市永登县农用地土壤重金属污染现状评价[D]. 兰州:兰州大学,2019. DOI:10. 27204/d. cnki. glzhu. 2019.000215.

[100]刘白林. 甘肃白银东大沟流域农田土壤重金属污染现状及其在土壤—作物—人体系统中的迁移转化规律[D]. 兰州:兰州大学,2017.

[101]程珂,杨新萍,赵方杰. 大气沉降及土壤扬尘对天津城郊蔬菜重金属含量的影响[J]. 农业环境科学学报,2015,0(10):1837-1845.

[102]李小牛,周长松,杜斌,等. 北方污灌区土壤重金属污染特征分析[J]. 西北农林科技大学学报(自然科学版),2014(6):205-212.

[103]章明奎,符娟林,黄昌勇. 杭州市居民区土壤重金属的化学特性及其与酸缓冲性的关系[J]. 土壤学报,2005,42(1):44-51.

[104]刘兆昌,聂永丰,张兰生,等. 重金属污染物在下包气带饱水条件下迁移转化的研究[J]. 环境科学学报,1990,10(2):160-172.

[105]唐世琪,刘秀金,杨柯,等. 典型碳酸盐岩区耕地土壤剖面重金属形态迁移转化特征及生态风险评价[J]. 环境科学,2021,42(8):3913-3923. DOI:10. 13227/j. hjkx. 202101066.

[106]李晶晶,彭恩泽. 综述铬在土壤和植物中的赋存形式及迁移规律[J]. 工业安全与环保,2005,31(3):31-33.

[107]毛凌晨,叶华. 氧化还原电位对土壤中重金属环境行为的影响研究进展[J]. 环境科学研究,2018,31(10):1669-1676.

[108]山中雪,赵霞,曹广超. 湟水流域近10年土地利用与景观格局演变分析[J]. 中国水土保持,2015,0(6):49-53.

[109]廖光翠. 红古区:农村清洁工程示范村建设成效显著[J]. 发展,2013(9):78.

[110]王瑞. 红古区设施农业发展现状及建议[J]. 农业科技与信息,2012(18):17-19. DOI:10. 15979/j. cnki. cn62-1057/s. 2012. 18.017.

[111]白万丰,梁芬英. 兰州市红古区果蔬机械化现状与发展建议[J]. 农业科技与信息,2018,0(7):75-76.

[112]田青. 兰州市红古区农业用水效率现状分析与预测研究[J]. 甘肃水利水电技术,2016,52(10):18-20.